Marcelo Antunes Gauto
e Gilber Ricardo Rosa

Processos e Operações Unitárias da Indústria Química

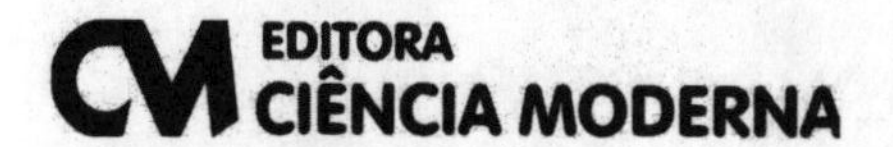

Processos e Operações Unitárias da Indústria Química

Editor: Paulo André P. Marques
Supervisão Editorial: Aline Vieira Marques
Copidesque: Kelly Cristina da Silva
Capa: Paulo Vermelho
Diagramação: Janaína Salgueiro
Assistente Editorial: Vanessa Motta

FICHA CATALOGRÁFICA

GAUTO, Marcelo Antunes. ROSA, Gilber Ricardo
Processos e Operações Unitárias da Indústria Química
Rio de Janeiro: Editora Ciência Moderna Ltda., 2011

1. Comunicação – Administração.
I — Título

ISBN: 978-85-399-0016-9 CDD 660

Editora Ciência Moderna Ltda.
R. Alice Figueiredo, 46 – Riachuelo
Rio de Janeiro, RJ – Brasil CEP: 20.950-150
Tel: (21) 2201-6662 / Fax: (21) 2201-6896
LCM@LCM.COM.BR
WWW.LCM.COM.BR

04/11

Dedicatória

Dedicamos a realização desta obra ao grande mestre, Prof. Maurício Leandro dos Santos (*in memorian*), que nos cativou e motivou a trabalhar com a química e a colocá-la a favor da vida.

Agradecimentos

Agradecemos a toda equipe da Editora Ciência Moderna pela solicitude e atenção prestadas na correção, diagramação e publicação deste livro.

Apresentação

Este trabalho é fruto da compilação de materiais de aula utilizados nas disciplinas de Processos Industriais e Operações Unitárias durante 20 anos, por diversos professores, do curso técnico em Química do Colégio Dom Feliciano (Gravataí-RS). As apostilas consultadas durante a digitação deste trabalho nos levam ao tempo do mimeógrafo e da máquina de escrever. Muito do seu conteúdo teve que ser enriquecido com bibliografia atualizada, é claro, ao longo dos anos em que fora utilizado.

A falta de um livro que contemple os processos da indústria química junto com uma abordagem qualitativa das operações unitárias relativas a cada processo nos incentivou a escrever esta obra, que trata de alguns dos principais processos da indústria química e suas operações unitárias. Ao final de cada processo descrito, há um tópico especial que versa sobre uma ou duas operações unitárias pertinentes ao processo, em que fazemos uma abordagem qualitativa dos equipamentos e dos fundamentos que norteiam a operação unitária.

Não é de interesse dos autores desta obra fundamentar matematicamente as operações unitárias citadas ao longo dos textos, visto que há, no mercado, outros autores que o fazem com maestria (PERRY, FOUST, MCCABE, entre tantos outros).

Assim, esperamos que os estudantes de química e áreas afins possam entender os processos de fabricação aqui descritos e ter, ao mesmo tempo, noção da parte unitária que cerca tal processo.

Bons estudos!

Os autores

Afinal, o que faz a indústria química?

Antes de detalhar qualquer de seus processos , é necessário esclarecer o que faz a indústria química. Pois bem, a indústria química transforma substâncias existentes na natureza em produtos úteis para a vida que levamos no mundo moderno. Todos os dias, utilizamos materiais fabricados pela indústria química: alimentos; remédios; veículos de transporte; aparelhos de comunicação, como o telefone e a televisão; roupas; inúmeros objetos de plástico; vários tipos de tinta etc. Embora alguns produtos citados não venham diretamente da indústria química, tudo isso é fabricado com substâncias produzidas por ela.

Não é difícil ver nos jornais e na TV notícias veiculadas sobre acidentes com produtos químicos. Esses acontecimentos talvez levem as pessoas a pensar que seria melhor acabar com essas indústrias. Mas, se acabarmos com as indústrias químicas, como vamos fabricar os plásticos, o papel para jornal, livros e revistas ou os remédios de que necessitamos? É preciso lembrar que todas essas coisas são produtos de reações químicas.

Na realidade, a indústria química faz as transformações de substâncias em escala industrial. Transforma as substâncias que se encontram na natureza, e que não podem ser usadas diretamente, em substâncias com as características que queremos.

Se você está lendo este livro é porque já aprendeu que existem cerca de cem elementos químicos, que são a base de milhões de substâncias. Pela combinação desses cem elementos, obtém-se toda a variedade de substâncias que conhecemos. Muitas dessas substâncias existem na natureza e podem ser usadas diretamente, depois de separadas as impurezas. Outras precisam ser transformadas e fabricadas.

Para fabricar as substâncias que nos interessam, é preciso fazer várias conversões químicas e/ou físicas. Compostos como ácido sulfúrico, hidróxido de sódio, ácido clorídrico e cloro, por exemplo, são comumente usados para fazer essas reações. Esses compostos não aparecem no produto final que nós usamos, mas sem eles é impossível produzir as substâncias que nos interessam. Apenas para ilustrar, o ácido sulfúrico é uma das substâncias mais importantes da indústria química. É a substância fabricada em maior quantidade no mundo. No Brasil, o consumo de ácido sulfúrico é de pouco mais de 30 Kg por pessoa. O leitor pode estar pensando: "Eu não uso nada disso. Nunca usei nem um grama de ácido sulfúrico."

Na realidade, dificilmente alguém vai usar o ácido sulfúrico diretamente, mas ele é usado, por exemplo, na fabricação de adubos. Quando você come alguma coisa oriunda de uma planta que foi adubada, você está consumindo ácido sulfúrico indiretamente. A ilustração abaixo apresenta as principais aplicações para o ácido sulfúrico.

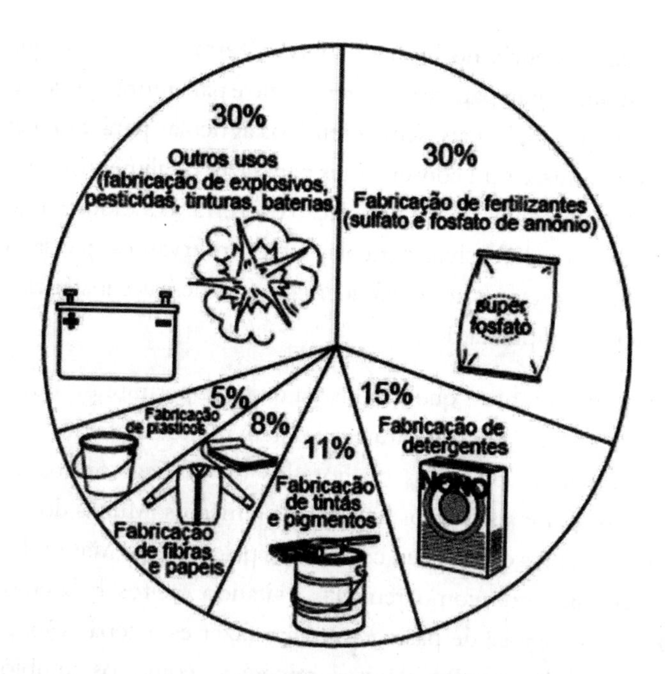

O mesmo acontece com outros produtos químicos. Dificilmente você vai ver alguém usando ácido sulfúrico, hidróxido de sódio ou amônia por aí. Aliás, isso acontece com a grande maioria dos produtos químicos. A indústria química fabrica substâncias que não são usadas diretamente pelo público. Mas, sem essas substâncias, não dá para fabricar os produtos que nós usamos. É como o caso da água usada para fabricar latas de refrigerantes. A lata que nós usamos não contém água, mas, em sua fabricação, muita água foi usada (em torno de 1.000 L de água para cada quilo de alumínio produzido). Sem a água, portanto, não seria possível fabricar a lata.

Mas como isso acontece? Bem, toda matéria que nós usamos, seja qual for, estava antes em algum lugar no mundo, de outro jeito. Quase sempre, antes de usar o material para fazer uma reação, nós precisamos separar os outros compostos que estão juntos (ditos "impurezas", embora nem todos o sejam). Quando estão na natureza, as substâncias estão misturadas com muitas outras e, por isso, é preciso fazer a separação. Só depois elas são transformadas. A indústria química permite obter produtos essenciais em quantidade suficiente.

No início da existência do homem sobre a Terra, ele usou o que havia na natureza para se alimentar, para se proteger do frio e para morar. Hoje, sem adubos para fazer a terra produzir mais, sem defensivos agrícolas para não deixar pragas destruírem as lavouras, e sem conservantes para fazer os alimentos durarem mais, não seria possível alimentar bem a população da Terra. É a indústria química que produz os adubos, os defensivos agrícolas e os conservantes que são colocados nos alimentos. Não estamos aqui defendendo o uso dessas substâncias, a citação ocorre por mera exemplificação.

Outro fator importante é que a indústria química permite produzir materiais novos e melhores a cada dia. Na natureza existem muitos materiais e substâncias úteis para nós. Porém, podemos melhorá-los ou fabricar outros, ainda, com propriedades excepcionais. Vamos pensar nos remédios. Muitas doenças podem ser curadas com plantas que já eram conhecidas pelos índios. Mas pode-se separar só a substância que atua como remédio, evitando efeitos colaterais (que são muitos, por vezes, diga-se de passagem). Para fazer essa separação, precisamos do conhecimento da química. Muitos remédios, como os antibióticos, são produzidos pela indústria química. Podemos também pensar em materiais de construção, como o aço, que é muito resistente, mas muito pesado. Hoje temos plásticos mais resistentes que o ferro e muito mais leves. Temos também os combustíveis, em especial o desenvolvimento dos biocombustíveis como etanol e biodiesel, entre tantos outros avanços da área química.

Muitos seriam os exemplos a serem dados, mas acreditamos que o leitor já está convencido dos benefícios trazidos pela indústria química. Assim, diante do que foi discorrido nessas páginas iniciais, podemos agora "mergulhar" com maior detalhamento em alguns dos principais processos da indústria química. Esperamos uma boa leitura e um grande aprendizado até o final da obra.

Sumário

TERRA: O PLANETA ÁGUA

Você dá a devida importância para a água que utiliza?

Se ¾ do planeta são compostos por água, por que se fala tanto em escassez?

Como se obtém água potável?

A água que a indústria utiliza é diferente da água que ingerimos?

Efluente: o que é feito para preservar nossos mananciais?

Capítulo 1 – Tratamento de água

1 Introdução

A água é, sem dúvida, o bem mais precioso para o ser humano e também para qualquer processo industrial existente. Para entendermos como se dá o processo de tratamento de água para fins de consumo humano ou industrial, é importante primeiro reconhecermos algumas características desse precioso líquido.

A água encontra-se disseminada em toda a biosfera, formando os oceanos, os mares, os lagos, os rios e os aquíferos subterrâneos (águas do subsolo). Ela se encontra, ainda, na constituição dos seres vivos, na atmosfera como vapor ou como gotículas nas nuvens e também faz parte da estrutura de vários minerais, como água de constituição, de cristalização ou apenas como umidade.

A água é o componente mais abundante encontrado na natureza e cobre aproximadamente 75% da superfície da Terra. Porém, alguns fatores limitam a quantidade disponível para o consumo humano, pois aproximadamente 97,5% da água encontram-se nos oceanos, 1,7% nas camadas de gelo e os 0,8% nos rios, lagos e águas subterrâneas, segundo a Agência Nacional de Águas (ANA). Assim, embora abundante no planeta, a água para consumo humano é escassa. A Organização Mundial da Saúde (OMS) estima que mais de 1 bilhão de pessoas no mundo não tenha acesso a água limpa. Devido a isso, mais de 1,5 milhão de pessoas morre anualmente por doenças associadas à água, sendo em sua maioria crianças de até cinco anos.

1.1 Ciclo Hidrológico

A água existente no planeta é a mesma desde sua formação nos primórdios da vida na Terra. O ciclo da água (figura 1.1a) começa pelo sol, que a aquece e a evapora para o ar, deixando-o úmido. As correntes de ar existentes na atmosfera podem conduzir essa umidade para outras regiões. A água na forma de vapor, ao encontrar temperaturas mais baixas, sofre condensação, precipitando-se na forma de chuva, granizo ou neve, dependendo de quão brusca é a mudança de temperatura e pressão sofrida. A água da chuva percorre a terra até chegar a rios e lagos, que por sua vez fluem em direção aos oceanos. Parte da água fica retida em montanhas altas na forma de gelo ou infiltra-se pela terra, abastecendo os aquíferos. O gelo pode sublimar diretamente ou derreter, pelo aumento de temperatura, escorrendo pela terra, infiltrando-se ou migrando até rios e lagos.

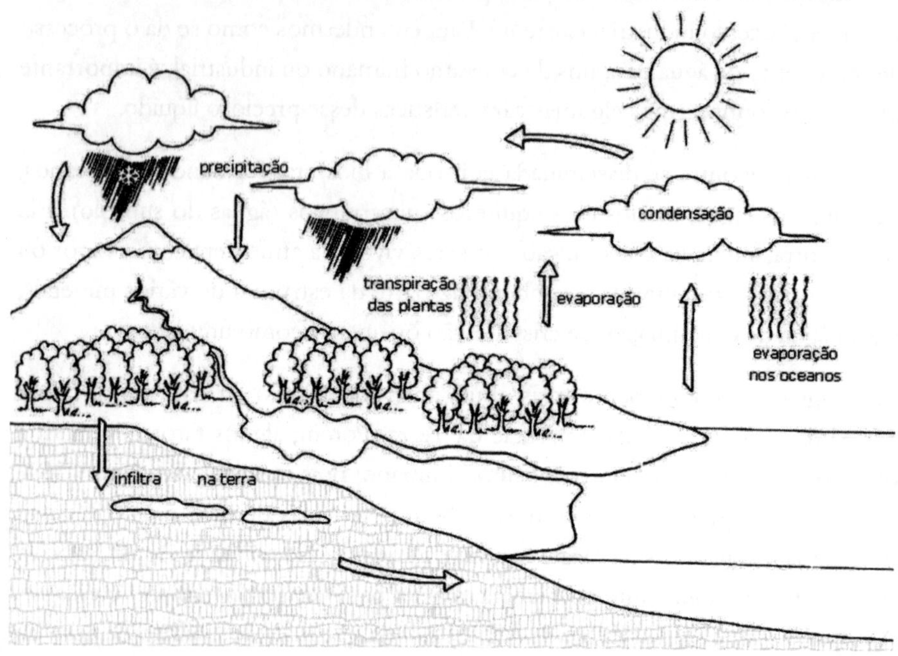

Figura 1.1a – Ciclo da água.

1.2 Finalidades da Purificação da Água

O tratamento da água é de suma importância, seja para utilização doméstica, agrária ou industrial, e pode ser feito para cobrir várias finalidades, dentre as quais se destacam:

a) HIGIÊNICAS: visa à remoção de bactérias, protozoários, vírus e outros microorganismos, de substâncias venenosas ou nocivas, redução do excesso de impurezas e dos teores elevados de compostos orgânicos;

b) ESTÉTICAS: visa à correção de cor, odor e sabor;

c) ECONÔMICAS: visa à redução de corrosividade, dureza, cor, turbidez, ferro, manganês, odor e sabor etc.

1.3 Parâmetros de Análise da Água

O conhecimento das características físico-químicas e bacteriológicas da água define o tipo de tratamento que será utilizado para que se alcance o padrão pré-estabelecido (potável, para uso industrial, efluentes etc), que deve estar de acordo com a lei vigente. Assim, podemos analisar uma amostra de água do ponto de vista físico, químico e bacteriológico.

1.3.1 Parâmetros de Análise Física da Água

1.3.1.1 Turbidez

Este é o termo aplicado à matéria suspensa de qualquer natureza presente na ígua. Distinção deve ser feita entre a matéria suspensa chamada sedimento, que recipita rapidamente, e a matéria suspensa que precipita lentamente (em estado coloidal) e provoca propriamente a turbidez. A turbidez é uma característica da gua que se deve devida à presença de partículas suspensas com tamanho variável: lesde suspensões grosseiras aos colóides, dependendo do grau de turbulência. A resença de partículas insolúveis do solo, matéria orgânica, microorganismos e utros materiais diversos provoca a dispersão e a absorção da luz, dando à água ma aparência nebulosa, esteticamente indesejável e potencialmente perigosa urbidez acima de 5 ppm torna a água insatisfatória para potabilidade). A nidade de medida da turbidez é dada em ppm de SiO_2 (mg/L).

A turbidez prejudica a ação dos agentes desinfetantes, como o cloro, por xemplo, pois acaba protegendo certos microorganismos da ação destes agentes. lém disso, causa mau aspecto à água, tornando-a turva.

1.3.1.2 Cor

A água pura é ausente de cor. A presença de substâncias dissolvidas ou em suspensão, dependendo da quantidade e da natureza do material, provoca cor. Matéria orgânica, proveniente de vegetais (húmus e taninos) em decomposição, quase sempre resulta em cor nas águas. Essa pode ser causada também por minerais naturais de ferro e manganês. Despejos industriais (mineração, papel e celulose, alimentos etc.) causam cor na água em geral. Em combinação com o ferro, a matéria orgânica pode produzir cor de elevada intensidade. Não há uma unidade de medida específica para quantificar cor, sendo normalmente arbitrária (dada pelo colorímetro). Para fins de potabilidade, a legislação informa apenas que a cor não deve estar presente.

É possível que uma amostra de água apresente cor elevada e turbidez baixa, e vice-versa, já que os responsáveis pelos dois fatores são distintos.

1.3.1.3 Sabor e Odor

As características de sabor e odor são dadas em conjunto, pois geralmente a sensação de sabor origina-se do odor. São de difícil avaliação, por serem sensações subjetivas. Para fins de tratamento de água, o sabor e o odor devem ser inobjetáveis (devem estar ausentes).

1.3.1.4 Condutividade Elétrica

A condutividade elétrica é proporcional à quantidade de sais dissolvidos na água . Sua determinação permite obter uma estimativa rápida do conteúdo de sólidos de uma amostra.

1.3.2 Parâmetros de Análise Química da Água

1.3.2.1 Alcalinidade das Águas

Alcalinidade da água é uma medida da sua capacidade de neutralizar ácidos e absorver íons hidrogênio sem mudança significativa do pH. As principais fontes de alcalinidade em águas são pela ordem: bicarbonatos (HCO_3^-), carbonatos (CO_3^{2-}) e hidróxidos (OH^-). A alcalinidade devida a bicarbonatos de Ca, Mg e N é muito comum em águas naturais, cujas concentrações brutas variam de 10 a 30 ppm. Os bicarbonatos de Ca e Mg também causam dureza (temporária) e têm, ainda, o inconveniente de liberar CO_2 quando submetidos ao calor em caldeiras. A alcalinidade total de uma amostra é normalmente expressa em mg/L de $CaCO_3$.

1.3.2.2 Matéria Orgânica

A matéria orgânica biodegradável é encontrada mais comumente nas chamadas "águas poluídas", principalmente contaminadas com descargas oriundas de esgotos ditos "domésticos", podendo ser formadas principalmente de carboidratos, proteínas e gorduras. O teor de matéria orgânica define, muitas vezes, o tipo de tratamento a ser empregado nos efluentes.

1.3.2.3 Dureza

Uma água é dita dura quando contém grande quantidade de sais de Ca e Mg nas formas de bicarbonatos, sulfatos, cloretos e nitratos. Os íons do ferro e do estrôncio podem, em menor grau, causar a dureza. A dureza em uma amostra é expressa em termos de mg/L de $CaCO_3$.

1.3.2.4 Ferro e Manganês

O ferro, muitas vezes associado ao manganês, confere à água sabor amargo adstringente e coloração amarelada e turva, decorrente da sua precipitação quando oxidado. A forma mais comum em que o ferro solúvel é encontrado em águas é como bicarbonato ferroso $Fe(HCO_3)_2$. Está presente, nesta forma, em águas subterrâneas profundas, limpas e incolores, que, em contato com o ar, oxidam-se, turvando, e sedimentam na forma de um depósito marrom- avermelhado. A reação envolvida é a seguinte:

$$4\,Fe(HCO_3)_2 + O_2 + 2H_2O \rightarrow 4\,Fe(OH)_3 + 8CO_2$$

$$4\,Fe(OH)_3 \rightarrow 2Fe_2O_3 + 6H_2O$$

1.3.2.5 Sólidos Totais Dissolvidos (Cloretos, Sulfatos, Etc.)

Os sais diluídos (cloretos, bicarbonatos, sulfatos e outros em menor proporção) formam o conjunto total dos sólidos dissolvidos na água. Eles podem conferir sabor salino e propriedades laxativas à água. O teor de cloretos, por exemplo, é um indicador de poluição das águas naturais por esgotos domésticos. O limite máximo de cloretos em águas para consumo humano não deve ultrapassar os 250 mg/L (250 ppm).

O íon sulfato também é comumente encontrado na água; associado ao cálcio, promove dureza permanente e é indicador de poluição por decomposição da matéria orgânica, no ciclo do enxofre. Numerosas águas residuárias industriais, como as provenientes de curtumes, fábricas de celulose, papel e tecelagem, lançam sulfatos nos corpos hídricos.

Recomenda-se que o teor de sólidos dissolvidos totais seja menor que 500 mg/L, com um limite máximo aceitável de 1.000 mg/L.

1.3.2.6 Oxigênio Dissolvido

O conteúdo de oxigênio dissolvido nas águas superficiais depende da quantidade e do tipo de matéria orgânica biodegradável que a água contenha. A quantidade de O_2 que a água pode conter é pequena, devido à sua baixa solubilidade (9,1 ppm a 20°C).

Águas de superfície, relativamente límpidas, apresentam-se saturadas de oxigênio dissolvido, porém ele pode ser rapidamente consumido pela demanda de oxigênio dos esgotos domésticos.

1.3.2.7 Demanda de Oxigênio

Os compostos orgânicos presentes na água podem ser oxidados biológica e quimicamente, resultando em compostos finais mais estáveis, como CO_2, NO_3^- e H_2. A matéria orgânica tem, assim, certa "necessidade" de oxigênio, denominada demanda, que pode ser:

a) Demanda Bioquímica de Oxigênio (DBO): é a medida da quantidade de oxigênio necessária ao metabolismo das bactérias aeróbias que destroem a matéria orgânica.

b) Demanda Química de Oxigênio (DQO): permite a avaliação da carga de poluição por esgotos domésticos e industriais em termos de quantidade de oxigênio necessária para a sua oxidação total em dióxido de carbono (CO_2) e água, mediante a utilização de oxidantes fortes (como dicromato de potássio e ácido sulfúrico).

1.3.2.8 Acidez

A maioria das águas naturais e dos esgotos domésticos é tamponada por um sistema composto por dióxido de carbono e bicarbonatos (HCO_3^-). A acidez devida ao CO_2 está na faixa de pH de 4,5 a 8,2, enquanto que a acidez por ácidos minerais fortes, quase sempre devida a esgotos industriais, ocorre geralmente em pH abaixo de 4,5. A acidez é expressa em termos de ppm (mg/L) de $CaCO_3$.

1.3.2.9 pH

Nas estações de tratamento de águas, são várias as unidades cujo controle envolve as determinações de pH. A coagulação e a floculação que a água sofre inicialmente é um processo unitário dependente do pH; a desinfecção pelo cloro é outro desses processos. Em meio ácido, a dissociação do ácido hipocloroso (um excelente agente desinfetante) formando hipoclorito é menor, sendo o processo mais eficiente. A própria distribuição da água final é afetada pelo pH. Sabe-se que as águas ácidas são corrosivas, ao passo que as alcalinas são incrustantes. O pH é padrão de potabilidade, e as águas para abastecimento público devem apresentar valores entre 6 e 9,5, de acordo com a Portaria 518/04 do Ministério da Saúde. Outros processos físico-químicos de tratamento, como o abrandamento pela cal, são também dependentes do pH.

1.3.3 Parâmetros de Análise Bacteriológica da Água

As análises das características bacteriológicas de água incluem a pesquisa por organismos vegetais como algas (verdes, azuis, diatomáceas), bactérias (saprófitas e patogênicas), leveduras, fungos e vírus. Os organismos animais estão representados pelos protozoários e vermes. Porém, o parâmetro mais importante é a pesquisa por coliformes.

1.3.3.1 Pesquisa de Coliformes

Os coliformes (*Escherichia Colli* e *Enterococos*) são bactérias que habitam os intestinos dos animais superiores de sangue quente (homem, bovinos, suínos, caprinos etc.), em número em torno de 50 milhões por grama de excremento *in natura*. Esgotos domésticos brutos contêm, em média, 3 milhões de coliformes por 100 mL de amostra. O número mais provável de coliformes (NMP) é expresso pelo número de coliformes contidos em 100mL da amostra de água.

O teor de coliformes é um indicador eficaz no controle da qualidade do tratamento da água do ponto de vista bacteriológico, para prevenir doenças de transmissão hídrica. A tabela 1.5a apresenta o padrão microbiológico de potabilidade para consumo humano.

Tabela 1.5a - padrão microbiológico de potabilidade para consumo humano.

PARÂMETRO	***VMP***[(1)]
Água para consumo humano [(2)]	
Escherichia coli ou termotolerantes [(3)]	Ausência em 100 mL
Água na saída do tratamento	
Coliformes totais	Ausência em 100 mL
Água tratada no sistema de distribuição (rede e reservatórios)	
Escherichia coli ou termotolerantes [(3)]	Ausência em 100 mL

Coliformes totais	Sistemas que analisam 40 ou mais amostras por mês: - Ausência em 100m L em 95% das amostras analisadas no mês; Sistemas que analisam menos de 40 amostras por mês: - Apenas uma poderá apresentar mensalmente resultado positivo em 100 mL.

NOTAS: (1) Valor máximo permitido.

(2) Água para consumo humano em toda e qualquer situação.

(3) A detecção de *Escherichia coli* deve ser preferencialmente adotada

(Adaptado de: Portaria 518/04 do Ministério da Saúde)

1.4 Tratamento de Água para Consumo Humano

Tratamento é o termo genérico aplicado à conversão da água não potável em potável, pela modificação de suas características iniciais. Tem como finalidade não só a remoção de produtos nocivos à saúde e desagradáveis ao paladar, ao olfato e à visão, mas também a introdução de produtos benéficos à saúde humana, a exemplo do flúor. O local onde se faz este tratamento é conhecido por Estação de Tratamento de Água, cuja abreviatura é ETA.

A água captada nos mais diversos mananciais – rios, lagos ou poços – é encaminhada por meio de dutos para o tanque de entrada das E.T.A's. Grades colocadas em lugares estratégicos da sucção impedem a passagem de peixes, plantas e detritos.

Dependendo das condições geográficas do local, essa captação é feita aproveitando a ação da gravidade ou, quando isso não é possível, com o auxílio de bombas até a ETA.

Iniciam-se, então, os seguintes tratamentos: floculação, decantação, filtração, desinfecção e fluoretação.

1.4.1 Coagulação ou Floculação

Muitas das impurezas contidas na água são de natureza coloidal, ou seja, ficam dispersas uniformemente, não sofrendo sedimentação pela ação da gravidade. Esse fenômeno pode ser explicado pelo fato de as partículas possuírem a mesma carga elétrica e, portanto, sofrerem repulsão mútua. Isso impede que elas aproximem-se e choquem-se, formando aglomerados de dimensões maiores que poderiam precipitar naturalmente. Para resolver o problema, adicionam-se os chamados coagulantes químicos, que neutralizam a carga elétrica das partículas, promovendo a colisão entre elas, num processo denominado coagulação ou floculação (formação de aglomerados de impurezas de natureza coloidal).

O sulfato de alumínio é o agente coagulante mais utilizado, sendo um pó de cor branca que, quando em solução, encontra-se hidrolisado, de acordo com as equações:

$$Al_2(SO_4)_3 + 12H_2O \text{ à } 2Al(H_2O)_6^{3+} + 3SO_4^{-2} \quad \textbf{\textit{ou}}$$

$$Al_2(SO_4)_3 + 6H_2O \text{ à } 2Al(OH)_3^{-} + 6H^+ + 3SO_4^{-2}$$

O $Al(H_2O)_6^{3+}$ é um ácido de Lewis e, portanto, reage com as bases que se encontram na água. Como as bases que constituem a alcalinidade são mais fortes que a água, o $Al(H_2O)_6^{3+}$ sempre reagirá antes com elas e depois com as moléculas de água. Portanto, haverá um consumo de alcalinidade e diminuição do pH. Em águas com baixa alcalinidade, é necessária a utilização de agentes alcalinizantes simultaneamente ao uso do sulfato de alumínio, de modo a corrigir a alcalinidade e favorecer a ação do coagulante.

Em resumo, o hidróxido de alumínio, produzido pela hidrólise do sal de alumínio, promove a aglutinação das partículas em suspensão ou em dispersão coloidal, facilitando sua deposição sob a forma de flocos.

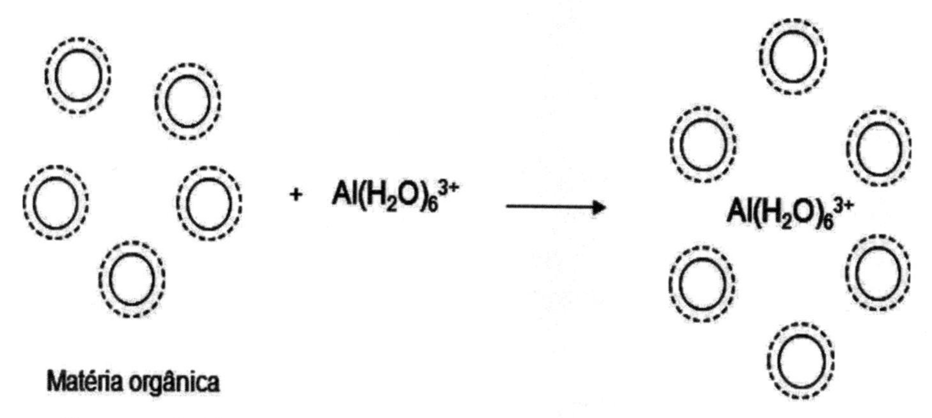

Esquema 1 - Representação esquemática da ação coagulante do $Al(OH)_3$.

Para que haja uma distribuição uniforme das substâncias adicionadas durante a floculação (coagulante e alcalinizante), a água é submetida a uma forte agitação na entrada do floculador, provocada por agitadores mecânicos ou por uma série de chicanas (saliências existentes nas paredes do floculador) dispostas de tal modo que obrigam a água a mudar constantemente de direção, descrevendo uma trajetória em ziguezague. Na figura 1.4a temos a representação de um tipo de floculador.

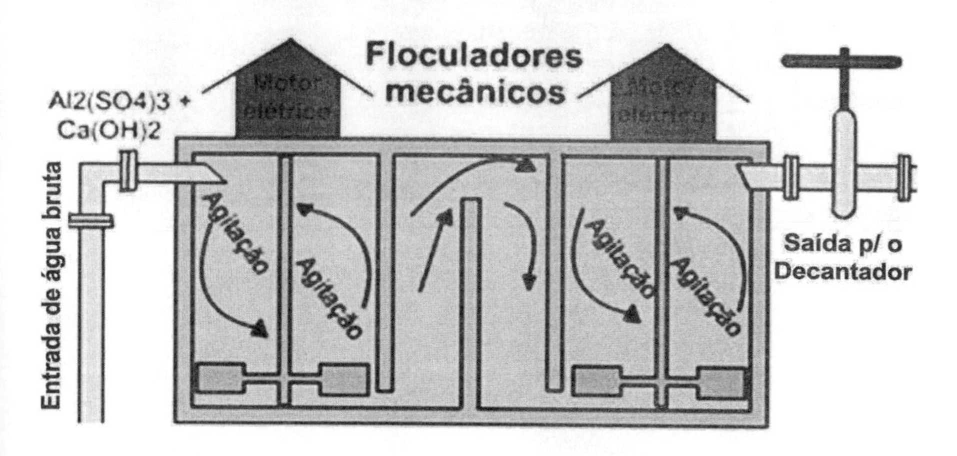

Figura 1.4a – floculador com agitadores e chicanas

1.4.2 Decantação

A água contendo os flocos formados pela ação do coagulante segue diretamente para decantadores ou tanques de sedimentação (figuras 1.4b e 1.4c). São tanques de cimento por meio dos quais a água desloca-se lentamente, chegando a ficar retida durante cerca de quatro horas, tempo suficiente para que os flocos formados – compostos de lama, argila e microrganismos – se sedimentem, uma vez que apresentam densidade maior que a da água.

O material sedimentado acumula-se no fundo do tanque, formando um lodo gelatinoso, que periodicamente é removido pela parte inferior para que não comprometa a boa qualidade da água.

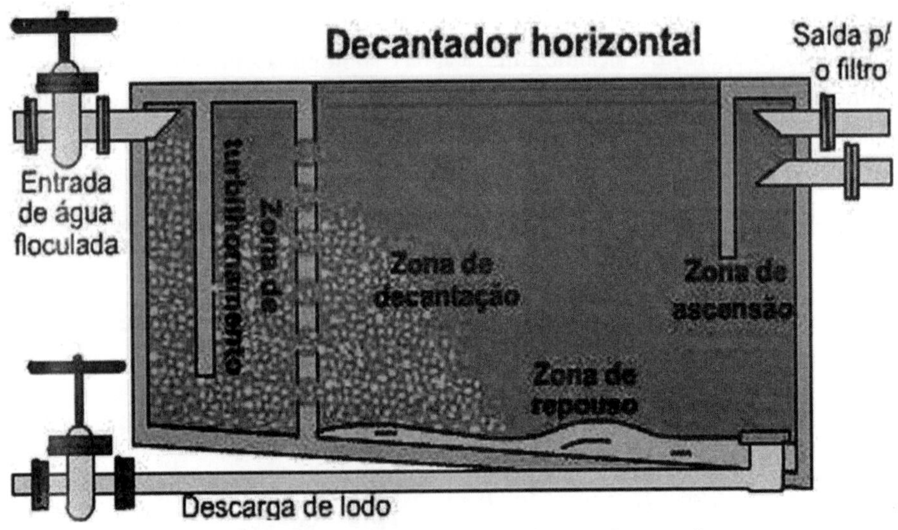

Figura 1.4b – Corte transversal de um decantador

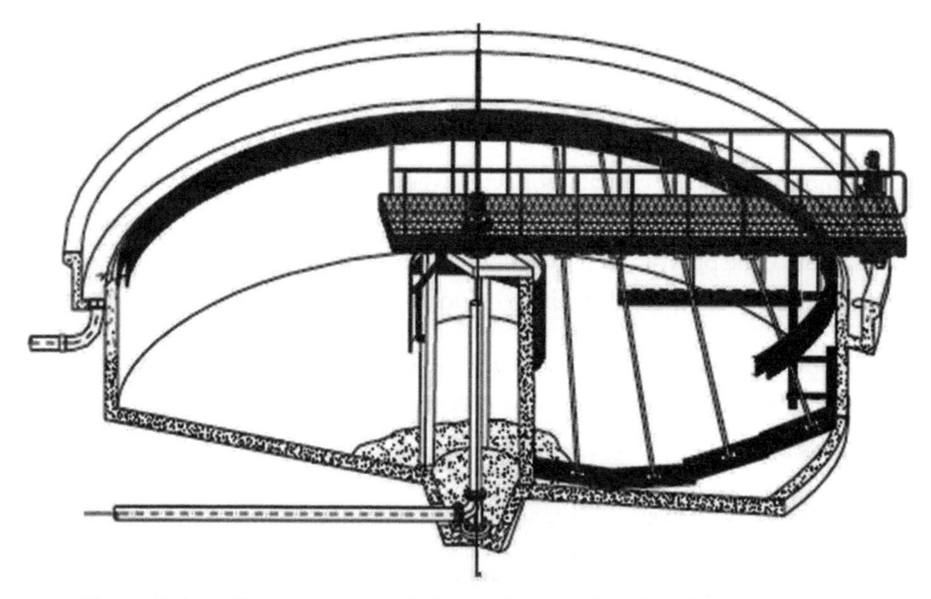

Figura 1.4c – Corte transversal de um decantador circular com rastelos (Fonte: RICHTER)

1.4.3 Filtração

A água, praticamente isenta de flocos e de partículas em suspensão, transborda do decantador para tanques menores e menos profundos: os chamados filtros rápidos de leito poroso (figura 1.4d). Esses filtros são constituídos de uma camada de areia, de aproximadamente 75 cm de altura, depositada sobre uma camada de cascalho, com cerca de 30 cm de altura, que, por sua vez, pousa sobre uma base de tijolos especiais dotados de orifícios drenantes.

A água nesta etapa é depositada sobre o leito filtrante e atravessa os poros da camada de areia, nos quais as impurezas ficam retidas. Embora esses poros sejam relativamente grandes, são capazes de reter a maior parte das partículas suspensas, inclusive as formadas por bactérias com alguns micrômetros de comprimento. A explicação para esse fato é que em torno dos grãos de areia forma-se uma película de matéria gelatinosa, geralmente de origem biológica, que retém as impurezas da água. No entanto, com o passar do tempo, tanto essa gelatina como as impurezas que ela fixou vão obstruindo os poros da areia, dificultando a passagem da água.

Como os filtros rápidos são atravessados por enormes quantidades de água, em grande velocidade, eles acabam sendo obstruídos em algumas horas de trabalho. Assim, faz-se necessária a limpeza dos filtros.

A limpeza dos filtros é feita por retrolavagem (inversão do sentido do fluxo de água no interior do filtro). Fechado o registro da água que vem do decantador, abre-se outro que provoca a entrada de água em sentido ascendente (contrário ao processo de filtração), desobstruindo os poros do leito filtrante.

Geralmente, cada decantador está ligado a dois filtros, de modo que a lavagem de um deles não interrompe o processo de purificação.

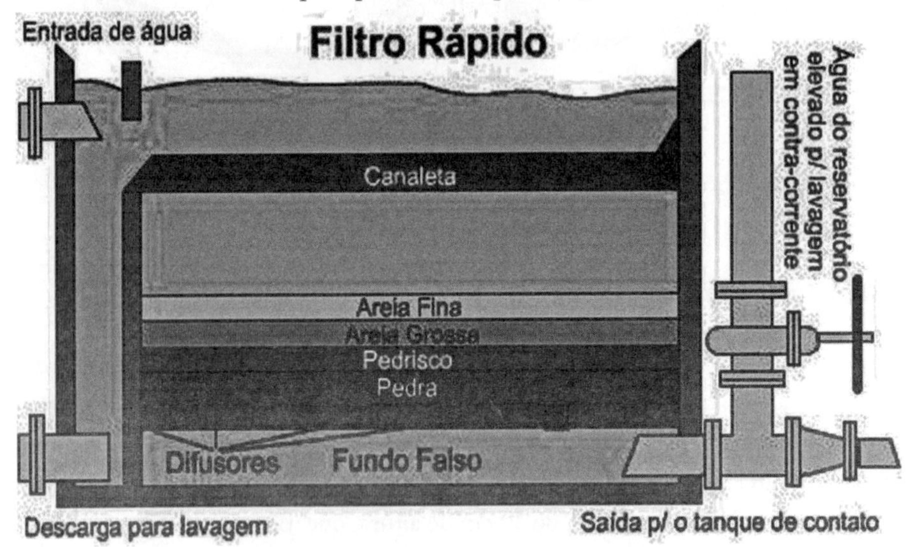

Figura 1.4d – Corte transversal de um filtro de areia e pedras

1.4.4 Desinfecção

Encerrada a filtração, ainda não temos água potável, visto que ainda devem estar presentes organismos patogênicos. A maioria das partículas em suspensão, incluindo as bactérias, fica retida nas etapas de decantação e de filtração; no entanto, sempre resta uma pequena porcentagem de microrganismos patogênicos para serem eliminados. Além disso, há a necessidade de se manter certa concentração de uma substância desinfetante em toda a rede de água. Assim, após sofrer filtração e sedimentação, a água é desinfetada em tanques de cloração, que realizam a desinfecção biológica, usando, na maior parte das vezes, cloro gasoso, que elimina os microrganismos, principalmente os patogênicos.

O cloro é adicionado em quantidades calculadas previamente, para que sua concentração final na água seja adequada, mantendo, no entanto, um nível residual que assegure uma desinfecção em situações imprevistas de aumento de concentrações bacteriológicas (mínimo de 0,2mg/L, segundo a Portaria 518/04).

A eficiência do processo de desinfecção é medida pela porcentagem de organismos mortos dentro de um tempo, a uma temperatura e pH definidos. Para tal, as condições que um desinfetante deve ter para poder ser usado em plantas de purificação são as seguintes:

1- Ser capaz de destruir os microrganismos causadores de enfermidades;

2- Deve realizar este trabalho à temperatura do lugar e em tempo adequado;

3- Não deve ser tóxico ou dar sabor desagradável a água;

4- Sua concentração na água deve ser prontamente determinada;

5- Deve deixar um efeito residual, para que proteja a água contra posteriores contaminantes;

6- Deve ser de fácil obtenção, baixo custo e simples manejo.

A cloração é o processo de desinfecção que até hoje reúne as maiores vantagens: é eficiente, barato, fácil de aplicar e deixa efeito residual que se pode medir por um sistema muito simples e ao alcance de todos. Entretanto, tem a desvantagem de ser corrosivo e, especialmente em alguns casos, produzir sabor desagradável e combinar-se em compostos orgânicos formando substâncias cancerígenas.

Há outras substâncias de ação desinfetante que também são utilizadas no tratamento da água, porém de modo mais restrito, como, por exemplo, hipoclorito de sódio - NaClO, permanganato de sódio - $NaMnO_4$, permanganato de potássio - $KMnO_4$, iodo - I_2 e gás ozônio - O_3.

Os permanganatos, quando utilizados, são adicionados antes da filtração, a fim de evitar que passem para a rede distribuidora, pois são substâncias altamente tóxicas e irritantes. O iodo é aplicado somente em casos particulares de contaminação, como a provocada por certos protozoários, como, por exemplo, as amebas. O ozônio é bastante eficiente, mas sua utilização é limitada devido ao alto custo de sua obtenção, que requer grande gasto de energia elétrica.

1.4.5 Fluoretação

A etapa final do tratamento dá-se pela adição de compostos fluorados à água, que serve para diminuir a incidência de cárie dental. Concentrações ótimas de flúor na água potável, geralmente na faixa de 0,8 a 1,2 mg/L, reduzem as cáries dentárias a um mínimo, sem causar fluorose sensível. Pesquisas recentes têm demonstrado que a fluoretação dentro da faixa indicada também beneficia os adultos, reduzindo a ocorrência de osteoporose e endurecimento das artérias. O excesso de flúor, porém, pode causar a fluorose dental ou manchas nos dentes (concentrações acima de 1,5 mg/L), sem decrescer a incidência de cáries em crianças. Por outro lado, as comunidades cuja água potável não contém flúor apresentam alta incidência de cárie dental. Os compostos de flúor empregados na fluoretação são o ácido flúor silícico - H_2SiF_6, fluorsilicato de amônia - $(NH_4)_2SiF_6$, fluorsilicato de sódio - Na_2SiF_6 e fluoreto de sódio - NaF.

Um resumo das etapas do tratamento de água aparece no fluxograma a seguir – figura 1.4e.

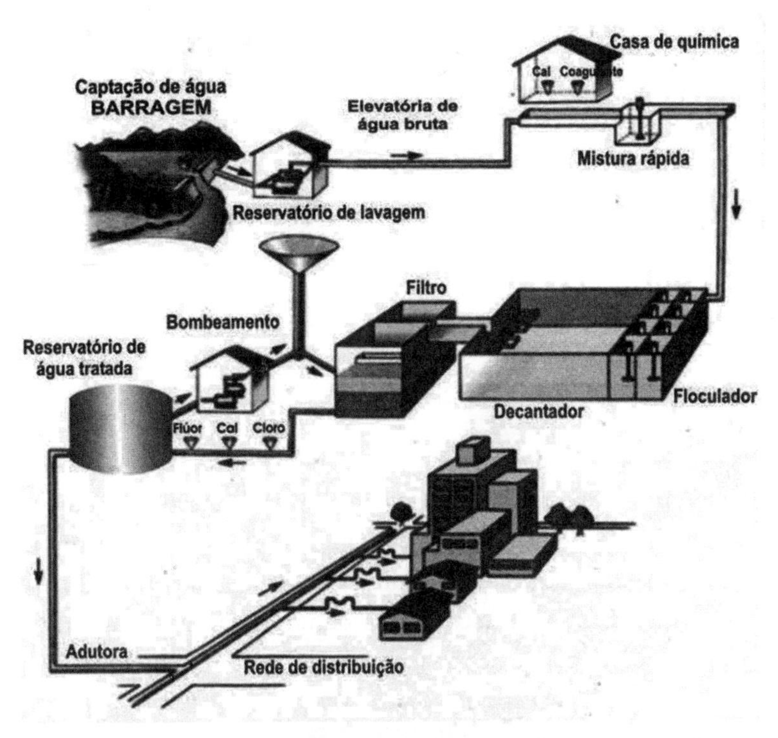

Figura 1.4e – Fluxograma da produção de água potável
(Adaptado de COPASA)

1.5 *Tratamento de Água para fins Industriais*

A água utilizada em processos industriais requer pureza diferente da alcançada durante o tratamento de água potável. Isso porque alguns sais causam problemas na indústria, tais como depósitos nas tubulações, contaminação dos produtos e corrosão. Sais de cálcio e magnésio, por exemplo, geram incrustações em tubulações industriais, afetando o fluxo de fluidos e a pressão do sistema em questão. O íon cloreto é responsável por destruir películas protetoras, gerando corrosão de equipamentos e instalações, outro exemplo claro da necessidade de remoção de certos íons presentes na água.

A água é um elemento fundamental em praticamente todos os setores industriais. Existem diversos métodos empregados no tratamento de água para fins industriais, passando muitas vezes pelo convencional, realizado nas ETAs, inicialmente, para depois haver remoção de impurezas inconvenientes aos processos.

Serão abordados três processos amplamente utilizados na indústria para purificação de água a um nível mais avançado:

- Abrandamento;
- Micro/nanofiltração;
- Desmineralização.

1.5.1 Abrandamento

Um sistema de abrandamento serve para diminuir/remover a dureza presente na água. Como já foi discutido anteriormente, a água é considerada dura quando contém excesso de sais de cálcio e magnésio. Tais sais geram dois problemas, quando em excesso: incrustação e consumo elevado de sabões. As incrustações provocam redução da área de escoamento de um fluido em um duto (figuras 1.5a e 1.5b), fazendo com que ocorra aumento de pressão e, em casos extremos, ruptura do duto seguida de explosão (figura 1.5c).

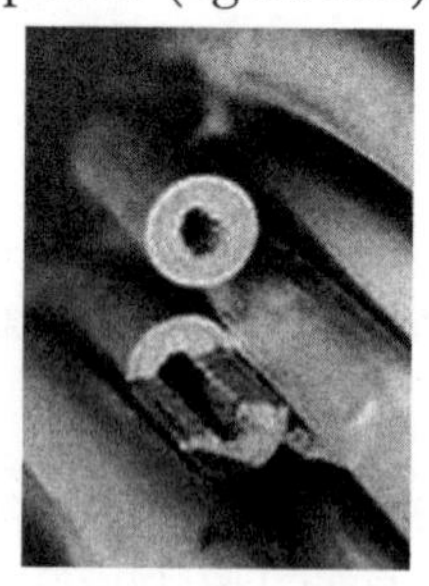

Figura 1.5a – feixe tubular de caldeira com incrustações

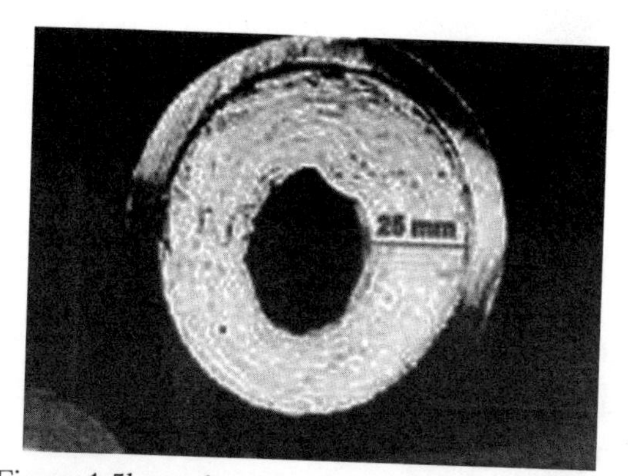

Figura 1.5b – tubo de caldeira com incrustações

Figura 1.5c – tubo de caldeira rompido devido a incrustações

Para que se entenda porque uma água com elevada dureza consome sabão, é preciso primeiro entender sucintamente o que é e como age um sabão, conforme descrito a seguir.

Os sabões são formados por sais de sódio provenientes da reação entre gorduras e hidróxido de sódio. A estrutura química de um sabão pode ser observada na figura 1.5.d.

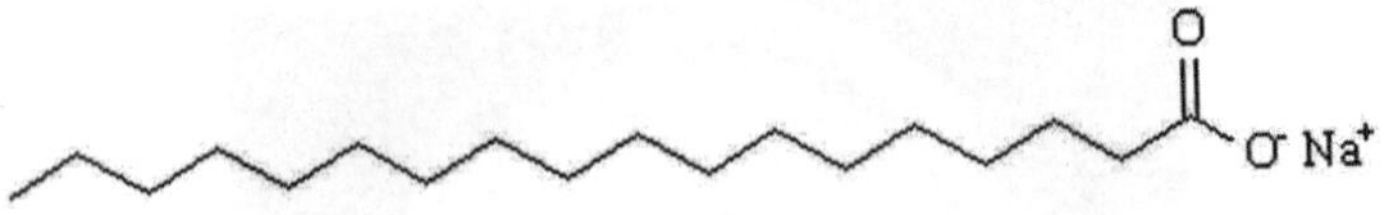

O

$O^- Na^+$

Figura 1.5d – estrutura plana de uma molécula de sabão

Na presença de sais de cálcio e magnésio, o sabão forma uma substância que, devido a seu alto peso molecular, precipita (figura 1.5e) inibindo a ação espumante e de limpeza do sabão.

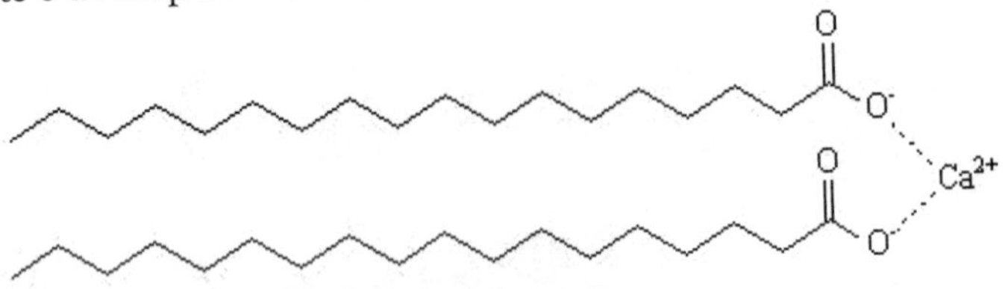

O

O^-

O

Ca^{2+}

O^-

Figura 1.5e – estrutura plana do precipitado formado pela reação entre sabão e cálcio

Assim, o sabão perde sua ação porque precipita junto aos íons cálcio e magnésio. Portanto, é necessário remover os íons causadores da dureza na água, o que pode ser feito por precipitação química, troca iônica ou nanofiltração.

a) Precipitação química: processo geralmente utilizado para águas com elevada dureza. Possibilita remover da água outros contaminantes, como metais pesados e arsênio, insolúveis em meio alcalino, sendo uma tecnologia bem estabelecida. Desvantagens: utilização de produtos químicos, produção de lodo e necessidade de ajustes finais.

A precipitação química mais comum ocorre pela adição de cal virgem (CaO) à água contendo dureza. A cal adicionada reage, primeiramente, com o CO_2 livre formando um precipitado de $CaCO_3$. Em seguida, a cal reage com o bicarbonato de cálcio presente na água.

$$CO_2 + Ca(OH)_2 \text{ à } CaCO_3\text{â} + H_2O$$

$$Ca(HCO_3)_2 + Ca(OH)_2 \text{ à } 2CaCO_3\text{â} + H_2O$$

A dureza causada por não-carbonatos (sulfatos de Ca ou Mg ou cloretos) requer a adição de carbonatos de sódio (barrilha leve) para a precipitação.

$$\text{Ex.: } CaSO_4 + Na_2CO_3 \text{ à } CaCO_3\text{â} + Na_2SO_4$$

A principal vantagem do abrandamento com cal é que os sólidos totais dissolvidos são drasticamente reduzidos. Ao final, há a necessidade de recarbonatação da água tratada, pela injeção de CO_2, para neutralizar o excesso de cal, reduzindo a possível precipitação de carbonatos em tubulações:

$$Ca(OH)_2 + CO_2\text{à } CaCO_3\text{â} + H_2O$$

$$CaCO_3 + CO_2 + H_2O \text{ à } Ca(HCO_3)_2$$

Outra rota alternativa do processo cal/soda consiste em utilizar soda cáustica (NaOH) em vez de barrilha leve (Na_2CO_3).

$$CO_2 + 2NaOH \text{ à } Na_2CO_3 + H_2O$$

$$Ca(HCO_3)_2 + 2NaOH \text{ à } CaCO_3\text{â} + Na_2CO_3 + 2H_2O$$

$$Mg(HCO_3)_2 + 4NaOH \text{ à } Mg(OH)_2\text{â} + 2\,Na_2CO_3 + 2H_2O$$

$$MgSO_4 + 2NaOH \text{ à } Mg(OH)_2\text{â} + Na_2SO_4$$

Todo o material insolúvel proveniente do abrandamento é filtrado, obtendo-se, assim, água abrandada. Um esquema simplificado da precipitação química para remoção da dureza é apresentado na figura 1.5f.

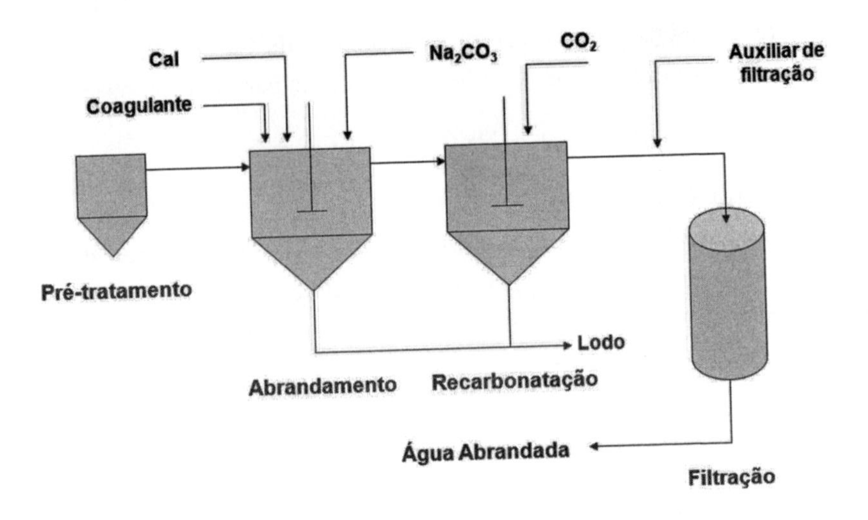

Figura 1.5f – esquema de remoção da dureza por precipitação química

b) Troca catiônica: processo mais indicado para casos em que a dureza é baixa. Apresenta grande eficiência para remoção dos íons responsáveis pela dureza, com possibilidade de regeneração das resinas e sem formação de lodo no processo. Desvantagens: requer um pré-tratamento da água, ocorre saturação da resina, exigindo a sua regeneração e requer também o tratamento do efluente da regeneração da resina.

O processo de abrandamento por troca iônica basicamente remove os íons catiônicos componentes da dureza. A remoção dos íons de Ca e Mg dissolvidos é efetuada pela passagem da água por um leito de resinas trocadoras de íons, os quais são absorvidos e permutados por íons de sódio (figura 1.5g).

Como as resinas são materiais sensíveis, devem-se tomar algumas precauções com relação à água de alimentação, a fim de evitar sua deterioração precoce, tais como eliminação de cloro e matéria orgânica. Isto é conseguido por um pré-tratamento da água, fazendo-a passar por filtro de areia e carvão ativo antes de passar pela resina.

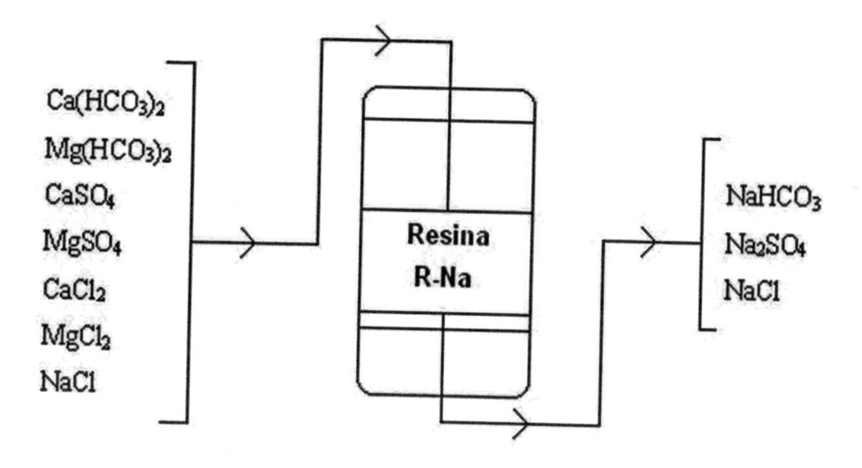

Figura 1.5g – Esquema do abrandamento por troca iônica

Para reativar a resina saturada, faz-se a sua regeneração com solução saturada de cloreto de sódio.

*c) **Nanofiltração:*** neste processo, há utilização de membranas poliméricas como meio filtrante para retenção dos íons causadores da dureza. Remove com eficiência íons responsáveis pela dureza, não requer a utilização de produtos químicos e também promove a remoção de outros contaminantes (orgânicos e inorgânicos). Desvantagens: tem menor produção de água em relação aos demais processos, requer um nível elevado de pré-tratamento e há a geração de corrente de concentrado de sais. Associado a isto, há também alto custo operacional.

1.5.2 Desmineralização

1.5.2.1 Desmineralização por Troca Iônica

A desmineralização por troca iônica é o processo de remoção de minerais dissolvidos em soluções aquosas pelo emprego de compostos orgânicos ou inorgânicos, insolúveis, conhecidos como "zeólitos" (minerais naturais) ou "resinas de troca iônica" (materiais orgânicos sintéticos).

No processo de troca iônica, qualquer substância a ser removida da solução (ou a sofrer troca) deve ser ionizável. Substâncias não-ionizáveis, como os compostos orgânicos, estão, portanto, excluídas desse processo, devendo ser removidas anteriormente (pré-tratamento).

Na desmineralização, há a remoção de praticamente todos os íons presentes na água. O processo pode ser efetuado fazendo-se passar a água por leitos de resinas catiônicas do grupo do hidrogênio e leitos de resinas aniônicas carregadas com hidroxilas. Este processo é também denominado deionização, e pode ser efetuado em um único leito que seja composto de resinas catiônicas e aniônicas simultaneamente (leito misto).

Em uma desmineralização, primeiro se faz passar a água pelo leito de resinas catiônicas, para depois ir para o leito das aniônicas, pois as catiônicas são mais resistentes tanto química quanto mecanicamente (abrasão). Num leito de resinas também é importante evitar a presença de matéria orgânica e compostos clorados, pois estas substâncias deterioram a capacidade das resinas, principalmente das aniônicas. Para isso, antes do leito, a água deverá passar por filtros de carvão ativado.

A resina catiônica remove parte ou todos os cátions da água (Ca^{2+}, Mg^{2+}, Fe^{3+}, Mn^{2+}, Na^{+}). As resinas aniônicas removem parte ou todos os ânions da água (CO_2, alcalinidade de bicarbonatos e carbonatos, cloretos, sulfatos, sílica etc.).

O processo de desmineralização pode ser mais bem compreendido pelo esquema da figura 1.5h

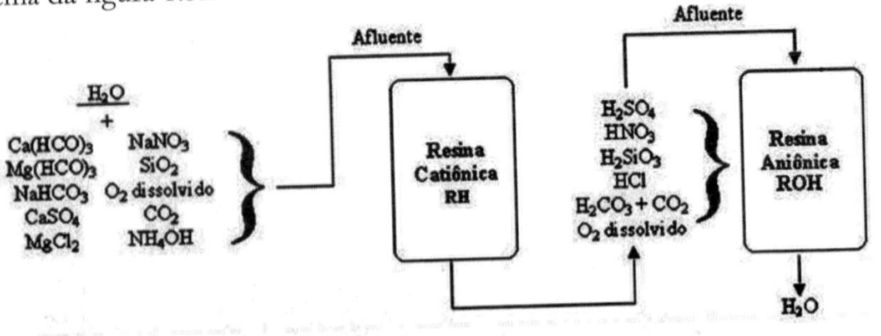

Figura 1.5h – esquema de desmineralização da água

1.5.2.2 Desmineralização por Osmose Reversa

A osmose reversa é um processo de desmineralização de águas por meio da utilização de membranas semipermeáveis. Este processo utiliza-se de altas pressões para conseguir reverter a osmose espontânea. No processo espontâneo de osmose, como acontece nas células dos organismos vivos, a água flui de regiões diluídas para regiões mais concentradas de sal, até atingir o equilíbrio osmótico (figura 1.5i).

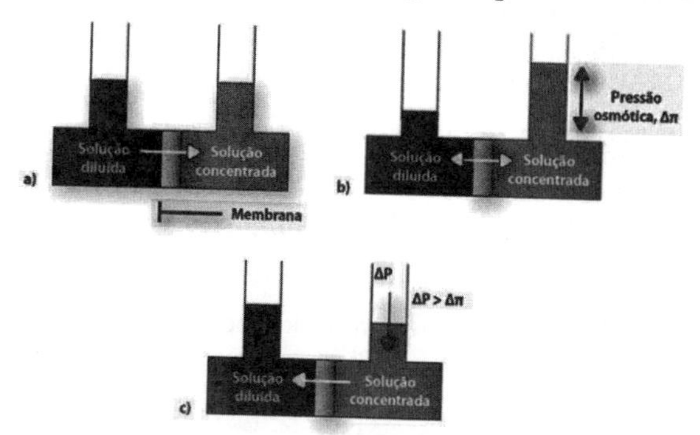

Figura 1.5i – fluxo de água nos processos de osmose e osmose reversa

O processo industrial de osmose reversa utiliza-se de uma montagem especial, na qual as membranas semipermeáveis ficam numa forma de espiral cilíndrica com o objetivo de aumentar a área disponível para a passagem dos íons (figura 1.5j).

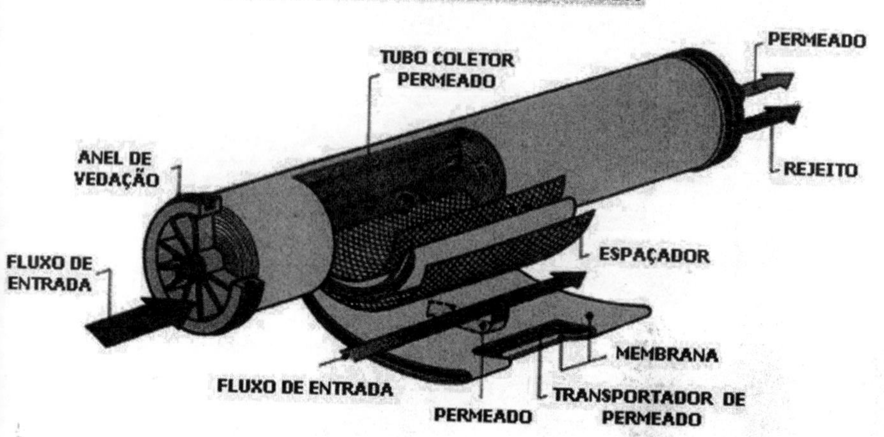

Figura 1.5j – membrana de osmose (Fonte: WATERWORKS)

A água a ser desmineralizada é forçada, por grandes pressões, a entrar de um lado do cilindro espiralado contendo a camada de membrana e a ser permeada, sendo coletada no outro extremo do cilindro. A água de alimentação deve ter baixo teor de sólidos, sendo previamente filtrada em filtro de carvão ativado para eliminar o material em suspensão e o cloro, de modo a prevenir o entupimento do cilindro contendo as membranas. O carvão adsorve moléculas orgânicas, cromatos, sulfetos, cloro, peróxidos e ácido nítrico, que poderiam danificar as membranas.

As membranas utilizadas podem ser compostas, por exemplo, por triacetato de celulose (CTA). A água de alimentação de um sistema de osmose reversa deve ter o pH ajustado para 5,5-6,5. Isto ajuda a prevenção do entupimento da camada de membranas e mantém o sistema limpo. Nem toda água alimentada sai no permeado, de modo que existe uma taxa de rejeição. Assim, as membranas podem ser conectadas em série (figura 1.5k), permitindo uma taxa de captura de mais de 80% (rejeitando menos de 20%). Pode-se recircular parte do rejeito, tendo recuperação em torno de 90%. Para se fazer isso são necessárias bombas mais potentes, a fim de manter alta vazão de permeado.

Figura 1.5k – Sistema de osmose reversa

1.6 Tratamento de Efluentes

A água utilizada pela indústria para lavagem de máquinas, tubulações e pisos, em sistema de resfriamento, na geração de vapor e na utilização em etapas do processo, entre outras, contamina-se a tal ponto que, muitas vezes, não pode ser descartada diretamente em um manancial. Tal água, denominada efluente, quando apresenta alterações físicas, químicas ou biológicas acima dos padrões estabelecidos por lei, deve ser convenientemente tratada. Assim, os sistemas de tratamentos de efluentes objetivam, primordialmente, atender à legislação ambiental e, em alguns casos, o reuso da água. As características físico-químicas e biológicas da água, em conjunto com os limites estabelecidos pela legislação, são os pontos de partida para definir qual o tratamento mais adequado ao efluente.

Os processos de tratamento aplicados podem ser classificados em físicos, biológicos e químicos, em função da natureza dos poluentes a serem removidos ou das operações unitárias utilizadas para o tratamento. Basicamente, o tratamento de efluentes compreende as seguintes etapas: tratamento preliminar e tratamentos primário, secundário e terciário.

1.6.1 Tratamento Preliminar

Num primeiro momento, remove-se do efluente o material mais grosseiro, como os sólidos suspensos – trapos, escovas de dente, tocos de cigarro, plásticos em geral – e os sólidos decantáveis, como areia e gordura. Dentre os processos preliminares de tratamento mais utilizados, temos:

*a) **Gradeamento:*** remove sólidos grosseiros capazes de causar entupimentos e aspecto desagradável nas unidades do sistema de tratamento. No gradeamento, são utilizadas grades com limpeza manual ou mecanizada. O espaçamento entre as barras da grade varia normalmente entre 0,5 mm e 2 cm.

*b) **Peneiramento:*** remove sólidos normalmente com diâmetros superiores a 1 mm, capazes de causar entupimentos ou com considerável carga orgânica. As peneiras mais utilizadas têm malhas com barras triangulares com espaçamento variando entre 0,5 mm e 2 mm, podendo a limpeza ser mecanizada (jatos de água ou escovas) ou estática. No caso de serem utilizadas peneiras em efluentes gordurosos ou com a presença de óleos minerais, essas devem conter limpeza mecanizada por escovas.

A utilização de peneiras é imprescindível em tratamentos de efluentes de indústrias de refrigerantes, têxtil, pescado, abatedouros e frigoríficos, curtumes, cervejarias, sucos de frutas e outras indústrias de alimentos.

*c) **Caixas de Areia:*** a remoção de areia é feita por sedimentação. Os grãos de areia, em virtude de suas maiores dimensões e densidade, vão para o fundo de um tanque, enquanto a matéria orgânica, de sedimentação bem mais lenta, permanece em suspensão e segue para as unidades posteriores.

A remoção de areia evita abrasão nos equipamentos e tubulações; elimina ou reduz a possibilidade de obstrução em tubulações, tanques, orifícios, sifões etc.; e facilita o transporte líquido, principalmente a transferência de lodo, em suas diversas fases.

*d) **Caixas de Gordura:*** a separação de gorduras ou óleos é um processo físico que ocorre por diferença de densidade, e as frações oleosas mais leves são normalmente recolhidas na superfície. No caso de óleos ou borras oleosas mais densas que a água, esses são sedimentados e removidos por limpeza de fundo do tanque.

Muito utilizado na indústria do petróleo, postos de serviço, oficinas mecânicas e outras atividades que utilizam óleo, este processo não é capaz de remover óleo emulsionado, sendo necessário quebrar a emulsão em processos mais avançados.

1.6.2 Tratamento Primário

Retirados os materiais grosseiros do efluente, busca-se remover o material em suspensão, não grosseiro, que flutue ou decante, sendo necessário o emprego de equipamentos com tempo de retenção maior do que os do tratamento preliminar. Decantadores e flotadores são os equipamentos mais utilizados; produzem lodo primário ou cru, que deve ser tratado antes da disposição. Esta etapa remove grande parte da matéria orgânica do efluente ou esgoto sanitário. Destacam-se, os seguintes processos: a sedimentação, a filtração e a flotação.

a) Sedimentação (associada ou não a processos de coagulação/floculação)

O processo de sedimentação é uma das etapas de clarificação, aplicada conforme as características de cada efluente e do processo de tratamento adotado como um todo.

No caso dos processos que geram lodos orgânicos, evita-se a sua permanência exagerada no fundo dos decantadores, para reduzir a anaerobiose e a consequente formação de gases que causam a flutuação de aglomerados de lodos. A flotação de lodos nos decantadores pode ocorrer por simples anaerobiose, com a formação de metano e gás carbônico, e pela desnitrificação, com a redução dos íons nitratos a gás nitrogênio. Por ser a sedimentação um processo físico, evita-se, nos decantadores, as condições para ocorrência da atividade microbiana. Nos lodos originados em processos químicos ou com efluentes originados em processos industriais inorgânicos, admite-se um tempo de retenção maior desses lodos no fundo dos decantadores, ao contrário de lodos com alta carga biodegradável.

Os decantadores apresentam diversas formas de construção e de remoção de lodo, com ou sem mecanização. Os decantadores podem ser circulares (figura 1.6a) ou retangulares, com limpeza de fundo por pressão hidrostática ou com remoção de lodo mecanizada por raspagem ou sucção.

Figura 1.6a – vista de um decantador circular em indústria de bebidas

b) Filtração

É o processo de passagem de uma mistura sólido-líquido através de um meio poroso (filtro), que retém os sólidos em suspensão e permite a passagem da fase líquida.

A filtração em membranas é atualmente o processo com maior desenvolvimento para aplicações em efluentes industriais. Sua aplicação pode ocorrer tanto em reatores de lodos ativados quanto em processos de polimento para retenção de microorganismos ou moléculas orgânicas responsáveis por cor ou toxicidade.

c) Flotação

A flotação é outro processo físico muito utilizado para a clarificação de efluentes e a consequente concentração de lodos, tendo como vantagem a reduzida área ocupada pelo equipamento e como desvantagem o custo operacional mais elevado, devido à mecanização.

A flotação deve ser aplicada principalmente para efluentes com altos teores de óleos e graxas e/ou detergentes tais como os oriundos de indústrias petroquímicas, de pescado, frigoríficas e de lavanderias. A flotação não é aplicada aos efluentes com óleos emulsionados, a não ser que tenham sido coagulados previamente.

Existem flotadores a ar dissolvido (FAD), a ar ejetado e a ar induzido. A remoção do material flotado pode ser realizada por escoamento superficial como nos decantadores ou por raspagem superficial, conforme a figura 1.6b.

Figura 1.6b – flotador com limpador mecanizado na superfície
(Fonte: Fast Indústria)

1.6.3 Tratamento Secundário ou Biológico

O efluente contém sólidos dissolvidos e finos sólidos suspensos que não decantam. Para removê-los, podem-se utilizar microrganismos que se alimentam dessa matéria orgânica suspensa ou solúvel, transformando-a em sais minerais e novos microrganismos.

Os microrganismos mais importantes para o tratamento dos efluentes são as bactérias, seres microscópicos que se reproduzem em grande velocidade. O ponto fundamental do tratamento biológico de efluentes é fornecer condições para que as bactérias sobrevivam e os utilizem da forma mais eficiente possível.

Pode-se classificar o tratamento biológico de esgotos em aeróbio, anaeróbio e facultativo.

Aeróbios:

Matéria Orgânica + O_2 + (bactérias) à Novas bactérias + Sais Minerais + Energia

Anaeróbios:

Matéria Orgânica + N_2 ou SO_2 + (bactérias) à Novas bactérias + Sais Minerais + Energia

Os processos facultativos realizam os processos aeróbios e anaeróbios simultaneamente.

O tratamento biológico de efluentes é o que a maioria das estações de tratamento utiliza, sendo quase imperativo para esgotos domésticos. Destacam-se, neste tratamento, a utilização de lagoas aeradas, lodos ativados, biodiscos e filtros biológicos.

a) Lagoas aeradas aeróbias

Nestas lagoas, a aeração é mantida de forma que toda a biomassa esteja uniformemente distribuída pela massa líquida, não ocorrendo, por consequência, sedimentação de lodo. As lagoas aeradas aeróbias operam como se fossem tanques de aeração de lodos ativados sem reciclo de lodo. A aeração das lagoas dá-se pela utilização de aeradores (figuras 1.6c e 1.6d), que podem ser de diversos modelos.

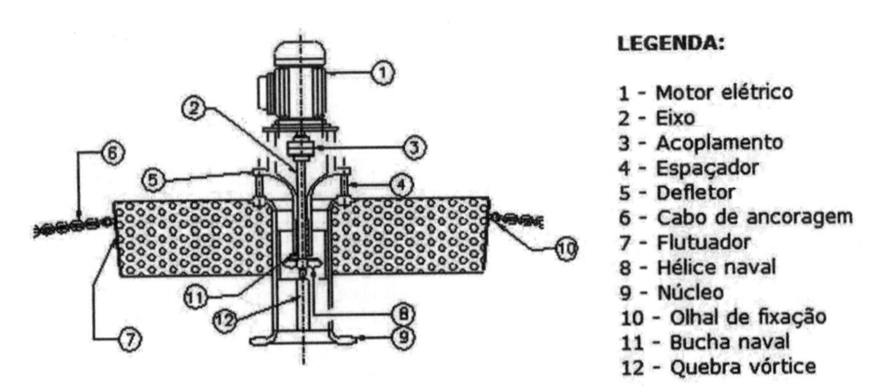

Figura 1.6c - aerador mecânico superficial (Fonte: Aquatech)

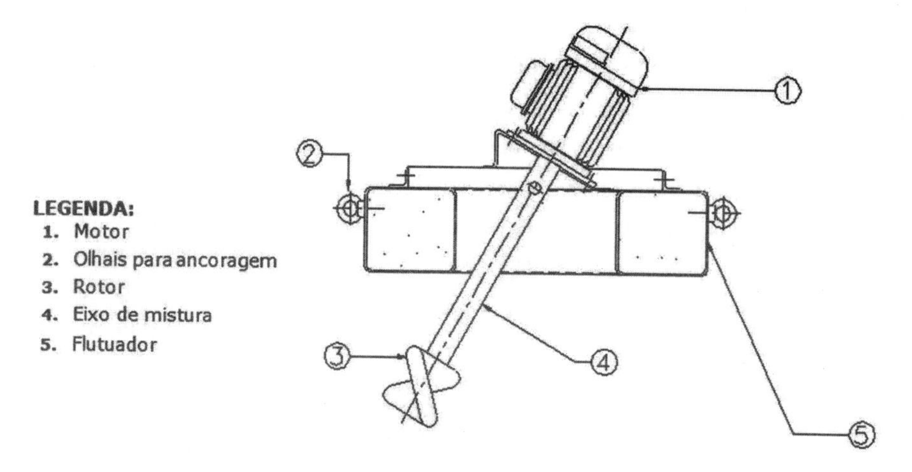

Figura 1.6d - aerador inclinado de injeção de ar (Fonte: Aquatech)

b) Lagoas aeradas facultativas

As lagoas aeradas facultativas são projetadas para operar com energias inferiores às das lagoas aeradas aeróbias (com menos ou sem aeradores). Em uma parte dessas lagoas ocorre a suspensão da biomassa e, na outra, a sedimentação. A simplificação das zonas de uma lagoa facultativa pode ser observada no esquema da figura 1.6e.

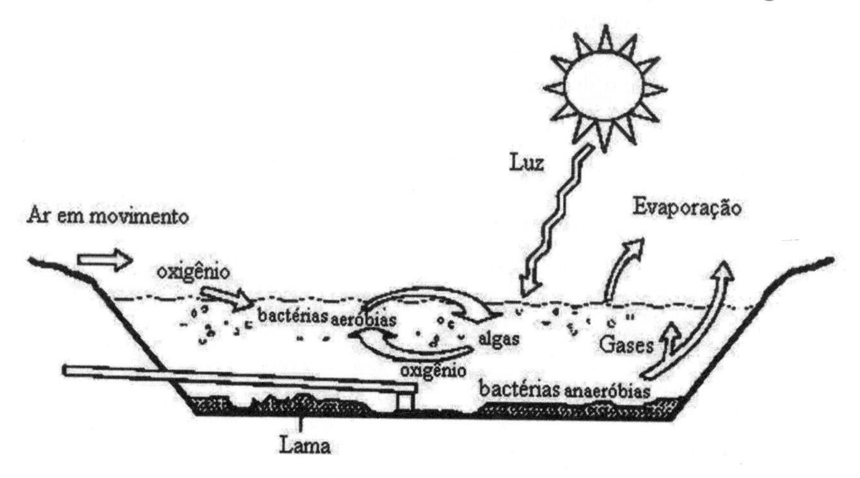

Figura 1.6e - esquema das zonas de uma lagoa em ETE

c) Lodos ativados

Lodo ativado é um processo de tratamento biológico de efluente destinado à remoção de poluentes orgânicos biodegradáveis. O processo baseia-se na oxidação da matéria orgânica por bactérias aeróbias e facultativas em reatores biológicos, seguida de decantação. O lodo decantado ou retorna ao reator biológico onde é misturado ao efluente bruto rico em poluentes orgânicos, aumentando, assim, a eficiência do processo (figura 1.6f).

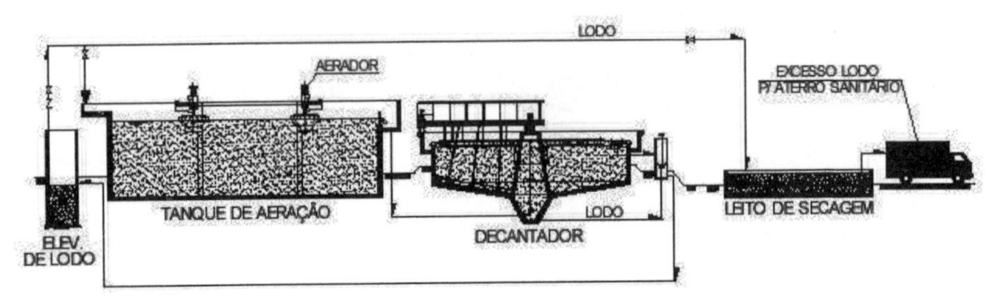

Figura 1.6f – Lodos ativados com secagem natural

O processo é fundamentado no fornecimento de oxigênio (ar atmosférico ou oxigênio puro), para que os microrganismos biodegradem a matéria orgânica dissolvida e em suspensão, transformando-a em gás carbônico, água e flocos biológicos formados por microorganismos característicos do processo.

Esta característica é utilizada para a separação da biomassa (flocos biológicos) dos efluentes tratados (fase líquida). Os flocos biológicos formados apresentam normalmente boa sedimentabilidade e biodegradabilidade.

Com a contínua alimentação do sistema pela entrada de efluentes (matéria orgânica), ocorre o crescimento do lodo biológico, denominado "excesso de lodo". No caso de concentrações de lodo acima das previstas operacionalmente, uma parte é descartada.

A presença de óleos ou gorduras de qualquer origem na mistura afluente ao reator pode significar a intoxicação do lodo biológico, com a consequente redução de sua atividade. O mesmo corre com fortes alterações de pH ou presença de materiais tóxicos.

d) Biodiscos

O processo é baseado em um biofilme, que utiliza um suporte tal como tubos corrugados ou outros que permitem o contato alternado do esgoto ou efluente com o suporte e o ar atmosférico, de modo que haja oxidação da matéria orgânica. O biofilme é suportado por placas circulares, que giram continuamente, acionadas por um motor. O espessamento da camada do biofilme sobre as placas causa o seu desprendimento e deposição no tanque do biodisco (figura 1.6g). Ocorre, assim, a digestão do lodo. Existe também um decantador final, para a remoção dos materiais sedimentáveis. O efluente apresenta aspecto cinzento, semelhante ao de filtros biológicos.

Figura 1.6g – estrutura de um biodisco (Fonte: Totagua)

e) Filtros biológicos

Este é o mais antigo de todos os processos biológicos utilizados racionalmente para o tratamento de esgotos. A diferença fundamental deste processo para o biodisco é que neste caso o leito é fixo e a distribuição é móvel (figura 1.6h). A sua grande vantagem é a capacidade de amortecimento de cargas orgânicas e com variações de pH. Muitas vezes, é utilizado associado a outro processo de tratamento complementar. Nestes casos aproveita-se o baixo custo operacional do processo para uma redução de carga orgânica de aproximadamente 60%, complementando-se a eficiência desejada com um processo de custo mais elevado.

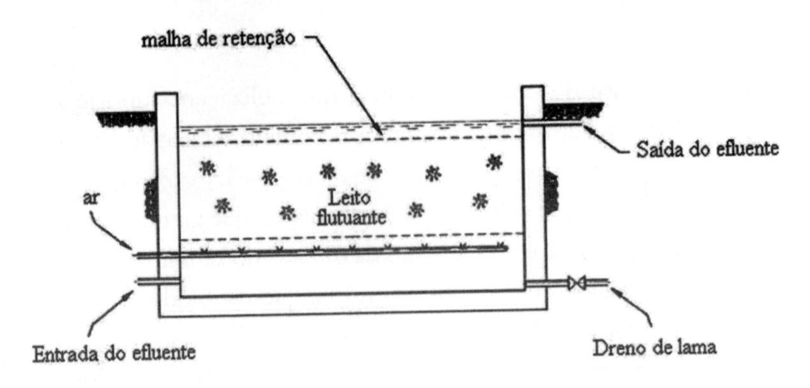

Figura 1.6h – Filtro biológico aerado com fluxo ascendente

Figura 1.6i – Filtros biológicos aplicados em paralelo

Um esquema simplificado do tratamento de efluentes é apresentado na figura 1.6j.

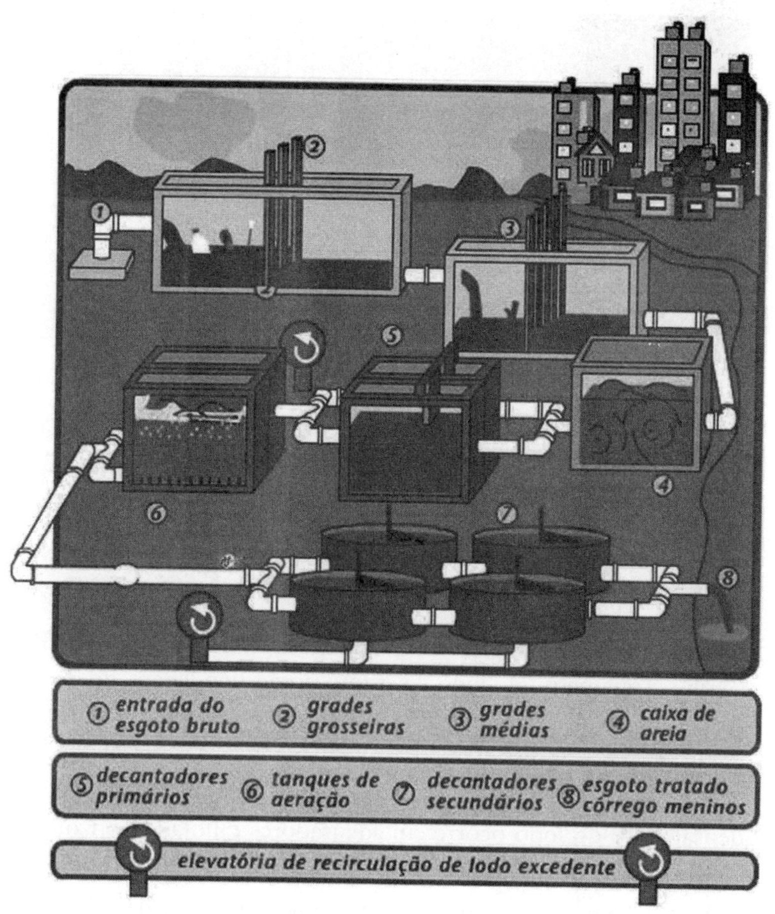

Figura 1.6j – ETE - esgoto doméstico (adaptado de Sabesp)

Os tratamentos primário e secundário geram um lodo que precisa ser convenientemente manuseado, cujo tratamento e disposição devem ser encarados com atenção, pois, muitas vezes, essas operações tornam-se mais complicadas e dispendiosas do que o próprio tratamento de efluentes. O lodo passa por adensamento, digestão, desidratação e secagem, conforme se observa na figura 1.6k.

Figura 1.6k – Tratamento do lodo de esgoto doméstico (adaptado de Sabesp)

- Adensamento do Lodo

O adensamento do lodo ocorre em adensadores e flotadores. Como o lodo contém uma quantidade muito grande de água, deve-se realizar a redução do seu volume. O adensamento é o processo para aumentar o teor de sólidos do lodo e, consequentemente, reduzir o seu volume. Este processo pode aumentar, por exemplo, o teor de sólidos no lodo descartado de 1% para 5%. Desta forma, as unidades subsequentes, tais como a digestão, desidratação e secagem, beneficiam-se desta redução. Dentre os métodos mais comuns, há o adensamento por gravidade e por flotação.

O adensamento por gravidade do lodo tem por princípio de funcionamento a sedimentação por zona. O sistema é similar aos decantadores convencionais e o lodo adensado é retirado do fundo do tanque.

No adensamento por flotação, o ar é introduzido na solução efluente por meio de uma câmara de alta pressão. Quando a solução é despressurizada, o ar dissolvido forma microbolhas que se dirigem para cima, arrastando consigo os flocos de lodo que são removidos na superfície.

- *Digestão Anaeróbia*

Após o adensamento, há a digestão, que é realizada com as seguintes finalidades:

- Destruir ou reduzir os microrganismos patogênicos;

- Estabilizar total ou parcialmente as substâncias instáveis e matéria orgânica presentes no lodo fresco;

- Reduzir o volume do lodo por meio dos fenômenos de liquefação, gaseificação e adensamento;

- Dotar o lodo de características favoráveis à redução de umidade;

- Permitir a sua utilização, quando estabilizado convenientemente, como fonte de húmus ou condicionador de solo para fins agrícolas.

Na ausência de oxigênio, têm-se somente bactérias anaeróbias, que podem aproveitar o oxigênio combinado. As bactérias acidogênicas degradam os carboidratos, proteínas e lipídios, transformando-os em ácidos voláteis, e as bactérias metanogênicas convertem grande parte desses ácidos em gases, predominando a formação de gás metano.

A estabilização de substâncias instáveis e da matéria orgânica presente no lodo fresco também pode ser realizada pela adição de produtos químicos. Esse processo é denominado estabilização química do lodo.

O condicionamento químico resulta na coagulação de sólidos e na liberação da água adsorvida. O condicionamento é usado antes dos sistemas de desidratação mecânica, tais como filtração, centrifugação etc. Os produtos químicos usados incluem cloreto férrico, cal, sulfato de alumínio e polímeros orgânicos.

Realizada a digestão do lodo, ele deve ser desidratado. É comum a utilização de um filtro-prensa de placas, no qual a desidratação é feita ao forçar a água do lodo, sob alta pressão, contra as suas lonas. As vantagens do filtro-prensa incluem alta concentração de sólidos da torta, baixa turbidez do filtrado e alta captura de sólidos. Porém, tem como inconveniente um custo operacional relativamente alto.

O teor de sólidos da torta resultante do filtro varia de 30% a 40% (m/V), para um tempo de ciclo de filtração de 2 a 5 horas, tempo necessário para encher a prensa, mantê-la sob pressão, abrir, descartar a torta e fechar a prensa.

- Secador Térmico

A secagem térmica do lodo é um processo de redução de umidade por meio de evaporação da água para a atmosfera, com a aplicação de energia térmica (solar ou pela queima de um combustível), podendo-se obter teores de sólidos da ordem de 90% a 95%. Com isso, o volume final do lodo é reduzido significativamente. A maioria das empresas adota leitos com secagem natural do lodo, método pouco eficiente, mas de baixíssimo custo.

1.6.4 Tratamento Terciário ou Químico

O tratamento terciário de efluentes é utilizado quando se deseja obter um efluente tratado de qualidade superior ao oferecido pelos tratamentos primário e secundário. Nesse tratamento, podem-se remover nutrientes que normalmente não são retirados nos tratamentos anteriores, além da matéria orgânica resistente (não biodegradável), sólidos suspensos e organismos patogênicos em grau ainda maior do que o obtido no tratamento secundário.

Como exemplos de tratamentos terciários, temos: coagulação química, eletrocoagulação, micro/nanofiltração, osmose reversa, cloração, ozonização, lagoas de maturação etc. Esses processos são muitos peculiares a cada indústria química, pois variam de acordo com as características do efluente e com o grau de exigência de purificação da água.

Um resumo sobre a eficiência dos processos de tratamento estudados neste capítulo pode ser observado na tabela 1.6a.

Tabela 1.6a – Eficiência dos tratamentos (% de remoção)

Unidade de tratamento	DBO_5	*Sólidos suspensos (SS)*	*Bactérias*	*Coliformes*
1 – Crivos finos	5-10	5-20	10-20	-
2 – Cloração de esgoto bruto ou decantado	15-30	-	90-95	-
3 – Decantadores	25-40	40-70	25-75	40-60
4 – Floculadores	40-50	50-70	-	60-90
5 – Tanques de precipitação química	50-85	70-90	40-80	60-90
6 – Filtros biológicos de alta capacidade	65-90	65-92	70-90	80-90
7 – Filtros biológicos de baixa capacidade	80-95	70-92	90-95	-
8 – Lodos ativados de alta capacidade	50-75	80	70-90	90-96
9 – Lodos ativados convencionais	75-95	85-95	90-98	-
10 – Filtros intermitentes de areia	90-95	85-95	95-98	85-95
11 – Cloração de efluentes biológicos	-	-	98-99	-
12 – Lagoas de estabilização	90	-	99	-

(Adaptado de Jordão, E.)

1.7 Reúso de água na indústria

O reúso de efluentes tratados, para fins não potáveis tem sido cada vez mais aceito e utilizado na indústria. A viabilidade desta alternativa tem sido comprovada por diversas empresas que já adotam o reúso. Enquanto o tratamento de efluente convencional tem como objetivo natural atender aos padrões de lançamento, a motivação para o reúso é a redução de custos e, muitas vezes, a asseguração do abastecimento de água, minimizando a dependência de água obtida de mananciais, sujeitos a variação de nível em função das condições climáticas (verão, principalmente).

A primeira etapa a ser definida é a especificação da qualidade da água requerida. A vazão a ser reutilizada deve ser compatível com a vazão do efluente tratado.

Para implantar um sistema de reúso, deve-se complementar o sistema de tratamento de efluentes existente. A complementação do tratamento tem como objetivo garantir a qualidade do efluente tratado com a do uso a que estiver destinado.

Vale lembrar sempre que, ao se decidir pelo reúso simplesmente, deixa-se de lançar um efluente tratado no corpo receptor, produzindo água geralmente consumida no setor de utilidades da indústria. Isto inclui a estação de tratamento de efluentes definitivamente no processo industrial.

A implantação do reúso é feita com a instalação de unidades necessárias ao polimento, tais como sistemas de filtração em membrana, oxidação química, desinfecção etc.

Os casos de poluição térmica são as situações mais conhecidas de reúso, pois é necessário somente arrefecer a água em torres de resfriamento para o fechamento do circuito.

O tratamento biológico dos efluentes, seguido de ultrafiltração em membranas, possibilita o reúso dos efluentes industriais ou sanitários tratados. Nesses casos, a melhor reutilização é para sistemas de resfriamento.

Há casos nos quais uma simples filtração é suficiente, retornando a água para alguma etapa do processo.

No caso das indústrias de reciclagem de papéis, não somente a água é reutilizada, como também o lodo gerado (massa de papel), que é reaproveitado na fabricação. Neste caso, o próprio tratamento de clarificação por flotação é suficiente para atender a qualidade do processo industrial, que utiliza essas águas para a limpeza das telas das máquinas. Todavia, a reposição de água é necessária para compensar a evaporação no processo de secagem dos papéis.

Por fim, a reutilização de água na indústria, ainda que seja comum, é um desafio para muitos segmentos e gera uma necessidade de utilização consciente da água nos processos industriais.

Tópico especial 1 - Operações unitárias: filtração e decantação

Vimos que nos diversos processos utilizados durante o tratamento de água, há muitas operações unitárias envolvidas. Para facilitar o entendimento a respeito dessas operações, vamos aprofundar o estudo relativo à filtração e à decantação.

1.8 Filtração

Filtrar consiste em separar mecanicamente as partículas sólidas de uma suspensão líquida, com o auxílio de um leito poroso. A separação das poeiras arrastadas pelos gases utilizando tecidos também é conhecida industrialmente como filtração. Quando se força a suspensão através do leito, seu sólido fica retido sobre o meio filtrante, formando um depósito que se denomina torta, cuja espessura aumenta no decorrer da operação. O líquido que passa através do leito é chamado de filtrado.

O campo específico da filtração é:

1º) A separação de sólidos relativamente puros de suspensões diluídas ou de correntes gasosas;

2º) A clarificação total de produtos líquidos encerrando pouco sólido;

3º) A eliminação total do líquido de uma lama já espessada.

Um filtro funciona como indicado na figura 1.8a. Há um suporte do meio filtrante sobre o qual se deposita a torta à medida que a suspensão passa através do filtro. A força propulsora da operação varia de um modelo de filtro para outro, podendo ser:

- ✓ O próprio peso da suspensão;
- ✓ Pressão aplicada sobre o líquido;
- ✓ Vácuo;
- ✓ Força centrífuga.

Ao contrário do que se pensa, os poros do meio filtrante são tortuosos e irregulares, e mesmo que seu diâmetro seja maior do que o das partículas, quando a operação começa, algumas partículas ficam retidas por aderência, dando início à formação da torta, que é o verdadeiro leito poroso promotor da separação.

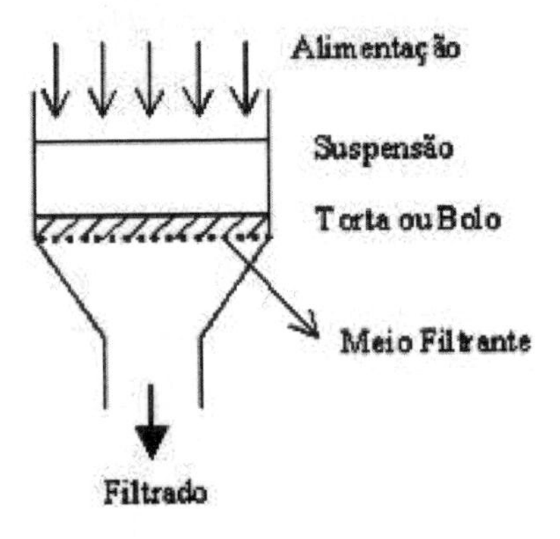

Figura 1.8a – Princípio de operação de um filtro

1.8.1 Tipo de Operação

Embora o mecanismo seja sempre o mesmo, uma filtração pode visar objetivos bem diferentes. Algumas pretendem reter escamas de ferrugem, fios etc., enquanto certos filtros têm por fim clarificar do modo mais perfeito possível certos líquidos, como água e bebidas. Nestes exemplos, o sólido é o refugo da operação, mas em outras filtrações ele constitui o produto, como no caso da filtração de cristais, pigmentos e outros produtos sólidos valiosos. O filtro funciona para produzir torta, que, na maioria das vezes, é lavada e drenada para purificar e separar os sólidos no estado mais seco possível. Há também situações nas quais tanto o sólido como o filtrado são produtos, sendo a nitidez da separação um requisito da operação. Finalmente, em muitos casos, uma separação parcial já é satisfatória. Nestes casos, o filtro é um espessador e sua função é produzir uma lama densa a partir de uma suspensão mais diluída.

1.8.2 Materiais Filtrantes

Tão grande é a variedade de meios filtrantes utilizados industrialmente que seu tipo serve como critério de classificação dos filtros: leitos granulares soltos, leitos rígidos, telas metálicas, tecidos e membranas.

Os leitos granulares soltos mais comuns são feitos de areia, pedregulho, carvão britado, escória, calcário, coque e carvão de madeira, prestando-se para clarificar suspensões diluídas.

Os leitos rígidos são feitos sob a forma de tubos porosos, aglomerações de quartzo ou alumina (para a filtração de ácidos), carvão poroso (para soluções de soda e líquidos amoniacais), ou barro ou caulim cozidos a baixa temperatura (usados para clarificação de água potável). Seu grande inconveniente é a fragilidade: não podem ser utilizados com diferenças de pressão superiores a 5 kgf/cm^2.

Telas metálicas são utilizadas nas tubulações de condensado que ligam os purgadores às linhas de vapor e que se destinam a reter ferrugem e outros detritos capazes de atrapalhar o funcionamento do purgador. As telas metálicas podem ser chapas perfuradas ou telas de aço-carbono, inox ou níquel.

Os tecidos utilizados industrialmente ainda são os meios filtrantes mais comuns. Há tecidos vegetais, como o algodão, o cânhamo e o papel; tecidos de origem animal, como a lã e a crina; tecidos de origem sintética, como polietileno, polipropileno, PVC, náilon, *teflon*, *crilon*, *saran*, *acrilan* e tergal. A duração de um tecido é limitada pelo desgaste, o apodrecimento e o entupimento.

Membranas semipermeáveis, como o papel pergaminho e as bexigas animais, são utilizadas em operações parecidas com a filtração, mas que são, na realidade, operações de transferência de massa: diálise e eletrodiálise.

1.8.3 Auxiliares de Filtração

Quando ocorrem problemas de baixa velocidade de filtração, entupimento rápido do meio filtrante ou filtrado de limpidez não satisfatória, podem-se obter melhores resultados usando-se um auxiliar de filtração, que é um material granular ou fibroso capaz de formar no filtro uma torta muito permeável, à qual se incorporam os sólidos provenientes de suspensão, que criam problemas. Os auxiliares de filtração são particularmente úteis quando se trabalha com suspensões que contêm sólidos finamente divididos ou flocos deformáveis lamacentos.

As partículas de um bom auxiliar de filtração devem ter baixa densidade volumar, para minimizar a tendência à deposição; devem ser porosas e capazes de produzir uma torta porosa; e quimicamente inertes em relação ao filtrado. Os mais comuns são: terras infusórias, areia fina, diatomita, polpa de celulose, carbonato de cálcio, gesso, amianto e carvão. São usadas de duas maneiras: a primeira consiste num pré-revestimentoque protege o meio filtrante e evita o escape de pequenas partículas que ocasionalmente possam passar para o filtrado. A segunda maneira de usar um auxiliar de filtração consiste em misturá-lo com a suspensão a ser filtrada, para que as partículas dificilmente filtráveis sejam retidas numa torta permeável.

1.8.4 Tipos de Filtros

Diversos são os fatores a ser considerados para especificar um filtro. Em primeiro lugar, estão os fatores associados com a suspensão: vazão, temperatura, tipo e concentração de sólidos, granulometria, heterogeneidade e forma das partículas. As características da torta também são importantes: quantidade, compressibilidade, valor unitário, propriedades físico-químicas, uniformidade e estado de pureza desejado. Há ainda os fatores associados ao filtrado: vazão, viscosidade, temperatura, pressão de vapor e grau de clarificação desejado. E finalmente, o problema dos materiais de construção.

O tipo mais indicado é aquele que, além de atender aos requisitos de determinada operação, é também satisfatório quanto ao custo total dessa operação. Os filtros mais comumente utilizados são os de leito poroso de pedras, filtro de tambores ou discos rotativos e os operados por pressão e vácuo.

1.8.5 Filtros para Separação Sólido-Líquido

1.8.5.1 Filtros que Atuam por Ação da Gravidade

Nos filtros de separação por gravidade, o fluxo resulta da pressão hidrostática proveniente da coluna de suspensão que fica acima de superfície da torta. São empregados geralmente para retirar pequenas quantidades de sólidos de grandes volumes de líquidos. Sua principal vantagem é o baixo custo de instalação, operação e manutenção. O inconveniente é a grande área requerida, em virtude da baixa velocidade da filtração.

O modelo mais simples é uma caixa com fundo falso perfurado, sobre o qual é colocado um leito poroso granular, geralmente pedregulho e areia. O líquido turvo é alimentado sobre o leito e o filtrado sai pelo fundo da caixa. Há caixas de concreto e tanques cilíndricos de aço, como vemos na figura 1.8b.

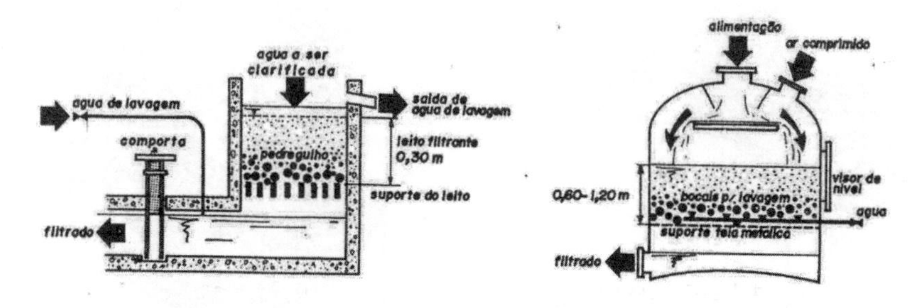

Figura 1.8b – Filtros de leito poroso (Fonte: Gomide)

1.8.5.2 Filtros que Atuam por Ação do Vácuo

São filtros que operam sob pressão inferior à atmosférica, a jusante da membrana de filtração. Usualmente a pressão a montante é praticamente a atmosférica.

Na sua maioria, são de funcionamento contínuo, sendo indicados para operações que requerem filtros de grande capacidade. Dos muitos modelos existentes, destacamos os filtros de tambor e de discos rotativos.

Filtro de tambor rotativo

O filtro de tambor rotativo (figura 1.8c) contém um tambor cilíndrico horizontal, com diâmetro variável de 30 cm a 5 m por 30 cm a 7 m de comprimento, que gira a baixa velocidade, estando parcialmente submerso na suspensão a filtrar. A superfície externa do tambor é feita de tela ou metal perfurado, sobre a qual é fixada a lona filtrante. O cilindro é dividido num certo número de setores por meio de partições radiais com comprimento do tambor. Ligando estas partições, há outro cilindro interno de chapa comum. Assim, cada setor é parte de um compartimento que se comunica diretamente com um furo na sede de uma válvula rotativa especial colocada no eixo do cilindro. A cada setor corresponde um tubo e um furo na válvula. A sede da válvula gira com o tambor, mas está em contato com outra placa estacionária que contém rasgos junto à periferia. Estes rasgos comunicam-se, por meio de tubulações presas numa terceira placa também estacionária, com os reservatórios de filtrado, água de lavagem e, algumas vezes, ar comprimido.

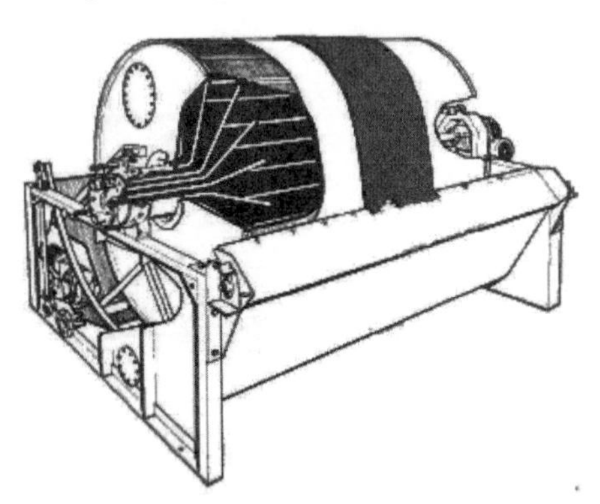

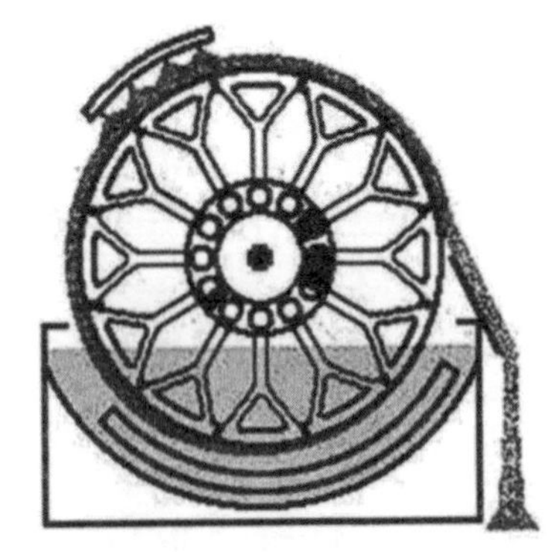

Figura 1.8c – Filtro de tambor rotativo

A operação é automática. À medida que o tambor gira, os diversos setores passam pela suspensão. Enquanto um dado setor estiver submerso, o foro que lhe corresponde na sede da válvula estará passando em frente ao rasgo que se comunica com o reservatório de filtrado e que é mantido em vácuo de 200 mmHg a 500 mmHg. Logo que o setor sair da suspensão e a torta estiver drenada, começa a lavagem e o furo correspondente passa a ficar em comunicação com o reservatório de água de lavagem. Depois de feitas quantas lavagens forem necessárias, a torta é soprada com ar comprimido e retirada com uma faca. A retirada da torta nunca é total por duas razões: primeiro, para não haver o risco de rasgar a lona ou a tela do filtro e segundo, para não perder o vácuo.

Filtro de disco rotativo

Neste caso, o tambor é substituído por discos verticais que giram parcialmente submersos na suspensão (figura 1.8d). O elemento filtrante é, na realidade, constituído de lâminas, mas o filtro não deixa de ter as características de um filtro contínuo rotativo. O princípio de funcionamento é o mesmo do filtro de tambor rotativo, mas a lavagem, que no filtro de tambor rotativo já não é muito eficiente, torna-se agora ainda menos eficiente. Além disto, a raspagem da torta é mais complicada. A vantagem é a grande área filtrante por unidade de implantação.

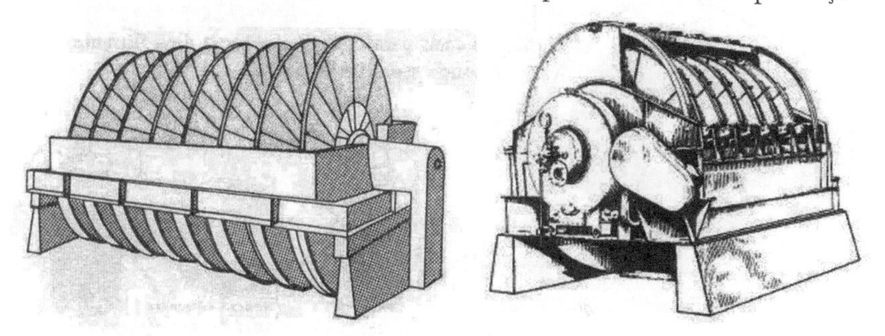

Figura 1.8d – Filtro de disco rotativo (Fonte: Gomide e Perry)

1.8.5.3 Filtros que Atuam por Pressão Aplicada

Quando o sólido que compõe a torta obstrui os poros do meio filtrante, pode-se optar pela aplicação de uma força, normalmente hidráulica ou pneumática, sobre essa torta. O filtro mais importante dessa classe é o filtro-prensa, formado de uma série de placas que são apertadas firmemente umas contra as outras, com uma lona sobre cada lado de cada placa como meio filtrante. Os modelos mais comuns são: filtro-prensa de câmaras, filtro-prensa de placas e quadros e filtro de lâminas.

Filtro-prensa de câmaras

O nome deve-se às placas, que, rebaixadas na parte central, formam câmaras quando justapostas. Cada placa tem um furo no centro, e todas são revestidas com lonas que também apresentam furos centrais correspondentes aos furos das placas. Quando a prensa está montada, os furos formam um canal por meio do qual a suspensão é alimentada nas diversas câmaras. . Anéis metálicos de pressão prendem as lonas às bordas do furo central das placas e, ao mesmo tempo, vedam a passagem de suspensão pelo espaço entre a lona e a placa. As faces das placas têm pequenos ressaltos com a forma de troncos de pirâmide e que, em seu conjunto, formam uma verdadeira rede de canais por onde o filtrado escoa, até chegar às aberturas que se comunicam com as torneiras de saída. Cada placa tem uma torneira correspondente, que, ao ser fechada, faz com que a placa deixe de "funcionar". Na figura 1.8e, temos um modelo em corte deste tipo de filtro.

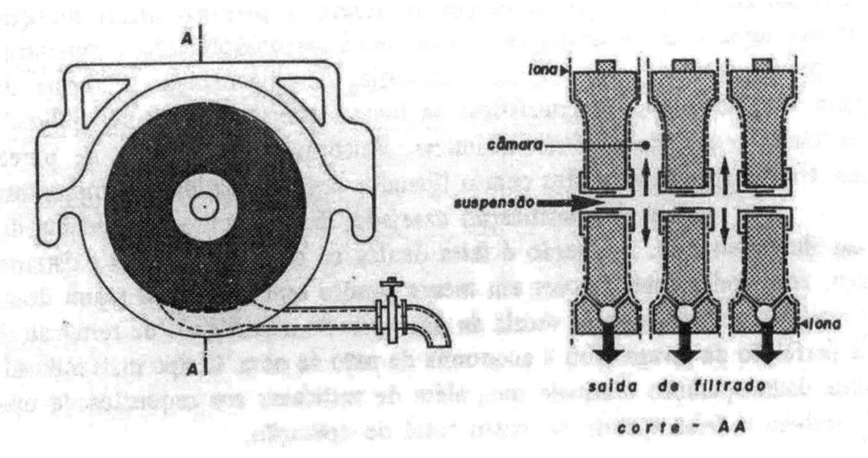

Figura 1.8e – Filtro – prensa de câmaras (Fonte: Gomide)

A sequência de operação é a seguinte: a prensa é montada, começa-se a alimentar a suspensão e prossegue-se até as câmaras estarem cheias de torta ou quando a pressão exceder um valor pré-fixado. Abre-se a prensa, retira-se a torta e monta-se novamente o conjunto.

A principal vantagem oferecida pelos filtros-prensa de câmaras é o baixo custo do equipamento. Porém, tem como desvantagens o elevado custo de operação e o desgaste excessivo das lonas. Além disso, não se pode lavar a torta.

Filtro-prensa de placas e quadros

Neste tipo de filtro as placas são quadradas, com as faces da prensa planas e sucessivas. Entre cada placa há um quadro, que nada mais é do que um espaçador de placas. De cada lado de um quadro há uma lona que se encosta à placa correspondente. Assim, a câmara onde será formada a torta fica delimitada pela lona. Há uma estrutura que dá suporte para as placas e os quadros. O aperto do conjunto é feito por meio de um parafuso ou sistema hidráulico. Na figura 1.8f, onde se vê uma placa e um quadro em perspectiva, nota-se que a placa é identificada por um botão na face externa e o quadro, por dois botões. Num dos cantos superiores de cada quadro há um furo circular que se comunica com a parte interna dos quadros. As placas também apresentam um furo na mesma posição. Quando a prensa é montada, estes furos formam um canal de escoamento da suspensão por meio do qual se alimenta a lama no interior de cada quadro. O filtrado atravessa as lonas colocadas de cada lado dos quadros e passa para as placas, sobre cuja superfície escoa até chegar aos furos de saída no canto inferior oposto ao canal de entrada da suspensão nos quadros. As lonas têm furos na posição correspondente aos canais. A saída de filtrado pode ser feita por uma torneira existente em cada placa ou por um canal idêntico ao de alimentação da suspensão formado pela justaposição de furos circulares que se comunicam com a saída das placas. Na figura 1.8g podemos observar este tipo de filtro.

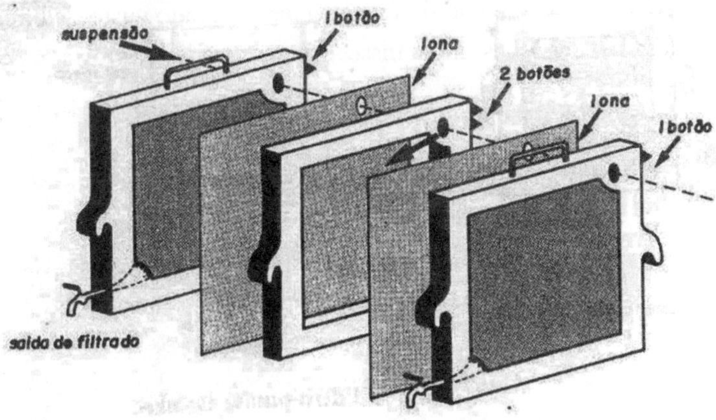

Figura 1.8f - Montagem das placas e quadros (Fonte: Gomide)

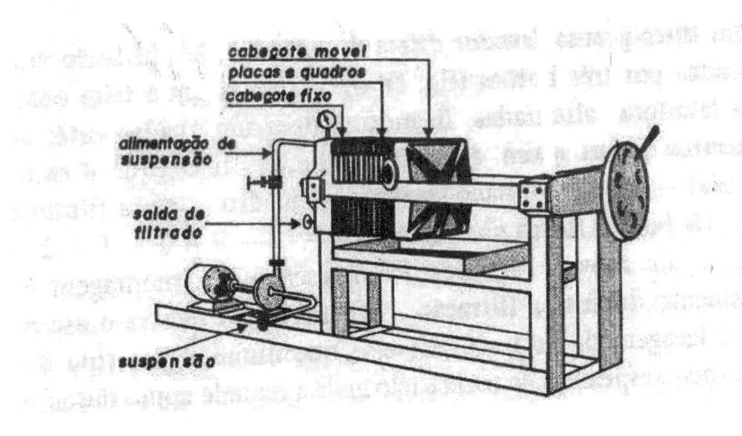

Figura 1.8g - Filtro-prensa de placas e quadros (Fonte: Gomide)

Filtros de lâminas

Os filtros de lâminas (figura 1.8h) são constituídos de lâminas filtrantes múltiplas, dispostas lado a lado. Essas lâminas ficam imersas na suspensão a filtrar, sendo feita a sucção do filtrado para o seu interior por meio de uma bomba de vácuo. Em outros tipos, a suspensão é alimentada sob pressão num tanque fechado que aloja as lâminas. Em ambos os casos, a torta forma-se por fora das lâminas e o filtrado passa para o seu interior, de onde sai por um canal apropriado para o tanque de filtrado.

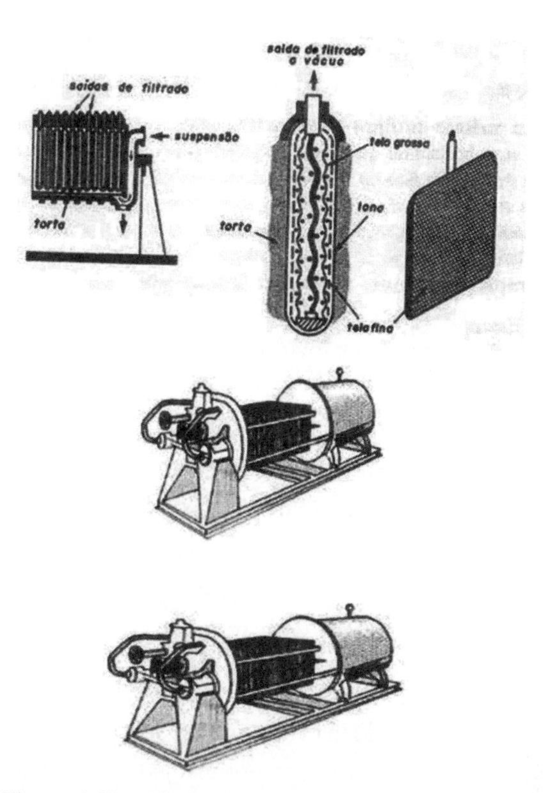

Figura 1.8h - Filtro de lâminas (Fonte: Gomide)

Uma lâmina típica consta de um quadro metálico resistente (quadrado ou circular) que circunda uma tela grossa revestida dos dois lados com duas telas mais finas. O conjunto é envolto por uma lona em forma de saco ou fronha e a vedação é feita com cantoneiras metálicas. Na parte superior de cada lâmina há uma tubulação de saída do filtrado, com válvulas e visor. Se uma lâmina estiver filtrando mal, a válvula correspondente é fechada.

O conjunto de tubos de saída é reunido em um coletor geral, que se comunica com o tanque mantido em vácuo, onde é recolhido o filtrado. Se a torta tiver que ser lavada, o coletor de saída de filtrado deverá ter uma derivação que vai até um segundo tanque em vácuo para recolher a água de lavagem.

1.8.6 Filtros para Separação Sólido-Gás

Na filtração para separação de um sólido de uma corrente gasosa utilizam-se equipamentos que também são chamados de coletores de pó, com o objetivo de extrair toda e qualquer partícula arrastada pelo gás. São os chamados filtros de saco ou mangas, que utilizam, como meio filtrante, materiais de fácil substituição ou restauráveis. As lãs de vidro e os tecidos são os mais comuns. Os tecidos usados são flanelas, algodão, lã, feltro, poliéster, poliuretano, polipropileno, náilon, *crilon*, *teflon* e tecidos minerais, como o amianto. A temperatura máxima de utilização do algodão é de 80°C e das fibras sintéticas é superior a 150°C, havendo, muitas vezes, necessidade de resfriar os gases antes De passarem pelo filtro.

Um modelo típico utilizado na filtração de ar e sólidos pode ser visto na figura 1.8i. O meio filtrante é composto por mangas penduradas em um suporte. O gás passa pelas mangas onde ficará retido o sólido (pó), que periodicamente é removido por agitação mecânica vigorosa do conjunto de mangas, saindo pela parte afunilada inferior. Às vezes, a limpeza é auxiliada com uma corrente de ar limpo em sentido contrário ao do gás empoeirado.

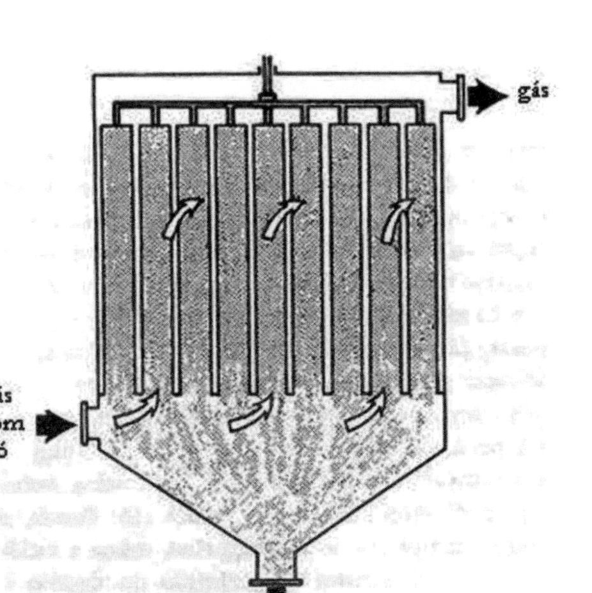

Figura 1.8i - Filtro de mangas (Fonte: Gomide)

1.9 Sedimentação ou decantação

A sedimentação é um processo de separação por deposição gravitacional de partículas sólidas do líquido em que estão suspensas. A decantação pode visar à clarificação do líquido, o espessamento da suspensão ou a lavagem dos sólidos. No primeiro caso, parte-se de uma suspensão com baixa concentração de sólidos para obter um líquido com um mínimo de sólidos. Obtém-se também uma suspensão mais concentrada do que a inicial, mas o fim visado é a clarificação do líquido. No segundo, parte-se de uma suspensão concentrada para obter os sólidos com a quantidade mínima possível de líquido. Algumas vezes, como no tratamento de minérios de zinco, chumbo e fosfatos, procura-se atingir os dois objetivos simultaneamente: obter uma lama (ganga) com pouca água e, ao mesmo tempo, um concentrado com um mínimo de ganga. É óbvio que um mesmo decantador pode funcionar como clarificador ou espessador. A terceira finalidade da decantação é a passagem da fase sólida de um líquido para outro, para lavá-lo sem recorrer à filtração, que é uma operação mais dispendiosa. Neste caso, a decantação pode ser realizada em colunas nas quais a suspensão alimentada pelo topo é tratada com um líquido de lavagem introduzido pela base.

Fundamentos teóricos

As leis que regem as operações de decantação dependem da concentração de partículas sólidas onde elas se movem. Pode haver decantação livre ou retardada, mas de um modo geral, os fatores que controlam a velocidade de decantação do sólido através do meio resistente são as densidades do sólido e do líquido, o diâmetro e a forma das partículas e a viscosidade do meio. Esta última propriedade influenciada pela temperatura, de modo que, dentro de certos limites, seja possível aumentar a velocidade de decantação aumentando a temperatura. No entanto, o diâmetro e as densidades são fatores mais importantes.

Grandes vantagens práticas resultam do aumento do tamanho das partículas antes da decantação. Para tal, podem-se utilizar dois métodos: digestão e floculação. A digestão consiste em deixar a suspensão em repouso até que as partículas finas sejam dissolvidas enquanto as grandes crescem à custa das pequenas. Este fato decorre da maior solubilidade das partículas pequenas em relação às grandes. Já a floculação consiste em aglomerar as partículas à custa das forças de Van der Waals, dando origem a flocos de maior tamanho que o das partículas isoladas. O grau de floculação de uma suspensão depende de dois fatores antagônicos: (1) a probabilidade de haver choque entre as várias partículas que vão formar os flocos; (2) a probabilidade de que, depois da colisão, elas permaneçam aglomeradas. O primeiro fator depende da energia disponível das partículas em suspensão, e por este motivo, uma agitação branda favorece os choques, aumentando o grau de floculação. Todavia, se a agitação for muito intensa, haverá tendência à desagregação dos aglomerados formados.

1.9.1 Sedimentação Úmida

A sedimentação úmida (sólido + líquido) pode ser contínua ou descontínua, a depender da aplicação. Os sedimentadores contínuos são de tamanho limitado, em vista da dificuldade de remover os sólidos dos tanques maiores. Unidades de sedimentação descontínua são geralmente consideradas muito caras em relação aos custos de operação, em virtude da grande demanda de mão-de-obra necessária para manipular uma corrente de alimentação de porte razoável. Os sedimentadores contínuos são, portanto, mais utilizados.

O conceito básico de um sedimentador contínuo está ilustrado na figura 1.9a.

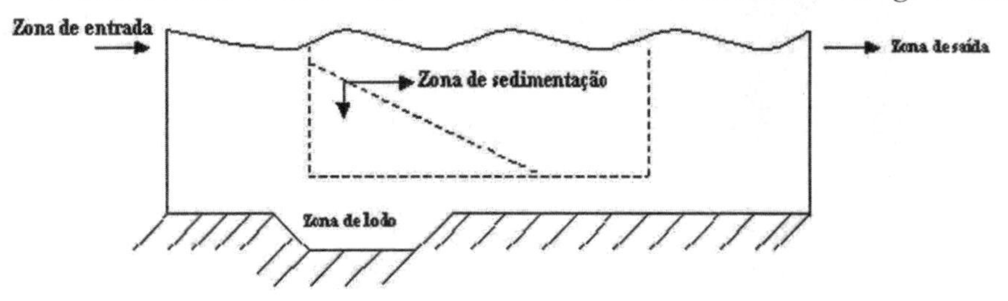

Figura 1.9a - Sedimentador contínuo básico

1.9.1.1 Sedimentadores para Sólidos Grosseiros

Os sedimentadores para sólidos grosseiros mais comuns são o de rastelos (figura 1.9b) e o helicoidal (figura 1.9c). No decantador de rastelos, exemplificado pelo tipo *dorr* da figura 1.9b, a suspensão é alimentada num ponto intermediário de uma calha inclinada. Um conjunto de rastelos arrasta os sólidos grossos, que decantam facilmente, para a parte superior da calha. Chegando ao fim do curso, os rastelos são levantados e retornam para a parte inferior da calha, onde novamente são levados até o fundo para raspar outros sólidos grossos. Devido à agitação moderada promovida pelos rastelos, os sólidos finos permanecem na suspensão que é retirada por um vertedor existente na borda inferior da calha.

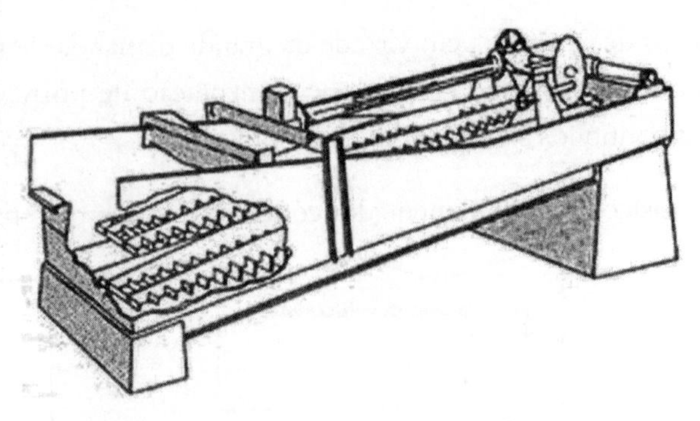

Figura 1.9b - Decantador de rastelos tipo *dorr* (Fonte: Gomide)

O decantador helicoidal, mostrado na figura 1.9c, possui uma helicóide que arrasta continuamente os sólidos grossos para a extremidade superior de uma calha semicircular inclinada. Mais uma vez o movimento lento provocado pelo mecanismo transportador evita a decantação dos sólidos finos, que saem com a suspensão por meio do vertedor.

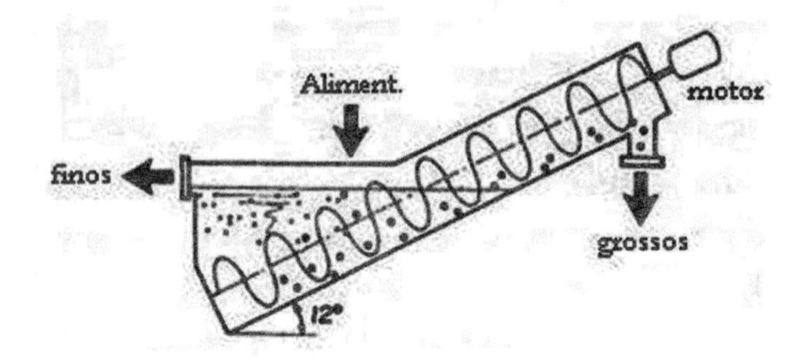

Figura 1.9c - Decantador helicoidal (Fonte: Gomide)

Estes dispositivos funcionam mais propriamente como classificadores ou separadores de primeiro estágio, uma vez que os sólidos finos terão que ser retirados posteriormente do líquido em decantadores de segundo estágio.

1.9.1.2 Sedimentadores para Sólidos Finos

A decantação dos sólidos finos pode ser realizada sem interferência mútua das partículas (decantação livre) ou com sua interferência (decantação retardada). De um modo geral, é a concentração dos sólidos que determina o tipo de decantação.

As suspensões diluídas são decantadas com o objetivo de clarificar o líquido; neste caso, o equipamento empregado é um clarificador. As suspensões concentradas destinam-se a produzir uma lama espessa e o decantador, neste caso, é um espessador. Em ambos os casos a construção é a mesma.

O decantador contínuo para sólidos finos mais conhecido é o cone de decantação (figura 1.9d), cuja alimentação é feita por meio de um tubo central na parte superior do equipamento. O líquido clarificado é recolhido numa canaleta periférica, sendo a lama retirada pela parte inferior, por meio de uma bomba de lama ou por gravidade. O ângulo do cone destes decantadores não deve ser maior do que 45° a 60°, para facilitar a descarga. Quanto maior é o diâmetro de um cone decantador, maior é a sua altura.

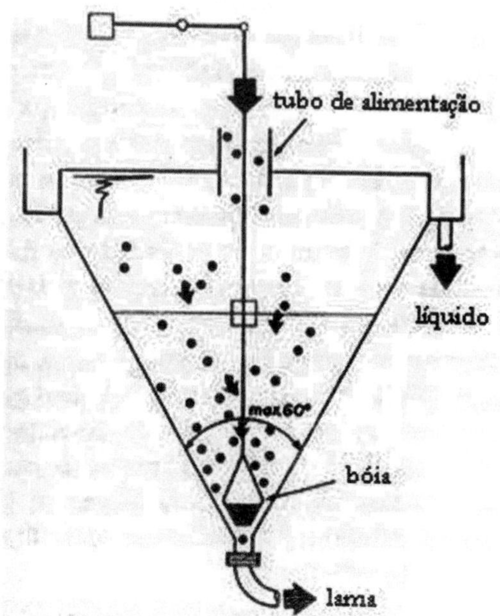

Figura 1.9d - Cone de decantação (Fonte: Gomide)

Devido ao inconveniente das dimensões do cone decantador, existem decantadores de fundo muito pouco inclinado e munidos de rastelos que conduzem a lama para a saída. Os rastelos são "braços" (em quantidade de 1, 2 ou 4) com paletas inclinadas, de forma a conduzir a lama para o centro. Além de transportarem a lama para a saída, os rastelos também agitam brandamente a suspensão, facilitando a floculação (figura 1.9e).

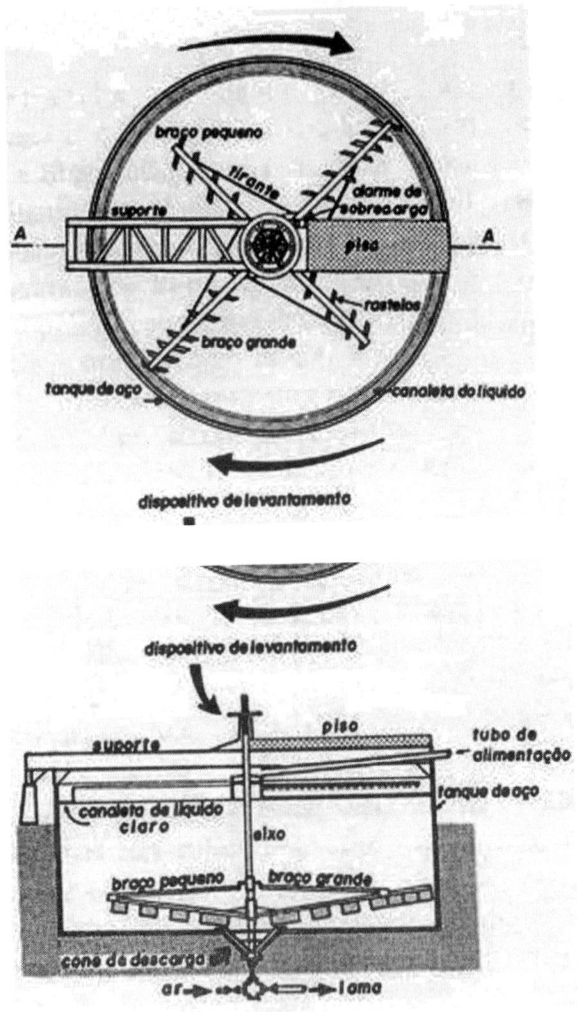

Figura 1.9e - Decantador de rastelos (Fonte: Gomide)

Quando áreas muito grandes são requeridas para a decantação, utilizamam-se decantadores de bandejas múltiplas (figura 1.9f), já que a capacidade de um decantador depende da área disponível para acumular os sólidos. Cada bandeja é ligeiramente inclinada e munida de rastelos presos ao eixo central. Funcionam como qualquer decantador, porém há um alimentador para cada bandeja.

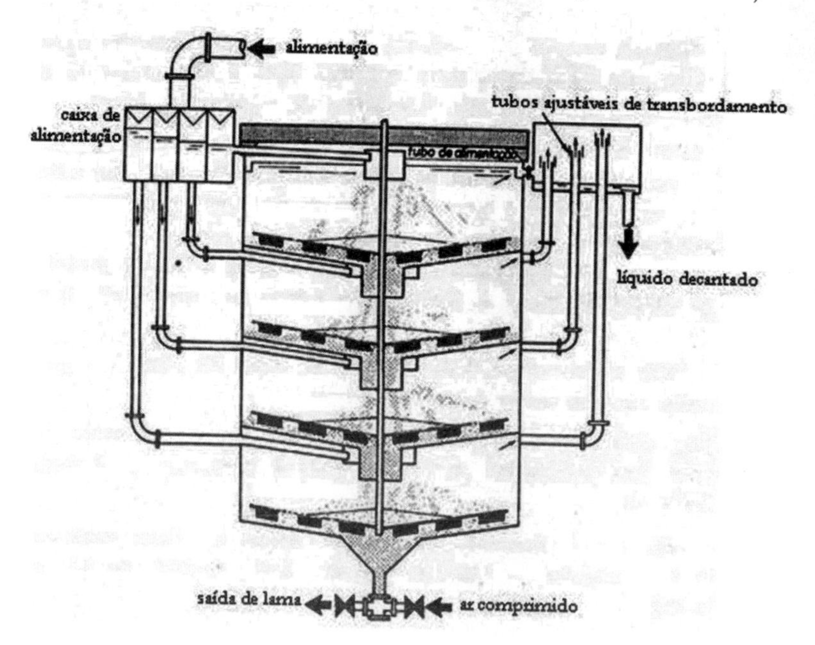

Figura 1.9f - Decantador de bandejas múltiplas (Fonte: Gomide)

1.9.2 Sedimentação Seca

A sedimentação seca é feita por um equipamento denominado câmara gravitacional. São simples expansões do duto por onde escoa uma corrente gasosa. Se a secção transversal da câmara for suficientemente grande, a velocidade do gás será pequena e as forças gravitacionais que agem sobre as partículas superam as cinéticas, o que acarreta a deposição dessas partículas. O gás entra por um difusor, que uniformiza a velocidade no interior da câmara, e sai por um duto na extremidade oposta.

O funcionamento pode ser melhorado com a inclusão de chicanas ou telas, o que permite aumentar a velocidade do fluido. O sólido é, então, recolhido em funis no fundo da câmara (figura 1.9h).

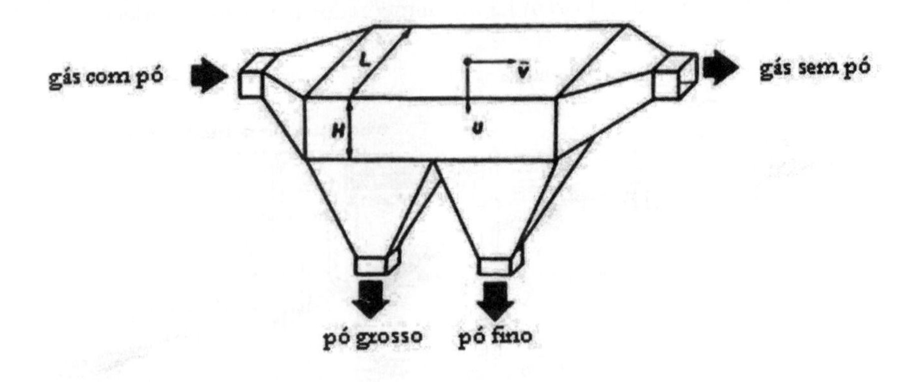

Figura 1.9h - Câmara gravitacional (Fonte: Gomide)

O PETRÓLEO É NOSSO!

A origem do petróleo.
As reservas, produção e o consumo de petróleo.
Exploração, produção e refino do óleo.
Pré-sal: a nova fronteira exploratória.

Capítulo 2 - Petróleo

2.1 Introdução

O petróleo é uma matéria-prima essencial à vida moderna, sendo o componente básico de mais de 6 mil produtos. Dele, produzem-se gasolina, combustível de aviação, gás de cozinha, lubrificantes, borrachas, plásticos, tecidos sintéticos, tintas - e até mesmo energia elétrica. É encontrado a profundidades variáveis, tanto no subsolo terrestre como no marítimo. Segundo os geólogos, sua formação é o resultado da ação da própria natureza, que transformou em óleo e gás o material orgânico de restos de animais e de vegetais, depositados há milhões de anos no fundo de antigos mares e lagos. Com o passar do tempo, outras camadas foram se depositando sobre esses restos de animais e vegetais. A ação do calor e da pressão, causados por essas novas camadas, transformou aquela matéria orgânica em petróleo. Por isso, o petróleo não é encontrado em qualquer lugar, mas apenas onde ocorreu essa acumulação de material orgânico, as chamadas bacias sedimentares. No entanto, mesmo nessas bacias sedimentares, as acumulações de petróleo só podem aparecer onde existir uma combinação apropriada de fatores e de rochas de características diferentes. Por este motivo, para se perfurar um local à procura de petróleo é preciso, antes, que os geólogos e geofísicos façam um complexo estudo geológico da bacia, para definir o ponto com melhores chances de ser perfurado. Mesmo com todas essas evidências, só depois da perfuração é possível confirmar a existência de petróleo em determinada região. Ainda assim, essa ocorrência pode ser comercial ou não, dependendo do volume descoberto.

As condições para aparecimento do petróleo foram reunidas pela natureza num trabalho de milhões de anos. Estima-se que as jazidas petrolíferas mais novas tenham menos de 2 milhões de anos, enquanto as mais antigas estão em reservatórios com cerca de 500 milhões de anos. Em diferentes intervalos do tempo geológico da Terra, uma enorme massa de organismos vegetais e animais foi, pouco a pouco, depositando-se no fundo dos mares e lagos. Pela ação do calor e da pressão provocada pelo seguido empilhamento de camadas, esses depósitos orgânicos transformaram-se, mediante reações termoquímicas, em óleo e gás. Essas substâncias orgânicas são formadas pela combinação de moléculas de carbono e hidrogênio, em níveis variáveis. Por isso, o petróleo (óleo e gás) é definido como uma mistura complexa de hidrocarbonetos gasosos, líquidos e sólidos.

Ao contrário do que muita gente acredita, numa jazida, o petróleo, normalmente, não se encontra sob a forma de bolsões ou lençóis subterrâneos, mas nos poros ou fraturas das rochas, o que pode ser comparado à imagem de uma esponja encharcada, mas neste caso, de óleo.

O petróleo não se acumula na rocha onde foi gerado, chamada rocha geradora, mas migra através das rochas porosas e permeáveis em direção às áreas com menor pressão, até encontrar uma camada impermeável que bloqueie o seu escapamento para a superfície. Chamam-se rocha-reservatório a rocha armazenadora do petróleo, e armadilhas os obstáculos naturais que impedem a sua migração para zonas de pressões ainda mais baixas. Os geólogos acreditam que grande parte do petróleo gerado se perdeu na superfície, por falta desses obstáculos. Quando retido, o petróleo pode se armazenar em reservatórios que estejam localizados desde próximos à superfície até a profundidades superiores a 5 mil metros.

Assim, para que o petróleo seja encontrado, é necessária a combinação de todos esses fatores, numa relação de tempo e espaço perfeita: existência de uma bacia sedimentar – embora nem todas possuam acumulações comerciais de óleo ou gás – e existência de rochas geradoras, rochas-reservatório e rochas impermeáveis, em adequada associação. A ausência de uma dessas condições ao longo do processo geológico eliminou a possibilidade de existência de acumulações de petróleo em muitas áreas sedimentares do mundo, ou acarretou sua presença em quantidades tão pequenas que não compensam a exploração comercial.

Depois de um longo período de produção, as reservas de petróleo fatalmente se esgotam. Antes que o petróleo chegue ao fim, certamente serão encontrados substitutos para as necessidades mundiais de energia. É motivo de reflexão o fato de o homem estar esgotando, em dois ou três séculos, o que a natureza levou até 400 milhões de anos para criar.

2.2 Exploração, Atividade de Alto Risco

Já foi anteriormente citado que o petróleo leva milhões de anos para ser formado. Presente nos poros das rochas, às vezes a milhares de metros de profundidade, é muito trabalhoso localizá-lo. E, quando isso acontece, é bastante difícil retirá-lo da rocha. Basta dizer que permanece dentro das jazidas, "grudada" nas rochas sem poder ser recuperada, grande parte do óleo encontrado, ainda que as operações de recuperação tenham evoluído bastante nas últimas décadas.

A exploração de petróleo ocorre por meio de um grande conjunto de métodos de investigação. Todos baseiam-se em duas ciências: a Geologia, que estuda a origem, constituição e os diversos fenômenos que atuam, por bilhões de anos, na modificação da Terra, e a Geofísica, que estuda os fenômenos puramente físicos do planeta. Assim, a geologia de superfície analisa as características das rochas na superfície e pode ajudar a prever seu comportamento a grandes profundidades. Já os métodos geofísicos procuram, por intermédio de sofisticados instrumentos, fazer uma espécie de radiografia do subsolo. Os técnicos envolvidos analisam um grande volume de informações gerado nas etapas iniciais da pesquisa, reunindo razoável conhecimento sobre a espessura, profundidade e comportamento das camadas de rochas existentes em uma bacia sedimentar. Com base nesse conhecimento, são escolhidos os melhores locais para se perfurar na bacia. Porém, mesmo com o rápido desenvolvimento tecnológico, ainda hoje não é possível determinar a presença de petróleo a partir da superfície. Os métodos científicos podem, no máximo, sugerir que certa área tem ou não possibilidades de conter petróleo, mas jamais garantir sua presença. Esta somente será confirmada pela perfuração dos poços exploratórios. Por isso, a pesquisa para a exploração de petróleo é tida como uma atividade de alto risco.

A arte da Exploração

Engenheiros, geólogos e geofísicos têm de superar barreiras.

Em terra, as rochas são de difícil exploração. No mar, o petróleo está em águas profundas.

A seguir, as etapas da exploração:

O PRIMEIRO passo é o levantamento topográfico aéreo, a aerofotogrametria. Assim é traçado o primeiro esboço de um mapa geológico, que vai orientar o geólogo e o geofísico na procura das locações mais favoráveis para se realizar a perfuração com a menor margem de erro possível.

A SEGUNDA etapa é a sísmica, uma espécie de ultrassonografia do subsolo, que permite reconstituir as condições de formação e acumulação de petróleo em determinada região. Para isso, os técnicos percorrem milhares de quilômetros em terra e no mar, levantando dados que permitam desenhar o corte transversal das rochas. Os levantamentos são obtidos por meio de explosões controladas, gerando ondas que se propagam através das camadas das rochas. Ao voltarem à superfície, as ondas são captadas por geofones (em terra) e hidrofones (na água), que registram suas reflexões e refrações (desvios), o que permite estabelecer a natureza físico-química das rochas. A sísmica indica que uma área possui condições para acumular petróleo, mas não garante sua existência. Isto só é confirmado pela sonda de perfuração.

Os geólogos utilizam outras técnicas geofísicas de investigação de superfície. Entre elas, está a utilização do gravímetro, ou balança de torção, que indica pequenas variações da gravidade. Estas alterações são causadas pela distribuição, no subsolo, de rochas com densidades variadas.

Outro método é a aeromagnetometria, que determina a distribuição de rochas com características magnéticas diversas. Instalados em aviões, os aparelhos permitem conhecer a natureza e a profundidade da rocha.

Depois de marcados no mapa os pontos em que as probabilidades de se encontrar petróleo e gás natural são maiores, os técnicos escolhem, entre as locações estudadas, quais devem ser aprovadas para perfuração. A escolha tem que ser criteriosa, pois um poço pioneiro (o primeiro perfurado numa área) custa alguns milhões de dólares e pode estar seco.

2.3 Perfuração

Em terra ou no mar, a perfuração de um poço é um trabalho realizado sem interrupção, que só termina quando se atinge a profundidade programada ou o objetivo proposto para a perfuração: 800, 2 mil, 6 mil metros etc. A perfuração em terra é feita com a sonda de perfuração, constituída de uma estrutura metálica de mais de 40 metros de altura (a torre) e de equipamentos especiais que compõem o sistema de perfuração. A torre sustenta um tubo vertical, a coluna de perfuração, em cuja extremidade é colocada uma broca. Por meio de movimentos de rotação e de peso transmitidos pela coluna de perfuração à broca, as rochas são perfuradas.

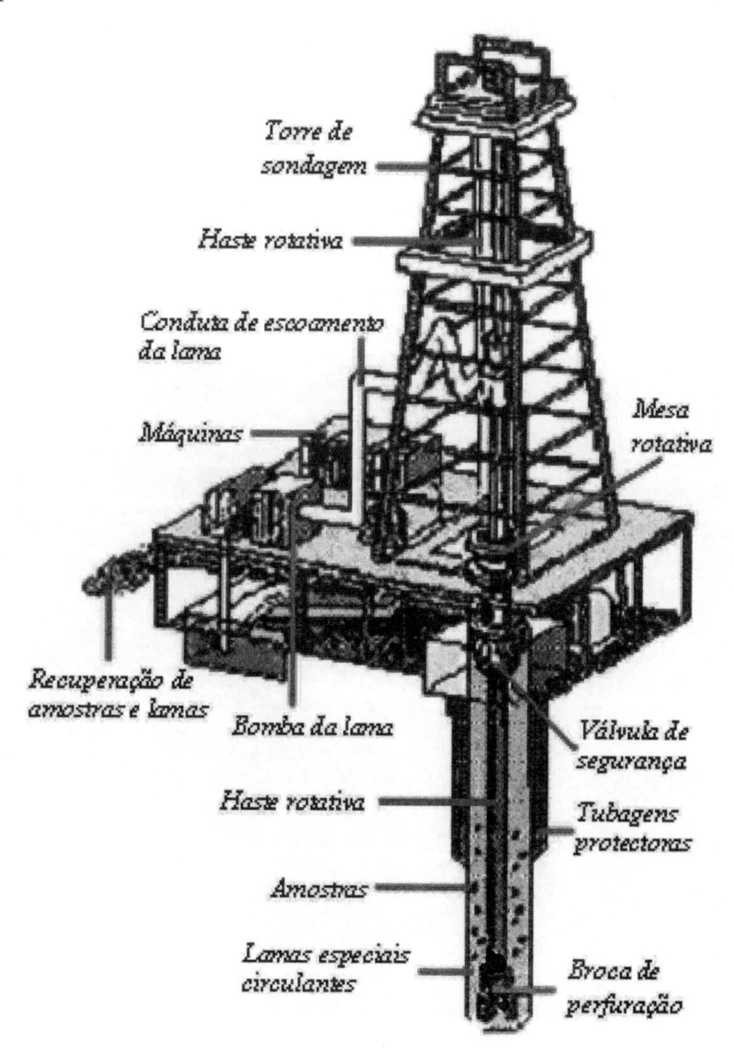

Para evitar desmoronamentos das paredes do poço e resfriar a broca, é injetado na coluna um fluido especial, chamado lama de perfuração. Durante a perfuração, todo o material triturado pela broca vem à superfície, misturado com essa lama. Os geólogos examinam os detritos contidos nesse material e, aos poucos, vão reunindo a história geológica das sucessivas camadas rochosas atravessadas pela sonda. A análise desses dados, aliada a outras informações obtidas durante a perfuração do poço, poderá indicar, ou não, a ocorrência de petróleo.

Nem sempre a perfuração de um poço resulta em descoberta de petróleo. Apesar do grande progresso dos métodos de pesquisas, em média, 80% dos poços pioneiros não resultam, no Brasil e no mundo, em descobertas aproveitáveis. Quando isso acontece, o poço é tamponado com cimento e abandonado. Mesmo secos ou subcomerciais, esses poços podem fornecer indicadores importantes para o prosseguimento das pesquisas, porque permitem maiores conhecimentos sobre a área explorada.

A fase seguinte é chamada de avaliação, e tem o objetivo de determinar se o poço contém petróleo em quantidades comerciais. São realizados testes de formação, para recuperação do fluido contido em intervalos selecionados de rochas-reservatório. Se os resultados forem promissores, executam-se os testes de produção de longa duração (TLD), que podem estimar a vazão diária de petróleo do poço.

No mar (*off-shore*), as atividades seguem etapas praticamente idênticas às da perfuração em terra. Nas perfurações marítimas, a sonda é instalada sobre plataformas (fixas ou móveis) ou navios de perfuração (figura 2.3a). Para operações em águas mais rasas, são utilizadas plataformas autoelevatórias, cujas pernas fixam-se no fundo do mar e projetam o convés sobre a superfície, livrando-o dos efeitos das ondas e correntes marinhas durante a perfuração. Em águas profundas, são empregadas plataformas flutuantes ou semissubmersíveis, que são sustentadas por estruturas posicionadas abaixo dos movimentos das ondas.

Também para águas profundas e principalmente em áreas sob condições de mar severas, são utilizados os navios-sonda. Sua estabilidade é conseguida pela movimentação de várias hélices, controladas por computador, de acordo com os movimentos do mar, permitindo que a sonda, colocada sobre uma abertura no centro da embarcação, realize a perfuração. O Brasil está entre os poucos países que dominam todo o ciclo de perfuração submarina em águas profundas e ultraprofundas (maiores que 2 mil metros de lâmina d'água).

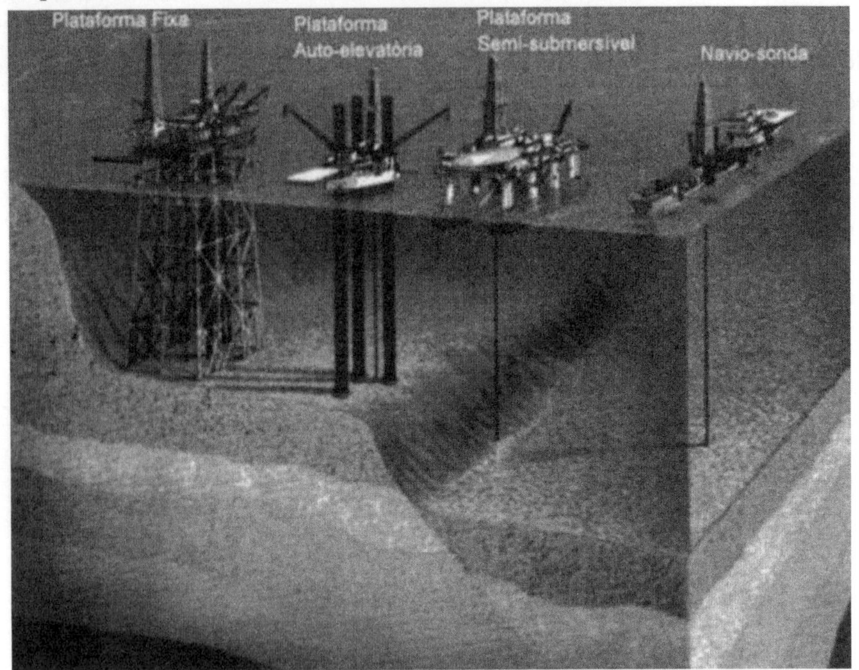

Figura 2.3a – Tipos de plataformas para perfuração de poços

Os poços perfurados têm denominações diferentes, de acordo com o objetivo do trabalho que está sendo realizado. O primeiro poço perfurado em uma área é chamado poço pioneiro. Outros, ao redor, chamados poços de extensão, têm por finalidade delimitar o reservatório, enquanto os poços de desenvolvimento são aqueles perfurados para colocar o reservatório em produção. Os poços perfurados nem sempre são verticais. Hoje, é muito comum a perfuração de poços inclinados, chamados direcionais (figura 2.3b). Esta técnica é muito utilizada nas perfurações no mar, pois permite que de um mesmo ponto (plataforma) se perfurem diversos poços. Em terra, a perfuração de poços direcionais tem por objetivo vencer obstáculos naturais que dificultem o posicionamento da sonda, como pântanos, rios ou lagos, por exemplo.

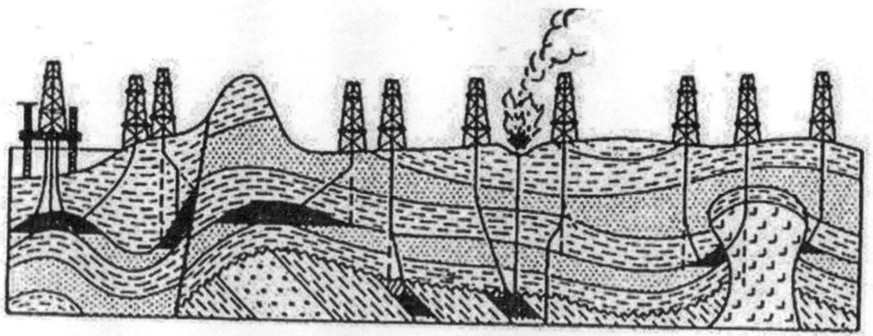

Figura 2.3b – Aplicações de poços direcionais (Fonte: Correa)

A perfuração é um trabalho duro e ininterrupto. A cada 27 metros, os sondadores encaixam um novo tubo. Como a vida útil da broca, que está na extremidade do primeiro tubo, é relativamente curta, ela precisa ser trocada várias vezes durante a sondagem. Para isso, é preciso retirar todos os tubos em seções de 27 metros e, depois da troca, recolocar tudo no poço, sempre mantendo a pressão. Se o poço estiver a 4 mil metros, o que é comum, serão necessárias mais de 200 operações com tubos, para retirar e colocar a nova broca.

A dificuldade não pára por aí. No Brasil, a perfuração de poços em camadas pré-sal é o novo desafio na exploração de petróleo *off-shore*. Em 2004, foram perfurados alguns poços em busca de óleo na Bacia de Santos, pois lá haviam sido identificadas, acima da camada de sal, rochas arenosas depositadas em águas profundas, que já eram conhecidas. Em 2006, quando a perfuração já havia alcançado 7.600 m de profundidade a partir do nível do mar, foi encontrada uma acumulação gigante de gás e reservatórios de condensado de petróleo, um componente leve do petróleo. No mesmo ano, em outra perfuração feita na Bacia de Santos, a pouco mais de 5 mil metros de profundidade a partir da superfície do mar, veio a grande notícia: o poço, posteriormente batizado de Tupi, apresentava indícios de óleo abaixo da camada de sal. O sucesso levou à perfuração de mais sete poços e em todos se encontrou petróleo. Foi dada a largada para a exploração na camada pré-sal.

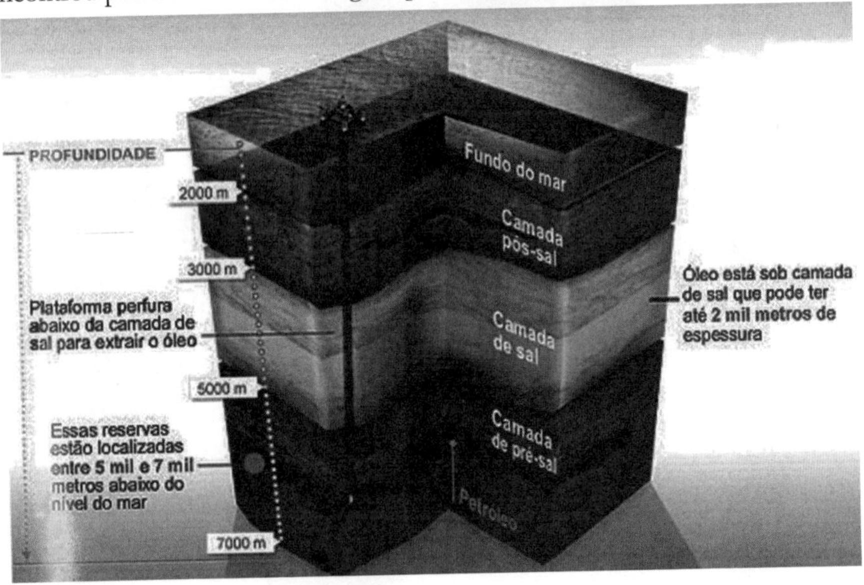

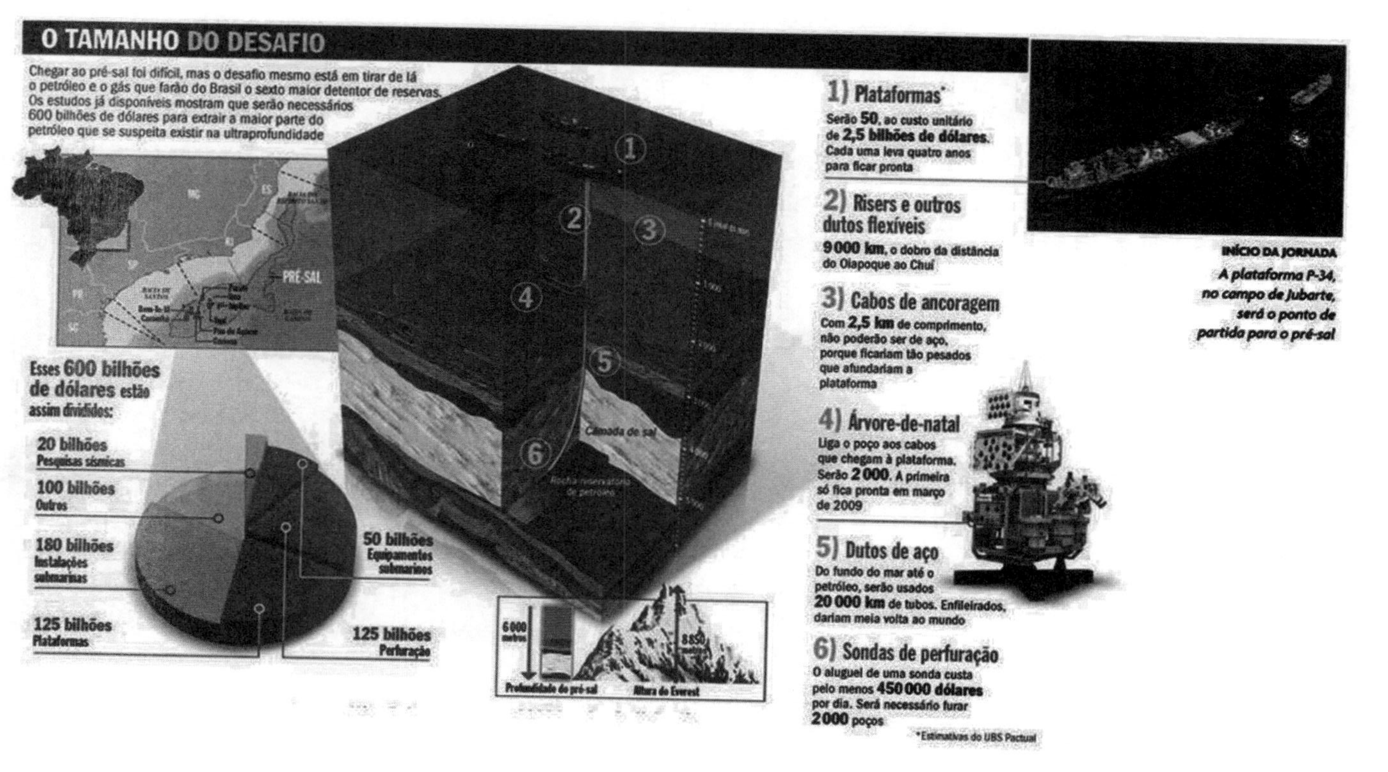
O TAMANHO DO DESAFIO
Chegar ao pré-sal foi difícil, mas o desafio mesmo está em tirar de lá o petróleo e o gás que farão do Brasil o sexto maior detentor de reservas. Os estudos já disponíveis mostram que serão necessários 600 bilhões de dólares para extrair a maior parte do petróleo que se suspeita existir na ultraprofundidade
PRÉ-SAL
Esses 600 bilhões de dólares estão assim divididos:
20 bilhões Pesquisas sísmicas
100 bilhões Outros
180 bilhões Instalações submarinas
125 bilhões Plataformas
50 bilhões Equipamentos submarinos
125 bilhões Perfuração
Camada de sal
Rocha-reservatório de petróleo
6 000 metros
8 850
Profundidade do pré-sal
Altura do Everest
1) Plataformas*
Serão 50, ao custo unitário de 2,5 bilhões de dólares. Cada uma leva quatro anos para ficar pronta
2) Risers e outros dutos flexíveis
9 000 km, o dobro da distância do Oiapoque ao Chuí
3) Cabos de ancoragem
Com 2,5 km de comprimento, não poderão ser de aço, porque ficariam tão pesados que afundariam a plataforma
4) Árvore-de-natal
Liga o poço aos cabos que chegam à plataforma. Serão 2 000. A primeira só fica pronta em março de 2009
5) Dutos de aço
Do fundo do mar até o petróleo, serão usados 20 000 km de tubos. Enfileirados, dariam meia volta ao mundo
6) Sondas de perfuração
O aluguel de uma sonda custa pelo menos 450 000 dólares por dia. Será necessário furar 2 000 poços
*Estimativas do UBS Pactual
INÍCIO DA JORNADA
A plataforma P-34, no campo de Jubarte, será o ponto de partida para o pré-sal

2.4 Produção: Tirando Óleo da Pedra

Uma vez descoberto o petróleo, normalmente são perfurados os poços de extensão (delimitação), para estimar as dimensões da jazida. A seguir, perfuram-se os poços de desenvolvimento, que colocarão o campo em produção. No entanto, isso só ocorre quando é constatada a viabilidade técnico-econômica da descoberta, ou seja, se o volume de petróleo a ser recuperado justificar os altos investimentos necessários à instalação de uma infraestrutura de produção.

A fase seguinte é denominada completação, quando o poço é preparado para produzir. Uma tubulação de aço, chamada coluna de revestimento, é introduzida no poço. Em torno dela, é colocada uma camada de cimento, para impedir a penetração de fluidos indesejáveis e o desmoronamento das paredes do poço. A operação seguinte é o canhoneio: um canhão especial desce pelo interior do revestimento e, acionado da superfície, provoca perfurações no aço e no cimento, abrindo furos nas zonas portadoras de óleo ou gás e permitindo o escoamento desses fluidos para o interior do poço. Outra tubulação, de menor diâmetro (coluna de produção), é introduzida no poço, para levar os fluidos até a superfície. Instala-se na boca do poço um conjunto de válvulas conhecido como árvore de natal (figura 2.4a), para controlar a produção.

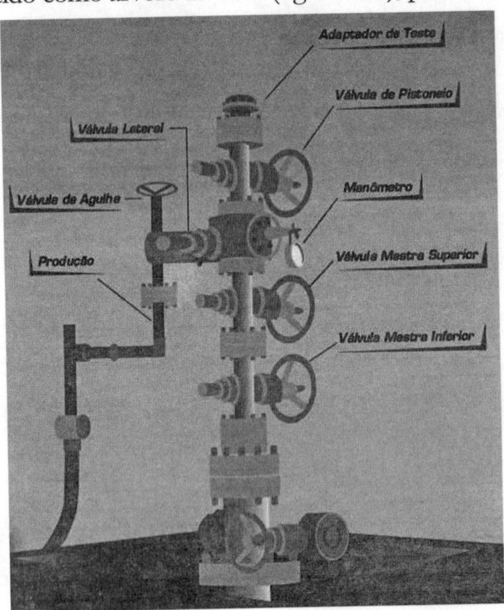

Figura 2.4a – Componentes de uma árvore de natal (Fonte: Petrobras)

Algumas vezes, o óleo vem à superfície espontaneamente, impelido pela pressão interna dos gases. Quando isso não ocorre, é preciso usar equipamentos para bombear os fluidos. O bombeamento pode ser mecânico, hidráulico, elétrico, entre outros. O bombeamento mecânico, utilizado em terra, é feito por meio do cavalo de pau (figura 2.4b), um equipamento montado na cabeça do poço, que aciona uma bomba colocada no seu interior. Com o passar do tempo, alguns estímulos externos são utilizados para extração do petróleo. Esses estímulos podem, por exemplo, ser injeção de gás ou de água, ou dos dois simultaneamente, e são denominados recuperação secundária. Dependendo do tipo de petróleo, da profundidade e do tipo de rocha-reservatório, pode-se ainda injetar gás carbônico, vapor, soda cáustica, polímeros e vários outros produtos, visando sempre aumentar a recuperação de petróleo.

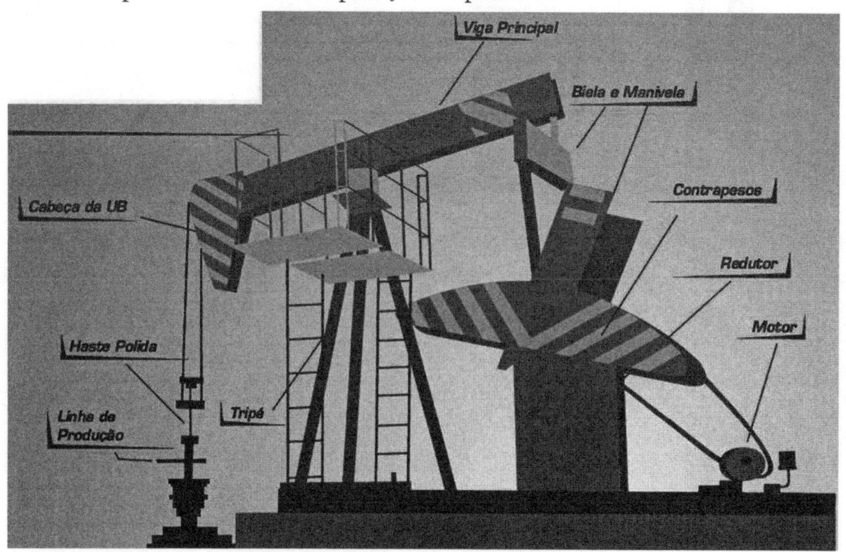

Figura 2.4b – Estrutura de bombeamento mecânico – cavalo de pau (Fonte: Petrobras)

O petróleo obtido segue, então, para os separadores, onde é isolado do gás natural. O óleo é tratado, separado da água salgada que geralmente contém, e armazenado para posterior transporte às refinarias ou terminais. Já o gás natural é submetido a um processo no qual são retiradas partículas líquidas, que vão gerar o gás liquefeito de petróleo (GLP) ou gás de cozinha. Depois de processado, o gás é entregue para consumo industrial, inclusive na petroquímica. Parte deste gás é reinjetada nos poços, para estimular a produção de petróleo.

A seguir, são apresentados dados estatísticos a respeito das reservas, produção e consumo de petróleo no mundo.

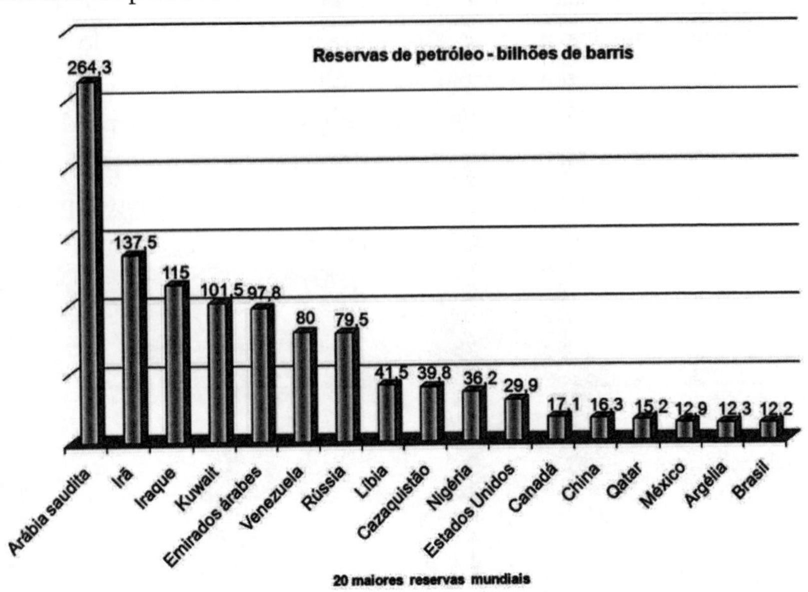

Fonte: Departamento de Estatística do EUA, 2007
(*Energy Information Administration*)

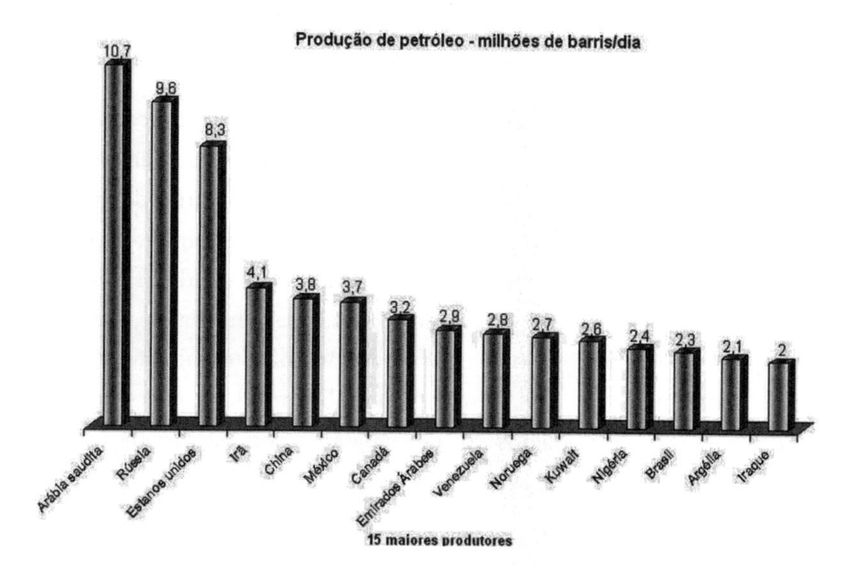

Fonte: Departamento de Estatística do EUA, 2006
(*Energy Information Administration*)

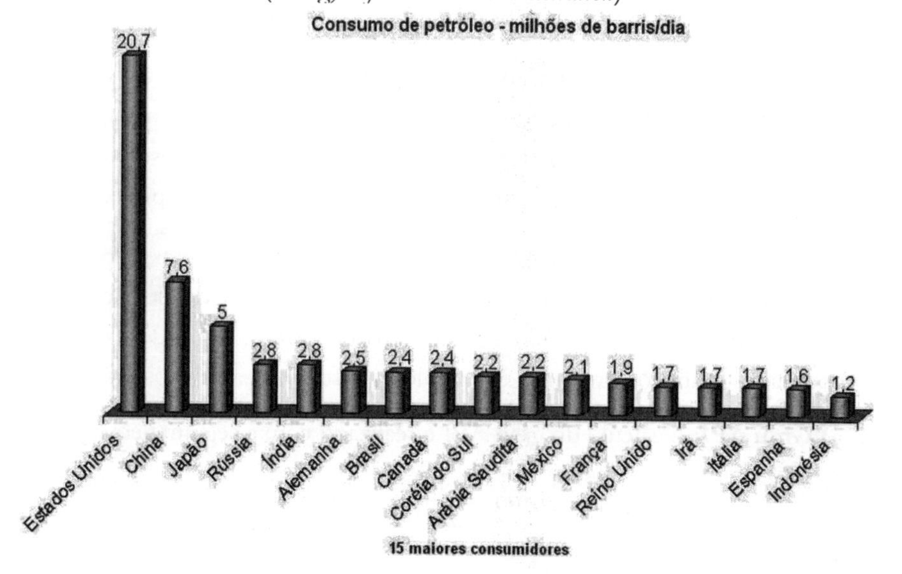

2.5 O Refino

O petróleo bruto retirado das jazidas contém diversos hidrocarbonetos e contaminantes presentes, por isso necessita de refino, para que sejam separadas e purificadas as diversas frações obtidas por meio de um conjunto de operações unitárias e conversões químicas. Nas refinarias, o petróleo é submetido a diversos processos físico-químicos pelos quais se obtém grande diversidade de compostos: gás liquefeito de petróleo (GLP) ou gás de cozinha, gasolina, naftas, óleo diesel, gasóleos, querosenes de aviação e de iluminação, óleo combustível, asfalto, lubrificantes, solventes, parafinas, coque de petróleo, resíduos, entre outros. As parcelas dos derivados produzidos em determinada refinaria variam de acordo com o tipo de petróleo processado.

De acordo com as características geológicas do local de onde é extraído, o petróleo bruto pode variar quanto à sua composição química e ao seu aspecto. Há aqueles que possuem alto teor de enxofre, enquanto outros apresentam grandes concentrações de gás sulfídrico, por exemplo.

Quanto ao aspecto, há petróleos pesados e viscosos e outros leves e voláteis, segundo o número de átomos de carbono existentes em sua composição. Da mesma forma, o petróleo pode ter uma ampla gama de cores, desde o amarelo claro, semelhante à gasolina, chegando ao verde, ao marrom e ao preto.

Uma amostra de petróleo pode ser classificada de diversas formas, dependendo do critério utilizado, dentre os quais se destacam: o grau de densidade API (°API), do *American Petroleum Institute*, o teor de enxofre ou segundo a razão dos componentes químicos presentes (parafínicos, naftênicos, asfálticos etc.).

a) Grau API: o cálculo do grau API é realizado com a seguinte equação:

$$^{o}API = \frac{141,5}{densidade} - 131,5$$

A densidade do óleo utilizada é a densidade específica calculada, tendo como referência a água. Observa-se que, quanto maior o valor de °API, mais leve é o óleo ou o derivado.

Exemplos:

Asfalto	11°API
Óleo bruto pesado	18°API
Óleo bruto leve	36°API
Nafta	50°API
Gasolina	60°API

Dessa forma, segundo o grau de densidade API, temos:

- **Petróleos leves:** acima de 30° API (densidade do óleo < 0,72 g/cm³)

- **Petróleos médios:** entre 21 e 30° API

- **Petróleos pesados:** abaixo de 21° API (densidade do óleo > 0,92 g/cm³)

Assim, petróleos mais leves dão maior quantidade de gasolina, GLP e naftas, que são produtos leves. Já os petróleos pesados resultam em maiores volumes de óleos combustíveis e asfaltos. No meio da cadeia estão os derivados médios, como o óleo diesel e o querosene.

b) Teor de enxofre: segundo o teor de enxofre da amostra, tem-se a seguinte classificação para o óleo bruto:

- **Petróleos "doces":** teor de enxofre < 0,5% em massa

- **Petróleos "ácidos":** teor de enxofre > 0,5% em massa

c) Razão entre os componentes químicos: como foi dito, o petróleo pode ser classificado ainda pelo tipo de hidrocarboneto predominante na sua composição. Se os hidrocarbonetos presentes em maior quantidade forem saturados de cadeia aberta, diz-se que o óleo é parafínico. Cadeias saturadas e cíclicas compõem os óleos naftênicos.

Para predominância de compostos insaturados (com ligações duplas e triplas), temos as seguintes classificações:

Aromáticos: cadeia fechada, com ligações duplas e simples alternadas, ou seja, núcleo benzênico.

Olefínicos: cadeias com ligação dupla.

Acetilênicos: cadeias retilíneas com ligação tripla.

Depois de caracterizado, o petróleo é, então, submetido ao refino, que pode ser dividido em três classes em função do seu objetivo:

- **Processos de separação:** em que ocorre a separação física dos produtos, sem alteração da constituição química dos componentes. É feita principalmente por meio da operação unitária de destilação, mas também pela extração a solvente. Exemplos de processos de separação por extração são a desasfaltação e desparafinação.

Processos de transformação: a princípio, o refino do petróleo envolvia apenas processos físicos de separação. Porém, com a necessidade de se obter proporcionalmente mais produtos específicos que o petróleo podia oferecer, as conversões químicas dos derivados do petróleo também entraram em cena, transformando produtos de pouco valor ou pouca utilidade em produtos rentáveis e de grande demanda. Entre os processos de conversão, podemos citar o craqueamento, a alquilação, a isomerização, a polimerização, a hidrogenação e desidrogenação, a reforma catalítica etc.

- **Processos de acabamento:** em que ocorre a remoção, por processos físicos ou químicos, de impurezas em um dado produto, de modo a conferir-lhe as características necessárias de produto acabado. Citam-se os processos de hidrodessulfurização catalítica, lavagem cáustica, extração com aminas, tratamento Bender, Merox etc.

A seguir, uma descrição mais detalhada dos processos de destilação, craqueamento, reforma e alquilação.

2.5.1 Destilação do Óleo

A destilação é o processo de separação utilizado para fracionar, separar os constituintes do petróleo. A separação baseia-se na volatilidade de cada componente da mistura e as correntes de processo podem ser separadas em componentes mais "leves" e componentes mais "pesados". A destilação pode ser conduzida sob **pressão atmosférica ou subatmosférica.** A necessidade de uma pressão abaixo da atmosférica, na chamada destilação a vácuo, deve-se ao fato de que acima de uma temperatura de aproximadamente 360°C, começam a ocorrer reações de craqueamento térmico em moléculas nas quais não se deseja que este fenômeno ocorra. A redução da pressão sobre um líquido causa redução na temperatura de ebulição.

Os componentes da planta de destilação e as frações obtidas podem ser observados na figura 2.5a.

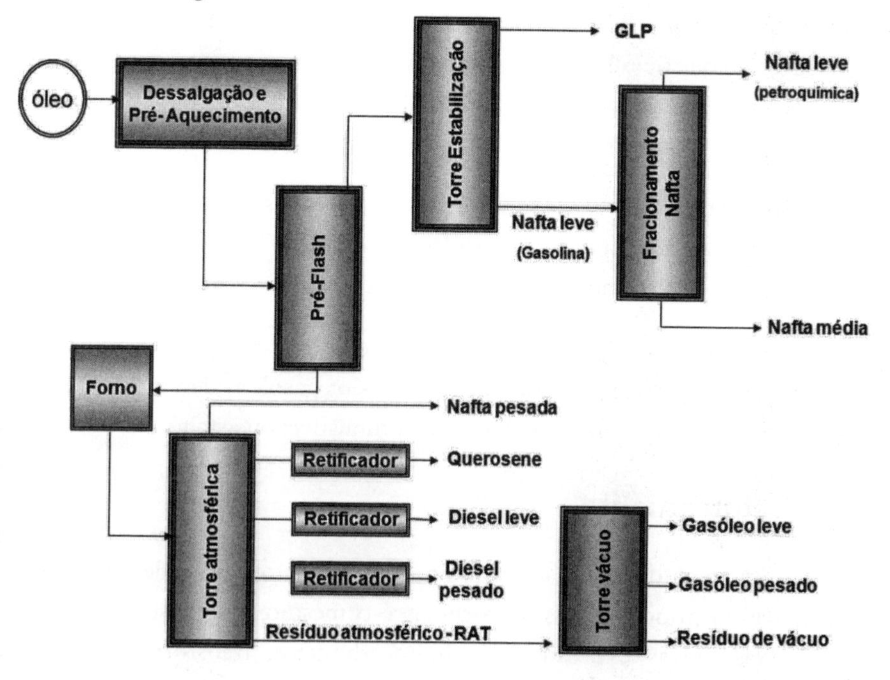

Figura 2.5a – Diagrama de blocos da destilação do óleo cru

Observe a descrição sucinta das seções que compõem uma unidade de destilação industrial:

- Seção de dessalgação e pré-aquecimento - antes de o petróleo entrar na torre de destilação, deve passar por um equipamento chamado dessalgador, o qual é destinado à remoção de sais inorgânicos, água e sedimentos que estão dissolvidos no petróleo. Essas substâncias causam incrustações que obstruem ou corroem trocadores de calor, fornos, condensadores e quaisquer outros tipos de equipamentos envolvidos no processamento do óleo. Existem dois tipos comuns de dessalgação: a química e a elétrica. Na dessalgação química, o petróleo é aquecido e adicionam-se água de processo para a diluição de sais e também algum produto químico coagulante da água. A mistura resultante é encaminhada a um decantador, onde ocorre a separação entre as duas fases formadas. A dessalgação elétrica é conduzida da mesma maneira, com a diferença que em vez de produtos químicos serem utilizados para a coagulação, é empregado um campo elétrico para favorecer a coagulação e sedimentação da fase aquosa.

- **Seção** pré-flash - onde se separam as frações mais leves do petróleo – GLP e nafta leve –, o que possibilita maior flexibilidade operacional e equipamentos de menor tamanho. Essa seção não é obrigatória, dependendo do projeto da planta de refino. Nesta etapa também se obtém gás combustível.

- **Seção atmosférica** - onde se separam as frações possíveis até a temperatura de 360ºC: nafta pesada, querosene, gasóleo de destilação atmosférica (compõe o diesel) e resíduo de destilação atmosférica (RAT).

- **Seção de vácuo** - onde se separam as frações restantes, que não puderam ser separadas na seção atmosférica. São obtidos os gasóleos de vácuo e resíduo de vácuo, que é comercializado como óleo combustível ou asfalto.

2.5.2 Craqueamento

A terceira etapa do refino consiste no craqueamento, que pode ser térmico ou catalítico. O princípio desses processos é o mesmo, e se baseia na quebra de moléculas longas e pesadas dos hidrocarbonetos, transformando-as em moléculas menores e mais leves. O craqueamento térmico (atualmente pouco utilizado) exige pressões e temperaturas altíssimas para a quebra das moléculas, enquanto no catalítico o processo é realizado com a utilização de um catalisador e temperaturas mais brandas.

Um diagrama que representa as etapas do processo de craqueamento catalítico é apresentado na figura 2.5b.

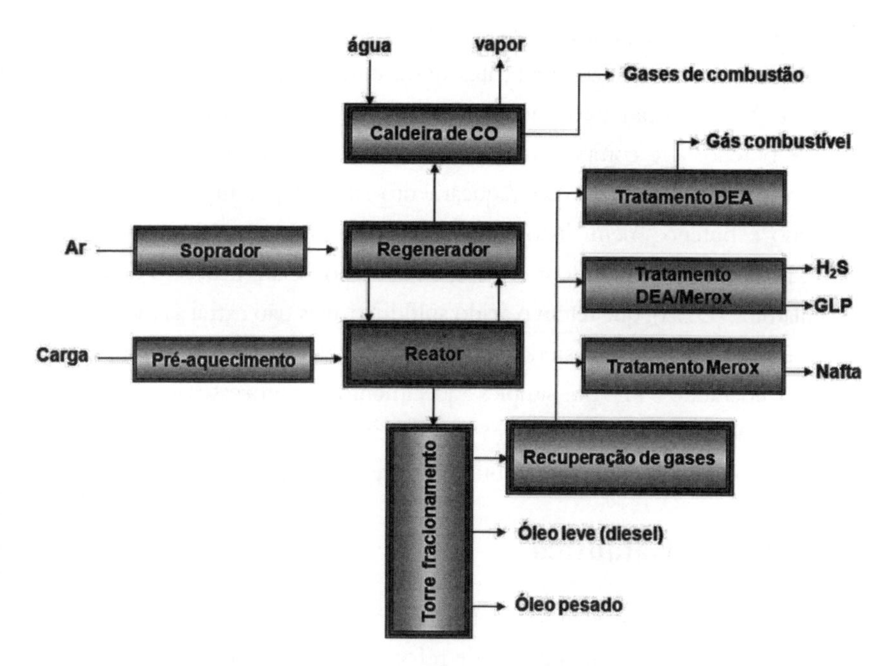

Figura 2.5b – Diagrama de blocos de uma unidade de craqueamento catalítico

No craqueamento catalítico fluido (FCC), a alimentação é geralmente o gasóleo pesado do vácuo, que é misturado ao catalisador do processo (à base de alumina ou zeólitos) mediante processos específicos, como o processo catalítico a leito fluidizado, em que a corrente de alimentação mantém suspenso o catalisador. A mistura carga-catalisador é aquecida a altas temperaturas, sendo vaporizada e craqueada. Os produtos do craqueamento são separados do catalisador e enviados para uma torre fracionadora, onde são isolados, de acordo com a faixa de destilação. O catalisador com coque resultante do craqueamento é enviado para um regenerador, para que possa retornar ao processo. No regenerador, o coque é parcialmente oxidado, para produzir monóxido de carbono, que, ao queimar em uma caldeira, gera vapor d'água de alta pressão. Como os compostos sulfurados tendem a se concentrar nas frações mais pesadas do petróleo, a carga do FCC possui esses compostos, que, no meio das reações, formarão paralelamente produtos de enxofre, principalmente o H_2S e mercaptanas, que sairão junto com os produtos mais leves. Assim, os gases obtidos no fracionamento do craqueado são submetidos a tratamentos específicos para redução do teor de enxofre (tratamentos DEA e Merox, por exemplo).

A nafta obtida no craqueamento possui alto índice de octano, devido ao alto teor de hidrocarbonetos aromáticos presentes neste corte, o que é bom para gasolina automotiva. No craqueamento, são produzidos também olefinas – como eteno, propeno e butenos – e compostos isoparafínicos – como propano e butano. Por consequência, o GLP produzido no craqueamento catalítico possui grande quantidade de propeno e buteno. Além disso, o GLP produzido a partir do craqueamento catalítico, por possuir elevado teor de H_2S, é submetido a um processo de extração com dietilamina (DEA), que retém o ácido sulfídrico, mas não extrai as mercaptanas; por isso, é necessária uma posterior extração com NaOH. A DEA é facilmente regenerável, liberando o H_2S por simples aquecimento. No processo de extração com NaOH (tratamento Merox), a presença de um catalisador recupera a soda cáustica que retira os compostos de enxofre, obtendo-se, assim, considerável economia.

2.5.3 Reforma Catalítica

As gasolinas destiladas e as naftas têm, usualmente, baixa octanagem[1]. Estes produtos são enviados a uma unidade de reforma, onde há a conversão de naftas em produtos de maior índice de octanagem, geralmente gasolinas de alto poder antidetonante e de elevado teor de aromáticos. O processo realiza a transformação de hidrocarbonetos lineares e naftênicos em olefinas e principalmente aromáticos. Os catalisadores utilizados são a platina sobre a alumina ou sobre sílica-alumina e o óxido de cromo sobre alumina. Observe as reações abaixo:

metilciclohexano $\xrightarrow[\text{catalisador}]{\text{calor}}$ tolueno $+ 3H_2$

1 Índice de octanagem é o número que indica a resistência relativa à compressão de um combustível no interior de motores.

$$\text{heptano} \xrightarrow[\text{catalisador}]{\text{calor}} \text{tolueno} + 4H_2$$

É um método industrial econômico para se aumentar a octanagem de gasolinas destiladas, naturais ou de craqueamento térmico e para se produzir grande quantidade de benzeno, tolueno e xilenos (BTX) e outros aromáticos. Na figura 2.5a temos um esquema de uma unidade de reforma catalítica.

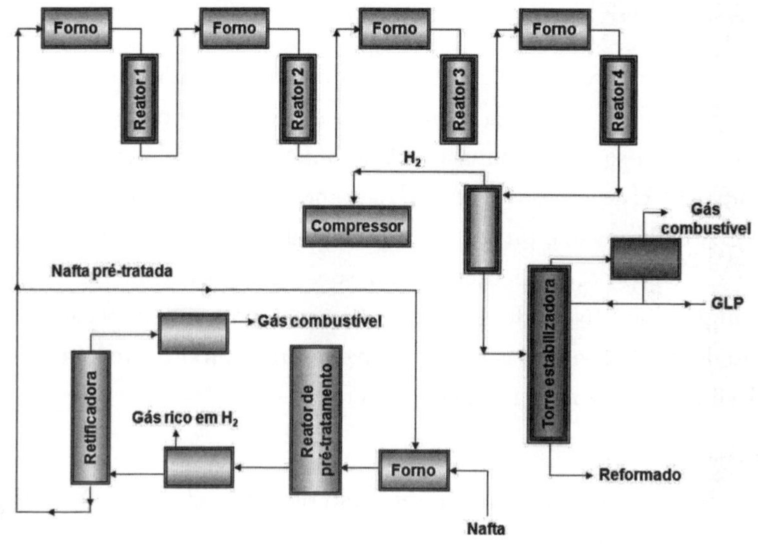

Figura 2.5a – Esquema de uma unidade de reforma catalítica

A carga de nafta é preparada em um reator de pré-tratamento, onde se promove a proteção futura do catalisador de reforma contra impurezas presentes na carga (S, N, O, metais e olefinas), por meio de reações de seus compostos com hidrogênio (hidrotratamento). Estas reações são efetivadas pelo catalisador de pré-tratamento, que retém os metais em sua superfície. Os derivados de S, N e O e as impurezas voláteis são separados em uma torre retificadora, de onde se obtém a nafta pré-tratada, que passa por uma bateria de fornos e reatores, nos quais ocorrem as diversas reações de reforma. Há, no processo, uma seção de estabilização que promove o reciclo do gás hidrogênio ao processo e a separação das correntes gasosas leves, do GLP e do reformado catalítico.

2.5.4 Alquilação

A alquilação consiste na reação de adição de duas moléculas leves para a síntese de uma terceira de maior peso molecular, catalisada por um agente de forte caráter ácido. É uma síntese que leva à obtenção de cadeias ramificadas a partir de olefinas leves, sendo uma rota utilizada na produção de gasolina de alta octanagem a partir de componentes leves do GLP, que utiliza como catalisador o ácido fluorídrico, HF, ou o ácido sulfúrico, H_2SO_4.

O processo envolve a utilização de uma isoparafina – geralmente o isobutano, presente no GLP – combinada a olefinas, tais como o propeno, os butenos e pentenos. Obtém-se, assim, uma gasolina sintética especialmente empregada como combustível de aviação ou gasolina automotiva de alta octanagem. Também são gerados nafta pesada, propano e n-butano de alta pureza como produção secundária. Este processo permite a síntese de compostos intermediários de grande importância na indústria petroquímica, como o etil-benzeno (para produção de poliestireno), o isopropril-benzeno (para produzir fenol e acetona) e o dodecil-benzeno (matéria-prima de detergentes).

A unidade de alquilação é constituída de duas seções principais: a de reação e a de recuperação de reagentes e purificação do catalisador (ácido), conforme ilustrado no esquema da figura 2.5b.

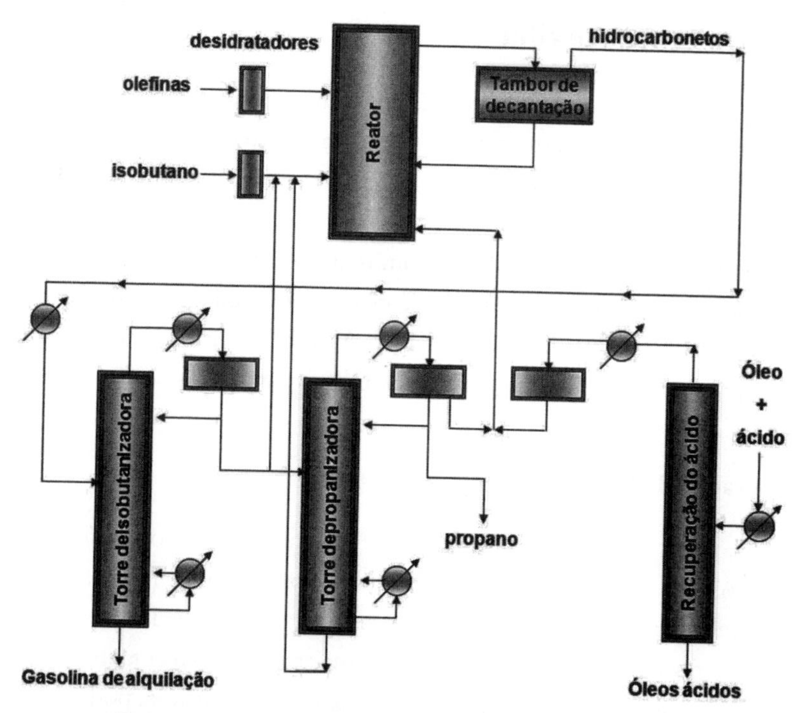

Figura 2.5b – Esquema de uma unidade de alquilação

2.5.5 Coqueamento Retardado

O coqueamento retardado é considerado um craqueamento em condições mais severas. É um processo de produção de coque a partir de cargas bastante diversas, como o óleo bruto reduzido, o resíduo de vácuo, o óleo decantado, o alcatrão do craqueamento térmico e suas misturas. Com a aplicação de condições severas de operação (pressão e temperatura), moléculas de cadeia aberta são craqueadas e moléculas aromáticas polinucleadas, resinas e asfaltenos são coqueados, para produzir gases, nafta, diesel, gasóleo e principalmente coque de petróleo. A crise do petróleo na década de 1970 tornou o coqueamento um processo importante, pois nele, frações depreciadas, como resíduos de vácuo, são transformadas em outras de maior valor comercial. O coque obtido mostra-se como um excelente material componente de eletrodos na indústria de produção de alumínio e na metalurgia de modo geral (utilizado em altos-fornos para produzir aço, por exemplo).

2.5.6 Processos Auxiliares

Os processos auxiliares de refino existem com o objetivo de fornecer insumos para possibilitar a operação ou efetuar o tratamento de rejeitos dos outros tipos de processo já citados. A geração de hidrogênio e a recuperação do enxofre são dois processos auxiliares amplamente utilizados em uma refinaria. Citam-se ainda como processos auxiliares a manipulação de insumos que constituem as utilidades em uma refinaria, tais como vapor, água, energia elétrica, ar comprimido, distribuição de gás e óleo combustível, tratamento de efluentes etc. As utilidades não são uma unidade de processo propriamente dita, mas são imprescindíveis para que os processos ocorram.

- **Geração de hidrogênio**

O hidrogênio é matéria-prima importante na indústria petroquímica; é usado, por exemplo, na síntese de amônia e metanol. Os processos de hidrotratamento e hidrocraqueamento das refinarias também empregam hidrogênio em abundância, e algumas o produzem nas unidades de reforma catalítica. No entanto, não sendo possível a síntese de H_2 em quantidades suficientes ao consumo, pode-se instalar uma unidade de geração de hidrogênio, que opera segundo reações de oxidação parcial das frações pesadas ou de reforma das frações leves com vapor d'água.

Na reforma com vapor (*steam reforming*), os hidrocarbonetos são rearranjados na presença de vapor e catalisadores e produzem o gás de síntese (CO e H_2).

$$CnHm + n\ H_2O \rightarrow n\ CO + (n + m/2)\ H_2$$

Mais hidrogênio é posteriormente gerado na reação do CO com excesso de vapor, sendo o CO_2 produzido absorvido em monoetanolamina (MEA).

$$CO + H_2O \rightarrow CO_2 + H_2$$

- **Recuperação de enxofre**

A unidade de recuperação de enxofre (URE) utiliza como carga as correntes de gás ácido (H_2S) produzidas no tratamento DEA ou em outras unidades, como as de hidrotratamento, hidrocraqueamento, reforma catalítica e coqueamento retardado.

As reações envolvidas consistem na oxidação parcial do H_2S por meio do processo Clauss, com produção de enxofre elementar, segundo as equações químicas abaixo:

$$H_2S + 3/2\ O_2 \rightarrow SO_2 + H_2O$$

$$2\ H_2S + SO_2 \rightarrow 3\ S + 2\ H_2O$$

Em uma URE, mais de 90% do H_2S é recuperado como enxofre líquido de pureza superior a 99%.

CURIOSIDADE

Os caminhos do petróleo gás e derivados

"Dutos são o meio mais seguro e econômico para transportá-los"

Petróleo, gás natural e derivados podem ser transportados por navios ou dutos. É um sistema integrado que faz a movimentação desses produtos dos campos de produção para as refinarias, quando se trata do petróleo produzido no Brasil, ou a transferência do petróleo importado, descarregado nos terminais marítimos para as unidades de refino. Depois de produzidos nas refinarias, os derivados passam também pela rede de transporte em direção aos centros consumidores e aos terminais marítimos, onde são embarcados para distribuição em todo o País.

Usados em todo o mundo como o meio mais seguro, econômico e rápido de movimentar fluidos, os dutos foram usados na indústria do petróleo, pela primeira vez, nos Estados Unidos. Nos primeiros tempos da indústria, o transporte era feito em barris de madeira (daí a tradição de utilizar-se o barril como medida de volume de petróleo) sobre carroças, barcaças e trens. Com o crescimento da produção e do consumo, o método tornou-se inoperante para distâncias maiores. O frete passou a ser mais elevado que o preço do produto, levando a imaginação criativa dos pioneiros a buscar inspiração nos antigos aquedutos. Em 1865 surgiu o primeiro oleoduto. A eficiência do novo meio de movimentação barateou o uso de combustíveis, incentivando a construção de outras linhas. O transporte por condutos demonstrou ser a forma mais econômica de movimentação de todos os granéis líquidos e alguns sólidos. As grandes quantidades a serem transportadas, as longas distâncias, os congestionamentos nas rodovias e a economia de combustíveis com caminhões-tanque levaram as companhias a desenvolver novas técnicas construtivas, permitindo rapidez na implantação, custos menores, maior potencial de transferência de produtos e cobertura de distâncias mais longas.

Hoje, os dutos atravessam montanhas, vales, florestas, geleiras, rios, lagos e mares. Cruzam regiões de um mesmo país e unem fronteiras, como os gasodutos Sibéria-Europa e Bolívia-Brasil. No setor do petróleo, os dutos são classificados em oleodutos (transporte de líquidos) ou gasodutos (transporte de gases), e em terrestres (construídos em terra) ou submarinos (construídos no fundo do mar). Os oleodutos que transportam derivados e álcool são também chamados de polidutos. Outras modalidades de transporte, como o rodoviário e o ferroviário, são ocasionalmente empregadas para a transferência de petróleo e derivados.

Tópico especial 2 - Operações unitárias: trocadores de calor e destilação

Neste tópico especial vamos discutir duas operações unitárias fundamentais ao refino de petróleo: transferência de calor e destilação. Os trocadores de calor são fundamentais em uma refinaria, de modo a torná-la economicamente viável, devido ao aproveitamento energético que ocorre na planta de refino. Vale lembrar que o refino do petróleo, em seus diversos processos, necessita de grandes quantidades de calor para ser efetuado, sendo a própria destilação um exemplo disso. A destilação é a operação unitária utilizada no refino de petróleo desde os primórdios da indústria petroquímica, o que justifica nosso interesse em discutir um pouco sobre os equipamentos utilizados no processo.

2.6 Trocadores de Calor

O processo de troca de calor entre dois fluidos que estão em diferentes temperaturas e separados por uma parede sólida ocorre em muitas aplicações da engenharia química. Os equipamentos usados para esta troca são denominados **trocadores de calor,** e aplicações específicas podem ser encontradas em aquecimento e condicionamento de ambiente, recuperação de calor, processos químicos etc. Como aplicações mais comuns deste tipo de equipamento, temos aquecedores, resfriadores, condensadores, evaporadores, torres de refrigeração e caldeiras. Os trocadores de calor não podem ser caracterizados por um único modelo, já que a variedade de equipamentos é muito grande em virtude dos vários fatores que devem ser levados em consideração na sua construção: composição do vapor, fluxo dos fluidos, temperatura, pressão, área de troca térmica etc. Entretanto, a característica comum à maior parte desses equipamentos é a transferência de calor de uma fase quente para uma fase fria, com as duas fases separadas por uma fronteira sólida.

O processo de transferência de calor no interior de um trocador de calor pode ocorrer em fluxo paralelo ou em contracorrente. Nos processos em contracorrente, é possível obter temperaturas aproximadas entre o fluido quente de entrada (T_{fq}) e o fluido frio de saída (T_{ff}') do trocador. Já nos processos em paralelo, a temperatura de entrada do fluido quente (T_{fq}) e a de saída do fluido frio (T_{ff}') são bem mais distantes, como pode ser observado na comparação gráfica da figura 2.6a.

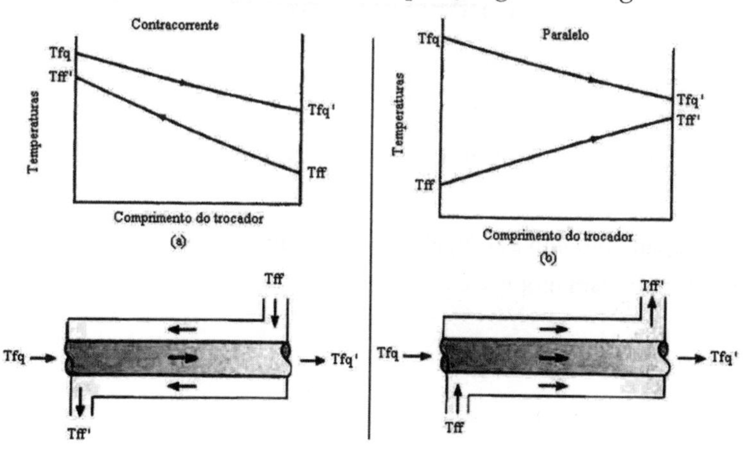

Figura 2.6a – Perfis de temperatura em trocadores de calor: (a) fluxo contracorrente e (b) fluxo paralelo.

2.6.1 Tipos de Trocadores

Existem trocadores de calor que empregam a mistura direta dos fluidos, como, por exemplo, torres de refrigeração e aquecedores de água de alimentação, porém, são mais comuns os trocadores nos quais os fluidos são separados por uma parede ou partição através da qual passa o calor. Alguns dos tipos mais importantes destes trocadores – tubulares e de placas – são vistos a seguir.

Trocadores de calor tubulares

Este tipo de trocador é constituído por dois tubos concêntricos, com um dos fluidos escoando pelo tubo central, enquanto o outro flui em corrente paralela ou em contracorrente, no espaço anular, como ilustra a figura 2.6c. O comprimento de cada seção do trocador é, usualmente, limitado às dimensões padronizadas dos tubos, de modo que, sendo necessária uma superfície apreciável de troca térmica, será preciso usar vários conjuntos de trocadores. Quando a área necessária é muito grande, não se recomenda o uso do trocador tubular.

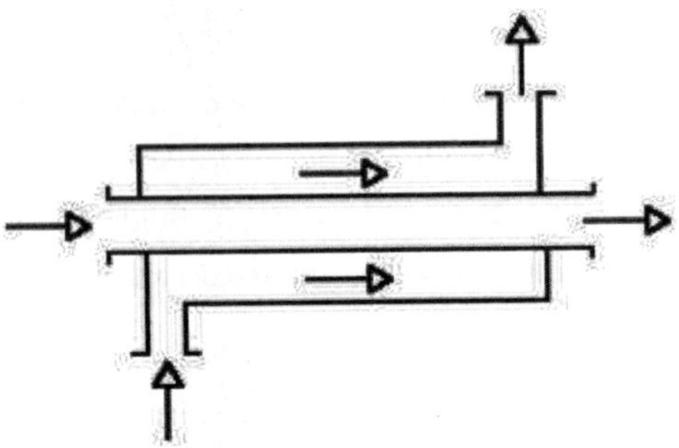

Figura 2.6c – Trocador casco-tubo com fluxo em paralelo

Esse equipamento tem as vantagens de ser simples, ter custo reduzido e de ser fácil desmontá-lo para limpeza e manutenção.

Trocadores de serpentina

São formados por um tubo enrolado na forma de espiral (figura 2.6d), formando a serpentina, a qual é colocada em uma carcaça ou recipiente. O espaço de troca de calor é a área da serpentina.

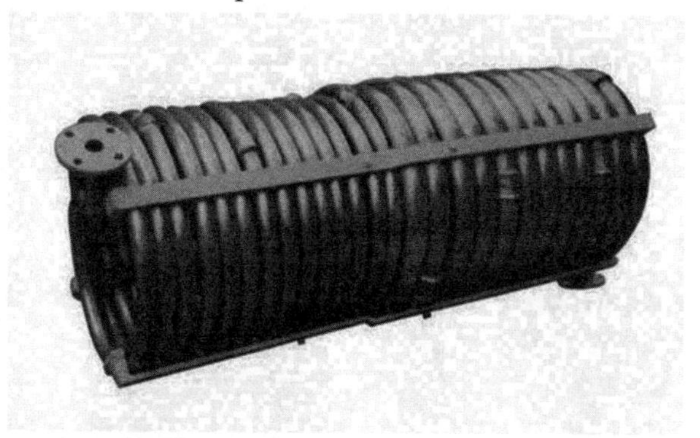

Figura 2.6d – Serpentina de cobre (Fonte: Incal)

Trocadores de calor de serpentinas permitem maior área de troca do que o equipamento anterior e tem grande flexibilidade de aplicação, sendo usado principalmente quando se quer aquecer ou resfriar um banho; porém, são de difícil limpeza dos tubos.

Trocadores de casco e tubo – multitubulares

São formados por um feixe de tubos paralelos contidos em um tubulão cilíndrico denominado casco, como mostra a figura 2.6e. Um dos fluidos (fluido dos tubos) escoa pelo interior dos tubos, enquanto o outro (fluido do casco) escoa por fora dos tubos e dentro do casco.

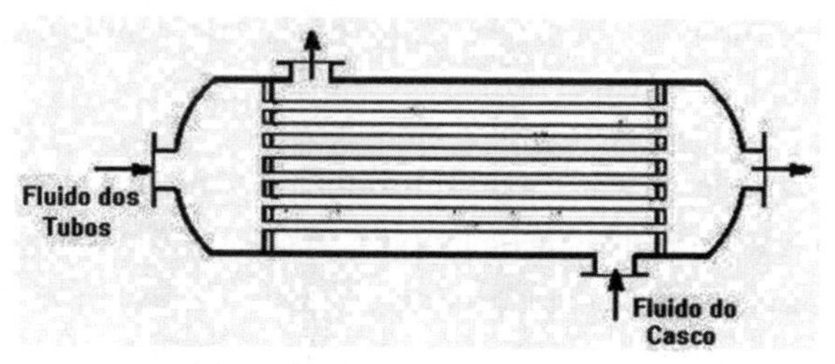

Figura 2.6e – Trocador multitubular

Defletores (ou chicanas) mostrados na figura 2.6f são normalmente utilizados para aumentar a troca térmica do fluido do casco pelo aumento da turbulência e da velocidade de escoamento. Na forma mais simples, as chicanas são constituídas por discos semicirculares de chapa metálica, com furos apropriados à passagem dos tubos. As chicanas dirigem o fluxo, tanto quanto possível, em direção perpendicular aos tubos no casco; além disso, servem para suportar os tubos, impedindo o arqueamento deles no interior do trocador.

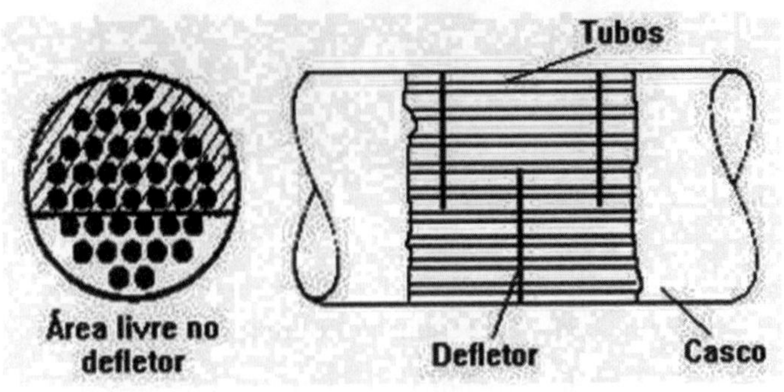

Figura 2.6f – Chicanas no interior do casco

Nestes trocadores, se um dos fluidos condensa ou evapora, o trocador é também denominado condensador ou evaporador, respectivamente, sendo amplamente utilizado na indústria.

Trocadores de placas planas paralelas

O trocador de placas (figura 2.6g) consiste é formado um suporte onde placas independentes de metal, sustentadas por barras, são presas por compressão, entre uma extremidade móvel e outra fixa. Entre placas adjacentes formam-se canais pelos quais os fluidos escoam.

Os trocadores de placa foram introduzidos em 1930 na indústria de alimentos, em razão da facilidade de limpeza. As placas são feitas por prensagem e apresentam na superfície corrugações, as quais fornecem mais resistência à placa e causam maior turbulência aos fluidos em escoamento.

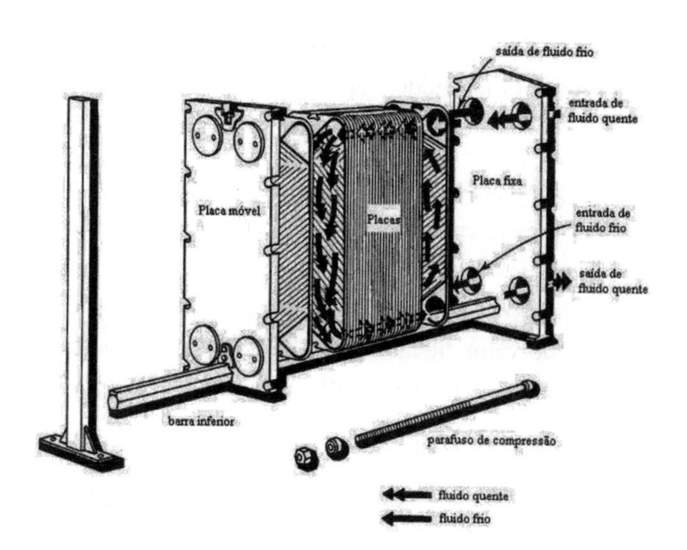

Figura 2.6g – Trocador de calor de placas (Adaptado: Perry)

Os trocadores da placas apresentam como vantagens: facilidade de acesso à superfície de troca, substituição de placas e facilidade de limpeza; flexibilidade de alteração da área de troca térmica; fornecem grandes áreas de troca ocupando pouco espaço; podem operar com mais de dois fluidos; apresentam elevados coeficientes de transferência de calor; incrustação reduzida, em função da turbulência, ocasionando menos paradas para limpeza; baixo custo inicial; não é necessário isolamento; mesmo que a vedação falhe, não ocorre a mistura das correntes; e possibilidade de respostas rápidas, em função do pequeno volume de fluido retido no trocador.

Mesmo com tantas vantagens, não são indicados quando: a pressão de operação for maior que 30 bar; as temperaturas forem superiores a 180°C (juntas normais); houver vácuo; houver grandes volumes de gases e vapores.

2.6.2 Geradores de Vapor

Gerador de vapor é um trocador de calor complexo, que produz vapor a partir da energia térmica obtida da queima de um combustível. O vapor assim obtido é utilizado como agente de aquecimento, que será utilizado em diversas etapas do processo industrial. Os geradores de vapor que utilizam a água como fluido vaporizante são chamados de **caldeiras**. A grande maioria dos geradores de vapor utiliza água como fluido vaporizante, mas em algumas aplicações específicas pode-se utilizar mercúrio ou fluidos de alta temperatura.

A produção de vapor d'água em uma caldeira ocorre pelo aquecimento indireto da água, mediante a transferência de calor de gases de combustão obtidos pela queima de combustíveis. Os combustíveis utilizados na geração de vapor podem ser sólidos, líquidos ou gasosos. Cada um deles terá um poder calorífico característico, que é a quantidade de calor liberada por unidade de massa (ou volume) de combustível, quando ocorre a sua combustão completa. Eis alguns combustíveis:

- **Sólidos** – os principais combustíveis sólidos utilizados são: carvão vegetal, turfa, linhito, hulha, antracito, lenha, coque (raramente utilizado, devido ao seu alto valor comercial), bagaço de cana, serragem, cavacos de madeira, casca de arroz etc.

- **Líquidos** – os principais combustíveis líquidos utilizados são aqueles derivados do processamento do petróleo, ou seja, são, em grande maioria, combustíveis fósseis: gasolina, querosene, óleo diesel, óleo combustível etc. O álcool, porém, é um combustível líquido não fóssil, pois deriva de uma fonte renovável.

- **Gasosos** – os principais combustíveis gasosos utilizados são provenientes da indústria petroquímica (gás combustível, metano, etano, propano, butano etc.), ou podem ser obtidos associados à extração do petróleo (gás natural).

Algumas correntes gasosas de elevado poder calorífico obtidas como subproduto de um processamento industrial, como monóxido de carbono, por exemplo, quando produzidas em quantidades economicamente viáveis, são utilizadas como combustível, seja na produção de vapor d'água ou no aquecimento de fornos.

2.6.2.1 Caldeiras de Vapor – Características e Tipos Principais

As primeiras caldeiras utilizadas industrialmente eram simplesmente constituídas de um vaso com uma tubulação de entrada de água e outra de saída de vapor, montada sobre uma base de tijolos. O combustível era queimado sobre uma grelha, de modo que o calor era dirigido à parte inferior do vaso contendo água, o que fazia com que grande parte do calor fornecido se perdesse, tornando a caldeira ineficiente. Devido a esta alta ineficiência, as caldeiras foram aperfeiçoadas, com objetivo de aumentar a área de contato da água com o calor gerado. Dessa forma, surgiu a caldeira flamotubular (fogotubular), onde os gases quentes da combustão eram dirigidos, por meio de tubos, ao interior do vaso, aumentando a área de água exposta ao calor e propiciando uma maior formação de vapor ao longo do vaso. Finalmente, desenvolveram-se as caldeiras aquatubulares, que contam com vasos menores (tubulões) e uma multiplicidade de tubos em que circula a água e a mistura água + vapor (bancos de tubos). O calor, neste caso, passa do exterior para o interior dos tubos. Esse tipo de arranjo permitiu que se conseguissem maiores capacidades e pressões de geração de vapor.

As caldeiras flamo ou fogotubulares (figuras 2.6h e 2.6i) são utilizadas, em geral, nas indústrias de pequeno e médio porte e sua aplicação é a geração de vapor para aquecimento de correntes de processo.

As caldeiras fogotubulares têm como características:

- Fácil limpeza da fuligem;
- Fácil substituição de eventuais danos nos tubos;
- Não é necessário realizar um tratamento rigoroso da água de alimentação;
- Menor custo de aquisição;
- Menores temperaturas e pressões de trabalho;
- Capacidade máxima de 6 ton/h de vapor à pressão de 10 atm.

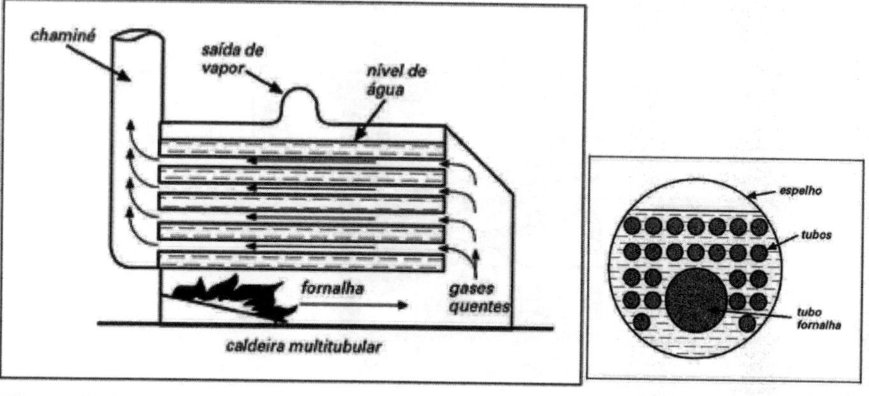

Figura 2.6h – Esquema de uma caldeira flamotubular (Fonte: Cia das válvulas)

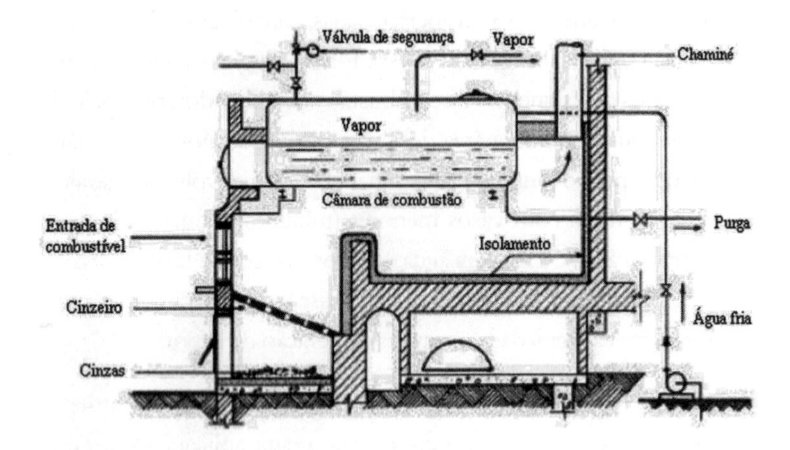

Figura 2.6i – Caldeira fogotubular com fornalha externa

A limitação na quantidade de vapor produzido pelas caldeiras flamotubulares provocou o rápido desenvolvimento de uma caldeira mais potente: a aquatubular. As caldeiras aquatubulares permitem a produção de maiores quantidades de vapor a pressões elevadas e altas temperaturas. São construídas de forma que a água circule por dentro de diversos tubos de pequeno diâmetro e dispostos na forma de paredes d'água ou de feixes tubulares que trocam calor com os gases de combustão oriundos da fornalha (figuras 2.6j e 2.6k).

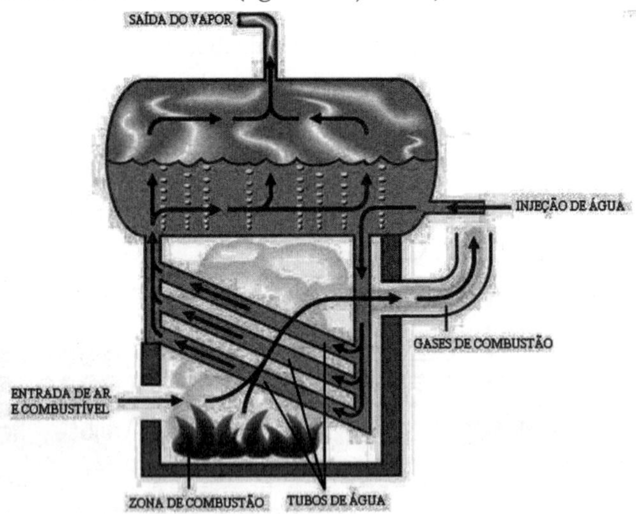

Figura 2.6j – Representação de uma caldeira aquatubular de feixes tubulares

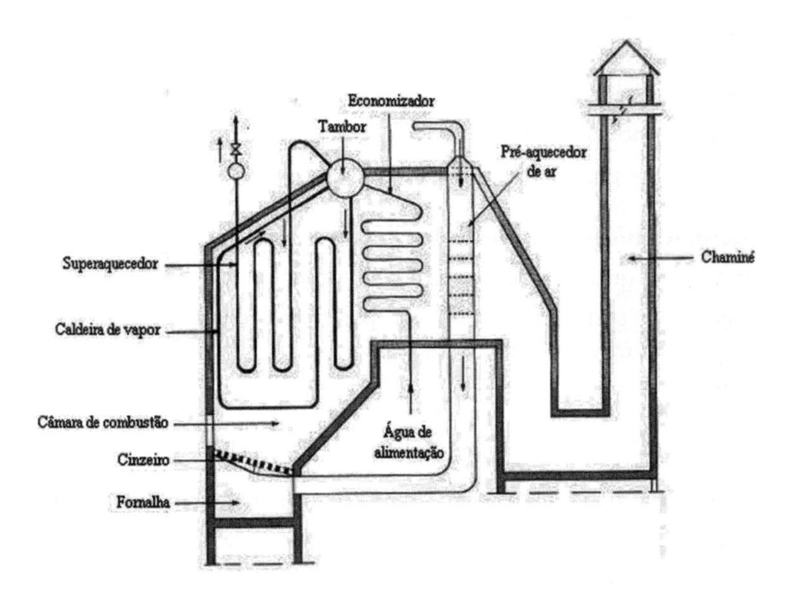

Figura 2.6k – Esquema de uma caldeira aquatubular

As caldeiras aquatubulares têm maior complexidade do que as flamotubulares, em relação ao número de equipamentos periféricos e instrumentos de controle. Elas apresentam sistemas de recuperação de calor mais apurados que permitem pré-aquecer a água de alimentação (economizador) e gerar vapor superaquecido (superaquecedor). Compõem uma caldeira aquatubular:

- **Tambor de vapor –** local onde a água é alimentada para geração de vapor. As condições de pressão e temperatura do tambor são as de saturação, isto é, a água e o vapor estão em equilíbrio.

- **Fornalha** ou **câmara de combustão** – é a parte da caldeira onde ocorre a queima do combustível.

- **Superaquecedor** – o vapor, ao sair do tambor da caldeira, está com vapor saturado seco e, para ser superaquecido, precisa receber nova quantidade de calor. Isto é feito nos superaquecedores, localizados geralmente na parte superior da fornalha, onde ainda recebem calor por radiação.

- **Economizador** – é um feixe de tubos (serpentinas) localizado na zona de convecção da caldeira, após os superaquecedores, destinados a recuperar o calor dos gases de combustão para pré-aquecer a água de alimentação antes de sua entrada no tambor gerador de vapor da caldeira.

- **Queimadores** – são os equipamentos responsáveis pela queima do combustível. Os queimadores devem ter condições de permitir um perfeito contato entre o combustível e o ar, para uma combustão completa. Os queimadores para líquidos (óleo combustível) devem fazer a atomização do óleo, isto é, a divisão do mesmo em pequenas gotículas, o que proporciona melhor contato com o ar e, em consequência, melhor combustão.

- **Válvulas de segurança** – são equipamentos de instalação obrigatória em qualquer caldeira e têm como função promover o escape do excesso de vapor, caso a pressão máxima de trabalho permitida para a caldeira seja ultrapassada.

As caldeiras aquatubulares possuem uma capacidade bem maior de produção de vapor, e atingem até 750 ton/h de vapor, com pressões de 150 a 300 atm à temperatura na faixa de 450°C a 500°C. São empregadas em grandes indústrias e o vapor por elas produzido pode ser utilizado na vaporização do produto de fundo das torres de destilação (refervedores), no aquecimento de correntes do processo em temperaturas elevadas e na geração de energia (turbinas a vapor).

Além das caldeiras flamotubulares e aquatubulares, há também as caldeiras elétricas, que produzem vapor d'água pelo aquecimento por efeito joule[1]. As caldeiras elétricas (figura 2.6l) oferecem certas vantagens, que são: ausência de poluição ambiente; resposta rápida à variação de consumo de vapor; manutenção simples – apenas bombas; a falta d'água não provoca danos à caldeira; área reduzida de instalação; não necessitam de área para estocagem de combustível; redução considerável no custo do vapor em relação ao produzido por óleo combustível; aumento e melhora da potência ativa; melhora em relação à carga elétrica instalada e consequente redução do preço médio de kWh consumidos na indústria.

1 Efeito joule: quando uma corrente elétrica atravessa um material condutor, há produção de calor, devida ao trabalho realizado para transportar as cargas através do material em determinado tempo.

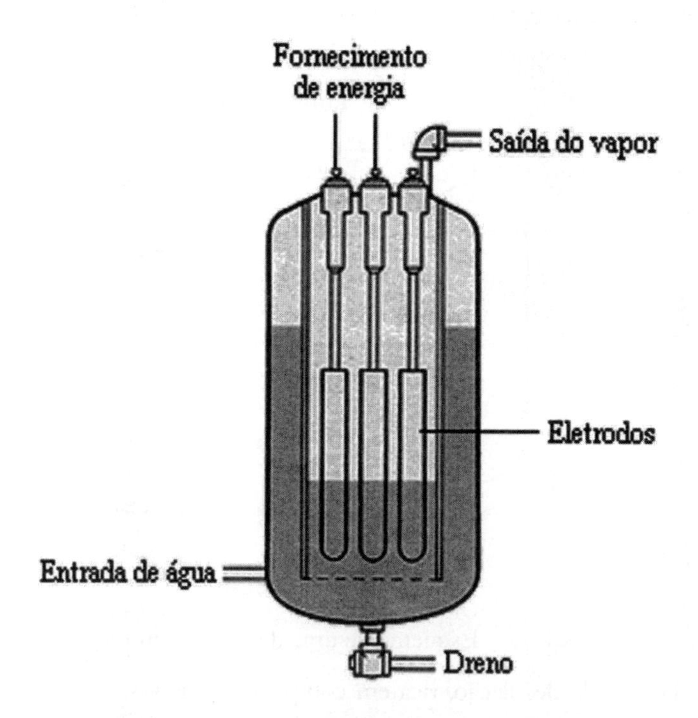

Figura 2.61 – Esquema de uma caldeira elétrica

Em áreas onde há suprimento abundante de energia elétrica, pode-se analisar se é vantajosa a instalação de equipamentos eletrotérmicos, levando-se em consideração o custo da energia elétrica fornecida pela concessionária local, além dos benefícios oferecidos por esses sistemas.

2.7 Destilação

Na destilação, a separação dos componentes de uma mistura está baseada nas diferenças de volatilidade entre eles. Durante a separação das fases, uma fase vapor entra em contato com uma fase líquida e há transferência de massa do líquido para o vapor e deste para aquele. O líquido e o vapor contêm, em geral, os mesmos componentes, mas em quantidades relativas diferentes. Há transferência de massa simultânea do líquido pela vaporização, e do vapor pela condensação. O efeito final é o aumento da concentração do componente mais volátil no vapor e do componente menos volátil no líquido.

O aparato de uma coluna de destilação simples pode ser representado, de forma genérica, pelo esquema da figura 2.7a.

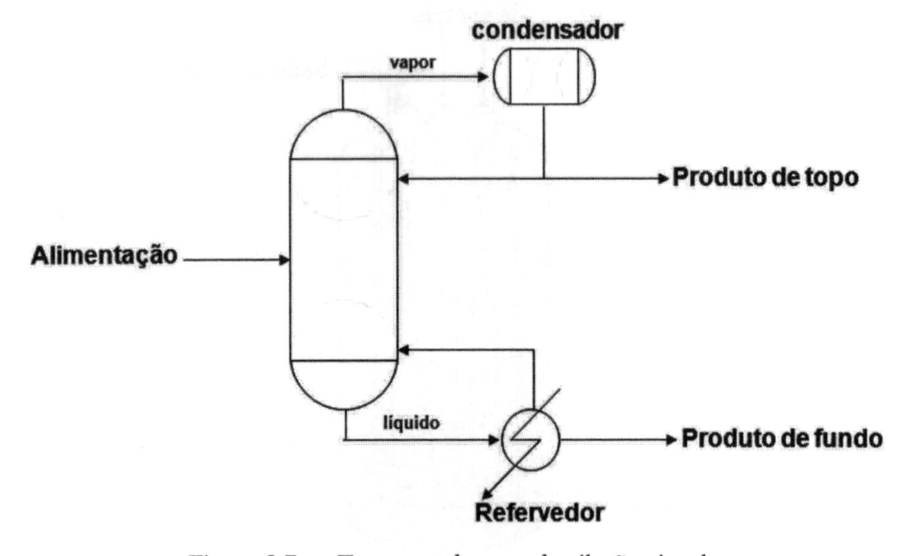

Figura 2.7a – Esquema de uma destilação simples

A fase líquida da destilação, rica em compostos pesados, segue em direção ao fundo, enquanto a fase vapor gerada pela destilação, mais leve e rica em componentes leves, segue para o topo. Para um contato mais eficaz entre as fases que se separam, a torre pode possuir pratos ou qualquer outro tipo de recheio, ou obstáculos (que servem para aumentar o contato entre as fases, aumentando a transferência de calor e massa). Para aumentar a eficiência da coluna, podem ser dispostos no fundo e no topo, respectivamente, um refervedor e um condensador. A função destes equipamentos é aumentar o refluxo na torre. Enquanto o refervedor adiciona calor ao sistema, gerando maior quantidade de vapor que sobe em contracorrente com o líquido, o condensador retira calor do sistema, gerando mais líquido. Assim, o processo se repete sucessivamente.

2.7.1 Tipos de Destilação

Existem três métodos básicos para se efetuar uma separação de líquidos por destilação:

- Destilação diferencial;

- Destilação em equilíbrio ou *flash;*

- Destilação fracionada ou retificação.

Além destes métodos básicos, para determinadas misturas de separação difícil, usam-se métodos ou técnicas especiais, como a destilação com arraste de vapor, a destilação azeotrópica e a destilação extrativa.

2.7.1.1 Destilação Diferencial

É um processo muito usado na purificação de líquidos e consiste basicamente na vaporização de um líquido por aquecimento seguida da condensação do vapor formado. No caso de uma solução ideal, o ponto de ebulição é quando a soma das pressões parciais dos líquidos é igual à pressão atmosférica. Como o vapor é mais rico no componente mais volátil, o líquido original se empobrece neste, à medida que a separação prossegue. Consequentemente, o vapor formado também se empobrece no menos volátil e a composição do produto destilado se modifica na medida em que a destilação continua. As destilações de laboratório e os destilados obtidos de mostos alcoólicos fermentados são exemplos deste tipo e destilação.

2.7.1.2 Destilação *flash*

A destilação *flash* é uma destilação de um único estágio, também chamada de destilação de equilíbrio. É obtida mediante o prévio aquecimento da mistura alimentada e sua posterior passagem por uma válvula redutora de pressão (figura 2.7b). A pressão da mistura é levada para um valor menor que sua pressão de vapor naquela temperatura e ocorre a vaporização parcial, separando os componentes da mistura.

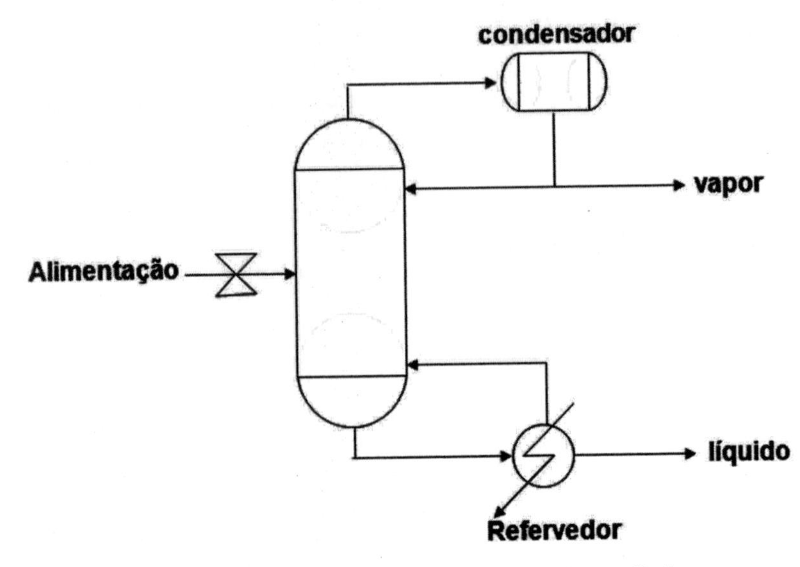

Figura 2.7b – Esquema de uma destilação *flash*

2.7.1.3 Destilação Fracionada com Refluxo

No processo de destilação simples, as primeiras frações do destilado, ricas no componente mais volátil, enriquecem-se com as menos voláteis. Desse modo, para se aumentar a eficiência desse processo de purificação, o ideal seria destilar várias vezes a fração, de modo que se obtivesse apenas o componente mais volátil nessas primeiras frações. Para realizar essas "várias destilações", utiliza-se uma coluna de fracionamento, que proporciona em uma única destilação uma série de estágios de equilíbrio no interior da coluna. Este tipo de destilação é o mais utilizado industrialmente, por ser o mais eficiente e por separar uma mistura multicomponente, da qual várias substâncias podem ser separadas, fazendo-se os cortes no fracionamento da mistura. Os cortes em uma destilação são as frações retiradas em determinada altura da coluna de destilação, que, por possuir temperaturas diferentes em cada ponto ao longo do eixo vertical, produz produtos da destilação distintos em cada um desses pontos.

Na destilação fracionada, a carga é alimentada em um ponto chamado de ponto ótimo ou prato ótimo, localizado nas vizinhanças do centro da coluna. A carga desce pelos pratos de destilação, que promovem o contato entre o líquido e o seu vapor. A parte do líquido que desce e não é volatilizada chega até a base da coluna, onde é obrigada a passar por um refervedor. Ali, parte da mistura líquida é vaporizada, e os vapores gerados ascendem pela coluna, em contracorrente com o líquido que desce.

Os pratos da torre de destilação promovem o contato do vapor com o líquido, compondo diversos estágios de equilíbrio líquido-vapor. Em determinadas alturas da torre de destilação, a temperatura existente corresponde a uma fração, chamada de corte.

O vapor, rico nos compostos mais voláteis, que não se condensaram na subida pela torre, chega ao topo e passa por um condensador. Parte do condensado formado é separada como produto quando atinge determinada especificação de pureza, enquanto outra parte volta para a coluna como refluxo.

2.7.2 Tipos de Torres

As torres de destilação apresentam modelos distintos, que variam de acordo com as características e a complexidade da mistura que se deseja separar. Os tipos mais comuns são as torres de pratos e as torres recheadas.

As torres de pratos apresentam três variantes importantes: pratos perfurados, valvulados ou com borbulhadores. As torres com pratos perfurados (figura 2.7c) são muito utilizadas devido à simplicidade e ao menor custo de aquisição, operação e manutenção do equipamento.

O contato líquido-vapor ocorre no escoamento ascendente do gás pelos orifícios do prato, com a formação de bolhas que atravessam a fase líquida. No entanto, quando a velocidade do gás é baixa, pode ocorrer vazamento do líquido, o que reduz a eficiência de separação. Esta é uma limitação que deve ser cuidadosamente analisada durante a fase de projeto do equipamento.

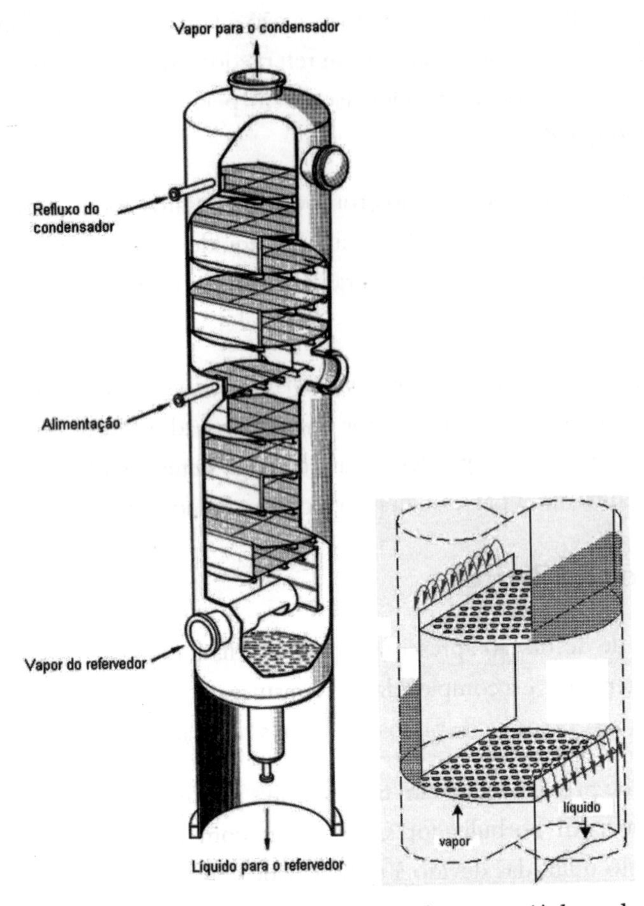

Figura 2.7c – Corte transversal de uma coluna de pratos (Adaptado de: Perry)

Nas torres com pratos valvulados, as perfurações da bandeja são cobertas por opérculos (aberturas) móveis – válvulas (figura 2.7d) – que são levantados pela velocidade do gás que flui para cima através das perfurações e abaixam-se sobre o orifício quando a velocidade do gás diminui. Embora este tipo de equipamento proporcione um maior controle de vazamento do líquido, ele ainda possui pouca eficiência para baixas velocidades de gás.

Figura 2.7d – Opérculos de válvula (Fonte: Foust)

Nos pratos com borbulhadores (figura 2.7e) são utilizados para aumentar o contato entre o vapor e o líquido, tornando mais eficiente o processo de destilação. As colunas com borbulhadores podem ser operadas num amplo intervalo de velocidades de escoamento, com elevada eficiência de separação. A quantidade de líquido que flui pelas fendas do borbulhador (figura 2.7f) é pequena e pode manter-se em um nível desejado à altura do líquido em cada prato. O uso dos borbulhadores é limitado principalmente em função do seu custo.

Figura 2.7e – Prato com borbulhadores (Fonte: Perry)

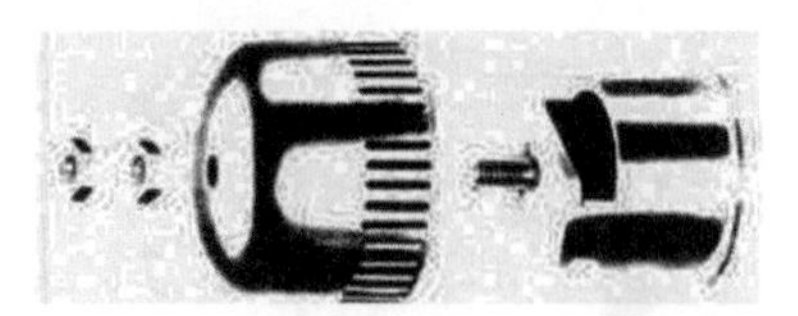

Figura 2.7f - Um borbulhador desmontado (Fonte: Foust)

Nas colunas de pratos perfurados e com borbulhadores, a área interfacial de contato entre o líquido descendente e o vapor ascendente é obtida forçando-se o vapor a borbulhar através do líquido. Uma alternativa para promover o contato entre as fases líquida e de vapor, que também produz uma área interfacial elevada, é a utilização de colunas recheadas, que apresentam o interior preenchido com alguma forma de recheio. Existem diversos tipos de recheio, dentre os quais destacamos os anéis Rasching, anéis Lessing e selas Berls (figura 2.7g), por exemplo.

Figura 2.7g - Peças de recheio comuns

Na torre de recheio (figura 2.7h), o fluxo de líquido e vapor ocorre apenas no sentido vertical. A corrente gasosa desloca-se no sentido ascendente, e a corrente líquida, no sentido descendente, ou seja, o sistema opera em contracorrente, o que não ocorre de forma completa numa coluna de pratos.

A seleção do tipo de recheio está baseada nos seguintes aspectos desejados:

- Durabilidade e resistência à corrosão;
- Espaço livre por unidade de volume de recheio;
- Area superficial molhada por unidade de volume do recheio;
- Formação de caminhos preferenciais;

- Resistência ao fluxo gasoso;
- Peso do recheio por unidade de volume;
- Custo do recheio por unidade de área efetiva.

Além disso, durante o projeto de uma coluna recheada, deve ser considerada a razão de refluxo de operação, pois, se for elevada,ocasionará a presença de grande quantidade de líquido no interior da coluna. Este fato implicará a necessidade de um suporte do recheio mais resistente e menor espaço livre para o fluxo de vapor. Logo, haverá também maior perda de carga do fluxo de vapor ao longo desta coluna.

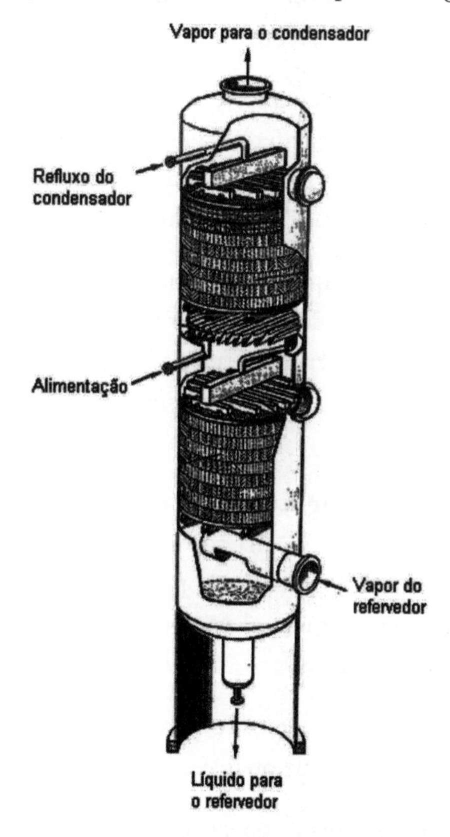

Figura 2.7h – Corte transversal de uma coluna recheada (Adaptado de: Perry)

Em algumas situações, a utilização de colunas recheadas torna-se praticamente obrigatória, devido às dificuldades encontradas na operação de uma coluna com pratos. Podemos destacar os seguintes casos:

- **Fluido corrosivo:** as bandejas de uma torre de pratos, em virtude dos esforços mecânicos, necessitam ser de material metálico, ao passo que o recheio também pode ser de cerâmica ou de plástico. Assim, as colunas recheadas trabalham em ambientes mais quimicamente agressivos;

- **Fluido viscoso**: em uma torre de pratos, há grande perda de carga do gás para que ocorra borbulhamento através do líquido. Com o recheio, a perda de carga é menor, uma vez que o contato entre as fases dá-se por uma fina camada do filme líquido e o vapor ascendente.

- **Formação de espuma:** numa torre recheada, o líquido forma um "filme" sobre o recheio, ocorrendo a transferência de massa sobre este filme líquido, ao passo que na torre de pratos há necessidade do gás borbulhar através do líquido, aumentando a tendência à formação de espuma.

- **Pequena retenção de líquido:** em uma torre de pratos, há a necessidade de se manter um nível mínimo de líquido no prato, para que haja transferência de massa entre as fases. Numa torre recheada, o líquido apenas forma um "filme" sobre o recheio, logo, não há a necessidade de se manter um nível mínimo de líquido na torre.

- **Elevado número de estágios:** no caso de uma torre de pratos, um elevado número de estágios iria levar a uma torre de altura enorme, dificultando e encarecendo a sua construção. O recheio possibilita uma grande superfície de contato, o que garante um número elevado de pratos teóricos, sem que ocorra alteração nas dimensões da torre.

Além destes casos já citados, temos como vantagens e desvantagens da coluna de recheio, em relação à coluna de pratos:

- As colunas de pratos podem operar com maior capacidade de carga sem haver risco de inundação da coluna;

- As colunas de pratos são limpas com maior facilidade;

- As colunas recheadas operam com menor queda de pressão, o que é importante para operações a vácuo;

- As colunas recheadas, de mesmo diâmetro, são mais baratas que as colunas de pratos;

- A torre recheada não é vantajosa quando há um número muito elevado de alimentações e retiradas laterais (destilação do petróleo, por exemplo).

2.7.3 Problemas que Ocorrem nas Colunas de Destilação

Durante um processo industrial de destilação fracionada, podem ocorrer alguns problemas que serão brevemente descritos: arraste, inundação e pulsação.

a) Arraste: ocorre quando o vapor ascendente carrega consigo gotículas de líquido para o prato superior. Este transporte diminui consideravelmente a eficiência do estágio. O arraste ocorre para altas velocidades de escoamento dos vapores. Deste modo, a relação entre o diâmetro da coluna e a diferença de pressão é um dos fatores preponderantes na tentativa de se minimizar o efeito do arraste. A diminuição da eficiência obriga que exista um maior número de pratos para se obter a pureza necessária na destilação.

b) Inundação: ocorre quando há um arraste excessivo ou um acúmulo muito grande de líquido no vertedor da coluna e resulta da tentativa de se fazer passar muito gás ou muito líquido pela coluna, fazendo com que o líquido do prato inferior atinja o prato superior. O espaçamento entre os pratos da coluna é determinante neste aspecto, pois ele deve ser alto o suficiente para evitar o arraste e para permitir a manutenção. Entretanto, quanto maior o tamanho da coluna, mais cara ela se torna.

c) Pulsação: ocorre quando a vazão de vapor que ascende de um prato inferior para um superior não tem pressão suficiente para vencer continuamente a perda de carga apresentada pela bandeja. Nesta situação, o vapor cessa temporariamente sua passagem por esta bandeja e, ao retomar à pressão necessária, vence a perda de carga de forma brusca. Assim, a pressão de vapor diminui quase que instantaneamente, até que se restabeleça. Esta situação persiste até que seja normalizada a pressão ao longo da coluna.

A petroquímica no Brasil

Derivados petroquímicos

Os principais plásticos e suas características

Obtendo objetos de plástico

A reciclagem dos plásticos: o desafio do século 21

Capítulo 3 – Polímeros

3.1 Introdução

Os polímeros, ou plásticos, como são mais conhecidos, são uma classe de materiais dos quais a sociedade do século 21 é bastante dependente. O emprego de materiais poliméricos na vida diária é cada vez mais significativo. Pode-se facilmente comprovar isso observando os inúmeros materiais que são fabricados a partir de compostos poliméricos, como, por exemplo: tubos de encanamento, canetas, lapiseiras, sacos de lixo e sacolas de compra, colchões, cobertores de fibras acrílicas, roupas de náilon e de poliéster, guarda-chuvas e guarda-sóis, válvulas, tintas, borrachas, espumas sintéticas, eletrodomésticos em geral, computadores, carros, bicicletas, próteses etc. Assim, o assunto polímeros constitui um tema de indiscutível relevância, tanto pela sua importância como matéria-prima de uma gama imensa de produtos, sem os quais dificilmente desfrutaríamos do mesmo conforto que temos atualmente, como pelos problemas ambientais criados pela larga produção e descarte inadequado desses materiais, uma vez que a produção desses resíduos tem aumentado bastante nos últimos anos e hoje representa cerca de 20% do volume total de resíduos em lixões, segundo o Instituto Plastivida.

Neste capítulo discutiremos a estrutura química dos polímeros mais utilizados mundialmente e como a cadeia petroquímica é capaz de produzi-los.

3.2 A Petroquímica no Brasil

Há, no Brasil, quatro pólos petroquímicos em atividade: Pólo Petroquímico de São Paulo (1972), Pólo Petroquímico de Camaçari - BA (1978), Pólo Petroquímico de Triunfo - RS (1982) e a obra mais recente da petroquímica brasileira, que é o Pólo Petroquímico do Rio de Janeiro - RJ (2005). Esses pólos congregam empresas de primeira e segunda geração de derivados petroquímicos. As chamadas indústrias de primeira geração são aquelas que utilizam principalmente nafta de petróleo e gás natural para produzir materiais petroquímicos básicos, dos quais os principais são: metano, eteno, propeno, série dos butenos, petroquímicos cíclicos (benzeno, tolueno, xilenos) etc. São comumente chamadas de "centrais de matérias-primas". Já os produtores de segunda geração processam os petroquímicos básicos comprados das centrais de matérias-primas, produzindo petroquímicos intermediários (polímeros), tais como: polietileno, polipropileno, polibutadieno, policloreto de vinila, entre outros. Os petroquímicos intermediários são produzidos na forma sólida, em grânulos ou em pó, e transportados principalmente por caminhões aos produtores de terceira geração que, em geral, não ficam próximos aos produtores de segunda geração.

Na terceira geração, os intermediários de produtores de segunda geração são transformados em produtos finais, como recipientes e materiais de embalagem, sacos, filmes e garrafas, tecidos, detergentes, tintas, autopeças, brinquedos e bens de consumo eletrônicos.

3.3 Derivados Petroquímicos

A indústria petroquímica produz, além de polímeros, uma série de compostos de grande importância na química. Nas figuras 3.3a, 3.3b, 3.3c e 3.3d são apresentados derivados importantes, obtidos a partir do metano, do eteno, do propeno, dos butenos e dos petroquímicos cíclicos aromáticos.

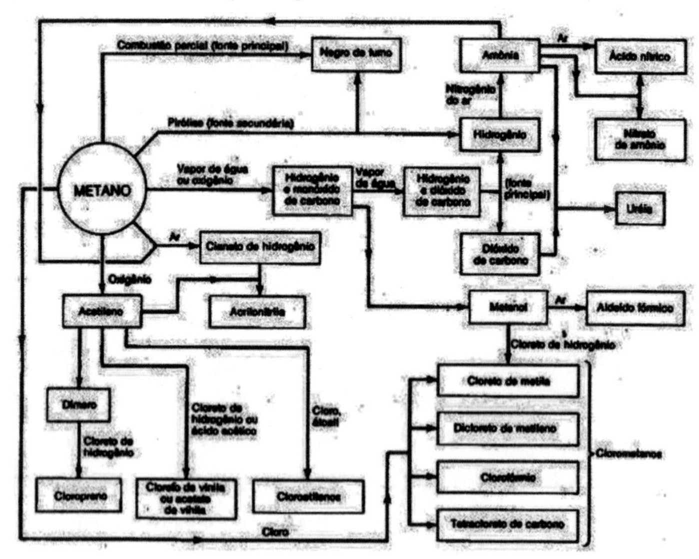

Figura 3.3a - Derivados petroquímicos do metano (Fonte: Srheve)

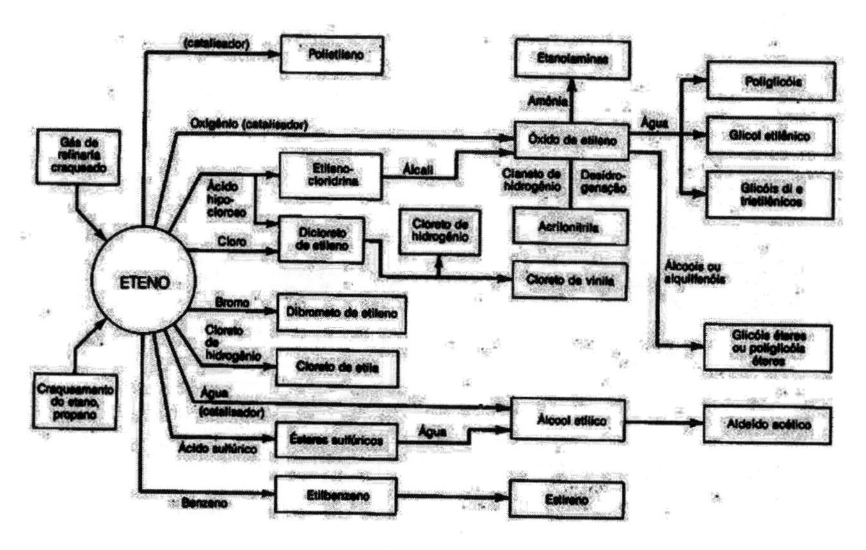

Figura 3.3b - Derivados petroquímicos do eteno (Fonte: Srheve)

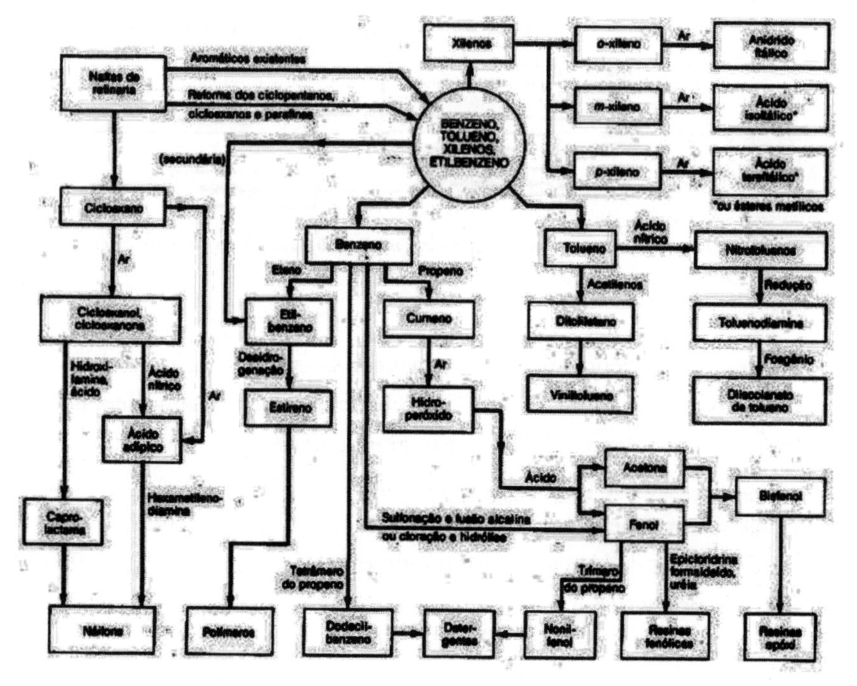

Figura 3.3c - Derivados petroquímicos de compostos aromáticos (Fonte: Srheve)

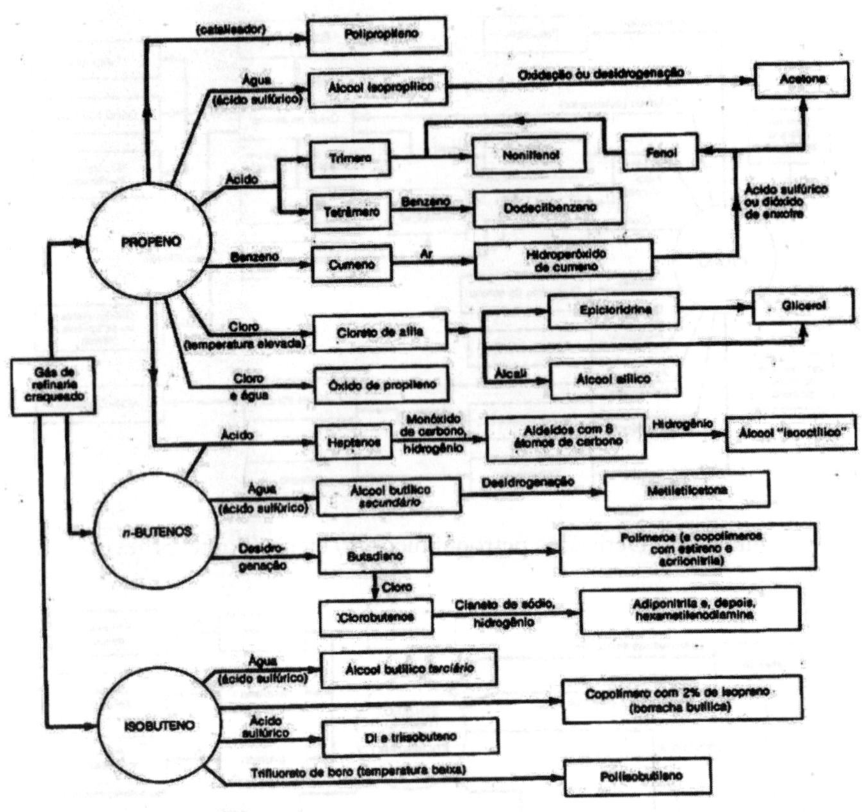

Figura 3.3d - Derivados petroquímicos de propeno, buteno e isobuteno (Fonte: Srheve)

Metano, eteno, propeno, buteno e aromáticos são, em sua maioria, obtidos no pós-refino do petróleo. Assim, fica fácil perceber porque temos tanta dependência em relação ao "ouro negro". Além disso, grande parte do petróleo consumido mundialmente é utilizada na produção de combustíveis para geração de energia mecânica (automóveis) e elétrica (termoelétricas) como já se discutiu no capítulo 2. Eis a importância da busca por fontes alternativas de energia e da utilização sustentável dos polímeros.

3.4 Definições sobre polímeros

Polímero é uma substância constituída de moléculas caracterizadas pela repetição de uma ou mais espécies de átomos ou grupos de átomos (unidades constitucionais, os **meros**), ligados uns aos outros em quantidade suficiente para fornecer uma macromolécula, que possui um conjunto de propriedades que não variam acentuadamente com a adição ou a remoção de uma ou algumas de suas unidades constitucionais.

Uma **macromolécula** é uma molécula com alto peso molecular. O peso molecular elevado pode ser resultante da complexidade da molécula ou da existência de unidades constitucionais repetitivas. A vitamina B12, por exemplo, é uma macromolécula, em virtude de sua complexidade, o que pode ser observado na figura 3.4a.

Os polímeros podem ser classificados por diversos critérios de acordo com sua origem, estrutura física, técnica de polimerização utilizada etc. Dentro do estudo dos polímeros, é útil reconhecer o significado de alguns termos referentes a estas classificações, descritos a seguir.

a) Quanto à sua natureza

- **Polímeros naturais**: são aqueles presentes nos seres vivos, como proteínas, DNA, RNA e carboidratos.

- **Polímeros sintéticos:** são produzidos pela indústria petroquímica, como PVC, PEAD, PEBD, PS, PP, PET, fibras (náilon), resinas (uréia-formol) e elastômeros. Restringiremos nossa discussão aos polímeros sintéticos.

b) Quanto à fusibilidade

- **Termoplásticos:** são polímeros que podem ser fundidos por aquecimento e que se solidificam por resfriamento. Assim, o formato do polímero pode ser modificado aquecendo-o, embora ele esteja sujeito a um grau de degradação química, o que limita o número de reciclagens. Exemplos: poliamida, polietileno, policloreto de vinila, politetrafluoretileno, polipropileno, poliestireno e poliacrilonitrila.

- **Termofixos:** são polímeros infusíveis e insolúveis, que adquirem, por aquecimento ou outro tratamento qualquer, estrutura tridimensional e rígida, com ligações cruzadas. Seu formato não pode ser modificado após a cura (endurecimento). Não permitem, portanto, reprocessamento tradicional por aquecimento. Exemplos: poliuretano, baquelite, borracha vulcanizada, epóxi e silicone.

c) Quanto à disposição espacial dos monômeros:

- **Polímero tático:** é aquele cujas unidades monoméricas dispõem-se ao longo da cadeia polimérica segundo certa ordem, ou seja, de maneira organizada. Os polímeros táticos podem ainda ser divididos em isotáticos e sindiotáticos. Nos isotáticos, os monômeros distribuem-se ao longo da cadeia de tal modo que unidades sucessivas, após rotação e translação, podem ser exatamente superpostas (figura 3.4b). Nos polímeros sindiotáticos, a rotação e a translação de uma unidade monomérica, em relação à seguinte, reproduz a imagem especular desta última.

- **Polímero atático:** é aquele cujas unidades monoméricas dispõem-se ao longo da cadeia polimérica ao acaso, ou seja, de maneira desordenada (figura 3.4c).

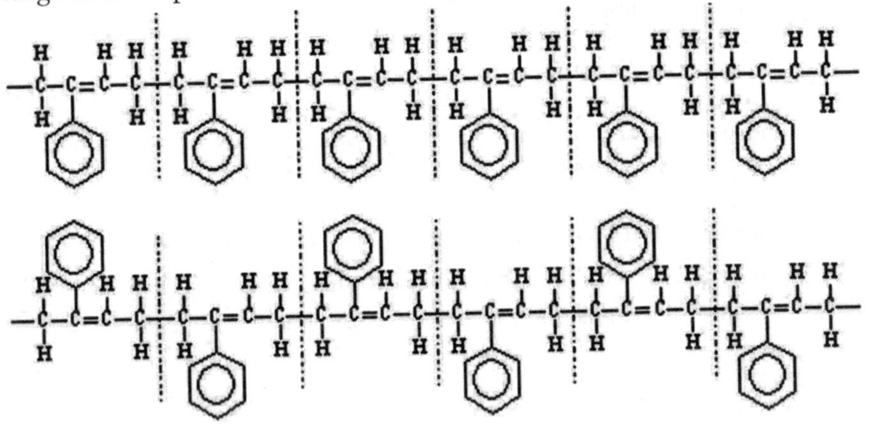

Figura 3.4b – Cadeias poliméricas com taticidade

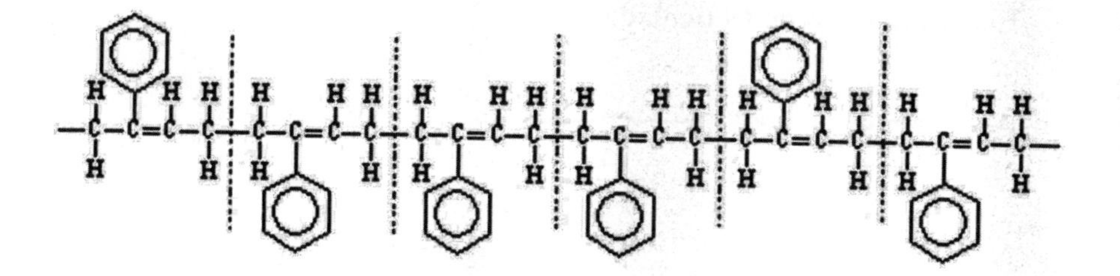

Figura 3.4c – Cadeia polimérica sem taticidade

d) Quanto à estrutura molecular, podemos ter:

- Estrutura linear

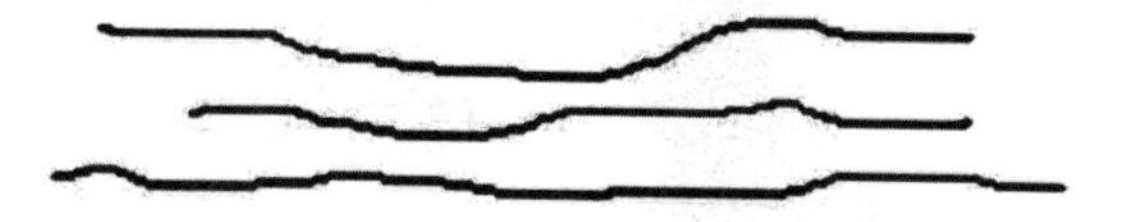

- Estrutura ramificada

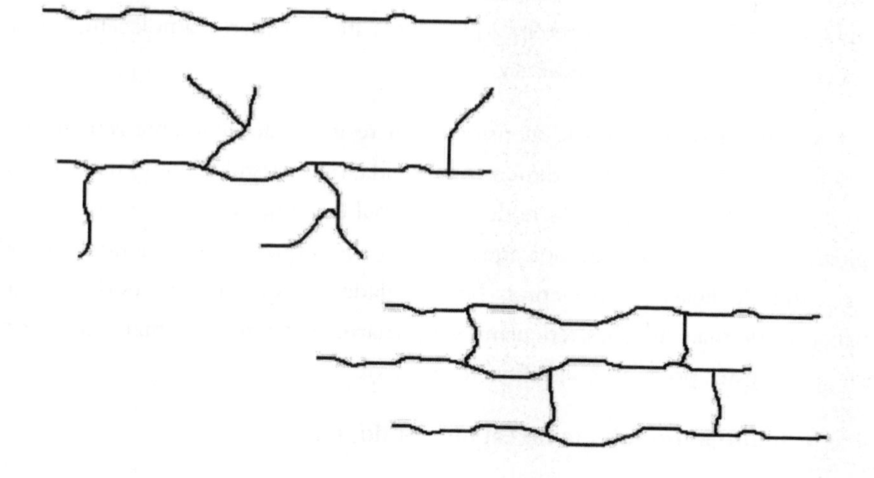

- Estrutura em rede (reticulada)

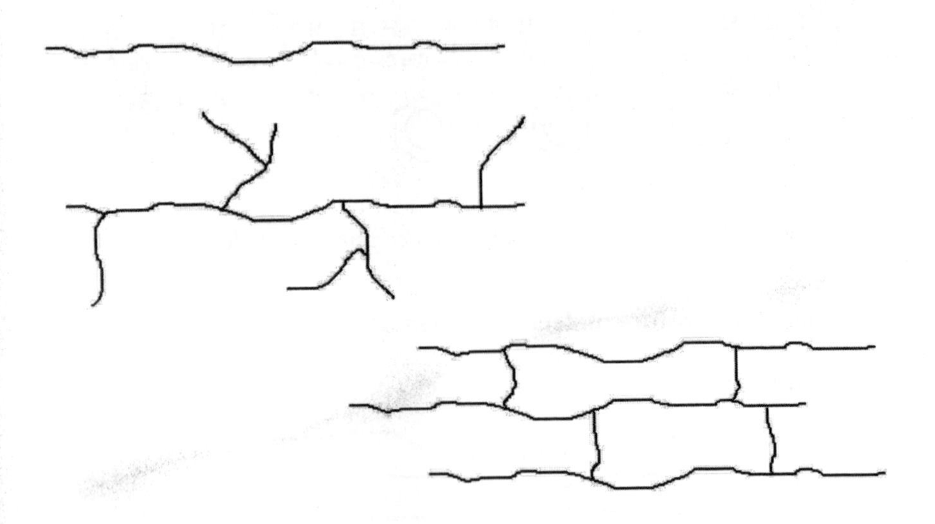

Os polímeros lineares e ramificados podem ser mais ou menos cristalinos e incluem alguns dos materiais também usados como fibras: o náilon, por exemplo. Incluem também os vários polialcenos: polietileno, policloreto de vinila, poliestireno etc. Ao serem aquecidos, estes polímeros amolecem, e por esta razão, chamam-se *termoplásticos.*

Os polímeros de rede tridimensional (ou resinas) são altamente reticulados para formar uma estrutura tridimensional rígida, mas irregular, como nas resinas fenol-formaldeído. Uma amostra de tal material é essencialmente uma molécula "gigante" que não amolece por aquecimento, visto que o aquecimento exigiria a ruptura de ligações covalentes. Na realidade, o aquecimento pode causar formação de mais ligações reticulantes e tornar o material ainda mais duro. Por esta razão, estes polímeros são ditos termofixos.

e) Quanto à morfologia no estado sólido, temos:

- **Amorfos**: as moléculas do polímero são orientadas aleatoriamente e estão entrelaçadas – lembram um prato de espaguete cozido. Os polímeros amorfos são geralmente transparentes.

- **Semicristalinos:** as moléculas exibem um empacotamento regular, ordenado, em determinadas regiões (conforme a figura 3.4d). Como pode ser previsto, este comportamento é mais comum em polímeros lineares, devido à sua estrutura regular. Por conta das fortes interações intermoleculares, os polímeros semicristalinos são mais duros e resistentes; como as regiões cristalinas espalham a luz, estes polímeros são mais opacos. O surgimento de regiões cristalinas pode, ainda, ser induzido por um "esticamento" das fibras, no sentido de alinhar as moléculas.

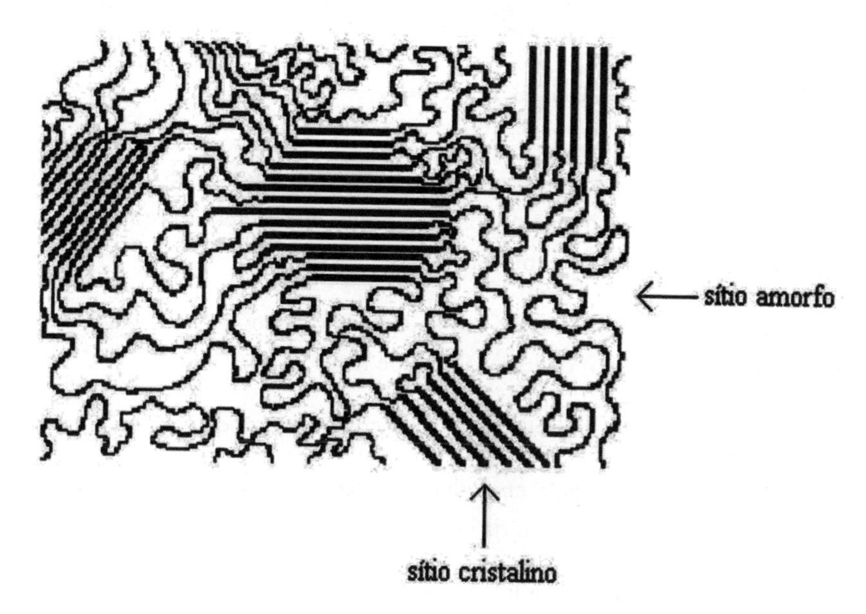

Figura 3.4d – Representação de sítios amorfos e cristalinos dos polímeros

f) Quanto ao método de preparação, temos:

- **Polímeros de adição:** são formados por sucessivas adições de monômeros a uma cadeia polimérica em crescimento. As substâncias utilizadas na produção desses polímeros apresentam, na maioria das vezes, pelo menos uma dupla ligação entre carbonos. Durante a polimerização, na presença de catalisador, aquecimento e aumento de pressão, ocorre a ruptura de uma ligação e a formação de duas ligações simples, como mostra o esquema:

$$\underset{\text{monômero}}{n(A=A)} \rightarrow \underset{\text{polímero}}{(-A-A-)}$$

- **Polímeros de condensação:** são formados, geralmente, pela reação entre dois monômeros diferentes, com a eliminação de moléculas pequenas como subprodutos, como, por exemplo, a água. Nesse tipo de polimerização, os monômeros não precisam apresentar ligação dupla entre carbonos, mas é necessária a existência de dois tipos de grupos funcionais nos dois monômeros diferentes (monômeros bifuncionais).

$$\underset{\text{monômero}}{nA + nB} \rightarrow (-A-B-)_n + \text{água ou } \overline{\text{ácido}}$$

3.5 Técnicas de Polimerização:

Há várias formas de se realizar uma reação de polimerização, dentre as quais vale a pena destacar cinco técnicas básicas: polimerização em massa, em solução, em suspensão, em emulsão e interfacial.

- **Polimerização em massa:** usa-se apenas o monômero e o iniciador ou catalisador (se necessário) dentro do vaso de reação.

Vantagens: pureza dos produtos e baixo custo do processo.

Desvantagens: dificuldade em agitar o sistema e dissipar o calor produzido pela reação, devido ao aumento da viscosidade.

Aplicação: esta técnica é utilizada na Petroquímica Triunfo - RS para obter o PEBD e na Rhodia para obter o Náilon 6,6.

- **Polimerização em solução:** o monômero e o iniciador utilizados são dissolvidos em um solvente inerte (geralmente hexano, nafta ou toluol).

Vantagens: facilidade na agitação do sistema e dissipação do calor. É útil quando o polímero vai ser usado em solução.

Desvantagens: custo elevado na recuperação do solvente, produção de polímeros de menor massa molecular e de menor pureza.

Aplicação: esta técnica é utilizada na Renner e Killing para obter resina alquídica.

- **Polimerização em suspensão:** o monômero é disperso sob a forma de partículas de diâmetro milimétrico em um solvente apropriado (geralmente água). O iniciador utilizado é solúvel no monômero. São usados agentes dispersantes como o amido, gelatina, Poli (álcool vinílico) e sódio-carboxi-metil-celulose = SCMC. Neste método formam-se pequenas partículas do polímero, que podem ser separadas por precipitação.

Vantagens: facilidade na agitação e dissipação do calor, além de se obter polímeros de massa molecular bastante elevada.

Desvantagens: obtenção de produtos de menor pureza e custos elevados com a separação do polímero.

Aplicação: esta técnica é usada na Metacril para obter Poli (metil metal-acrilato)- PMMA.

- **Polimerização em emulsão:** o monômero é disperso sob a forma de partículas coloidais de diâmetro micrométrico num solvente apropriado (geralmente água). Normalmente, o iniciador é solúvel. Sabões (tensoativos) são usados como agentes emulsionantes. O polímero formado é insolúvel e precipita logo que atinge determinado peso molecular.

Vantagens: facilidade na agitação e dissipação do calor. São obtidos polímeros de massa molecular bastante elevada.

Desvantagens: obtenção de produtos de menor pureza (contém sabão da emulsão) e custos elevados com a separação do polímero.

Aplicação: esta técnica é utilizada na Petroflex para obter SBR, na Renner e na Killing para obter PVA.

- **Polimerização interfacial:** só ocorre em polimerização por condensação com monômeros muito reativos. Os monômeros devem ser solúveis nos respectivos solventes em que são dissolvidos, porém os solventes devem ser imiscíveis entre si. O polímero se forma no ponto de contato entre os dois solventes.

Vantagens: ocorre à temperatura ambiente, é rápida e produz polímeros de alta massa molecular.

Desvantagens: custos elevados na recuperação dos solventes.

Aplicação: esta técnica é aplicada na Policarbonatos do Brasil para obter policarbonato - PC.

3.6 Polímeros de Adição Comuns

3.6.1 Polietileno

O polietileno é um dos polímeros mais comuns, de uso diário frequente devido ao seu baixo custo. Ele é obtido pela reação em cadeia entre as moléculas do eteno (etileno). É um polímero que apresenta alta resistência à umidade e ao ataque químico, boa flexibilidade e baixa resistência mecânica. Dependendo das condições de pressão, de temperatura e do catalisador, o polietileno pode apresentar cadeia reta ou ramificada, o que determinará propriedades diferentes.

3.6.1.1 Polietileno de alta densidade – (PEAD)

O PEAD possui cadeias lineares, que se agrupam paralelamente, o que possibilita uma grande interação intermolecular, originando um material rígido e com alta cristalinidade (até 95% cristalino). É um termoplástico, branco, opaco, utilizado na fabricação de garrafas, brinquedos, tubos externos de canetas esferográficas e material hospitalar.

$$nH_2C = CH_2 \rightarrow (-CH_2-CH_2-)n$$

3.6.1.2 Polietileno de baixa densidade – (PEBD)

O PEBD possui cadeias ramificadas (figura 3.47e), o que provoca um impedimento espacial que dificulta o "empilhamento" das cadeias poliméricas. Por esta razão, as forças intermoleculares que mantêm as cadeias poliméricas unidas tendem a ser mais fracas em polímeros ramificados. As cadeias ramificadas entrelaçam-se, produzindo um material macio e bastante flexível, com baixa cristalinidade (até 60% cristalino). É um termoplástico, branco, de translúcido a opaco, utilizado em filmes e sacos plásticos para embalagem e transporte dos mais diversos materiais, nos sacos de lixo, nas sacolas plásticas dos supermercados, na produção de lâminas, em revestimento de fios, utensílios domésticos e brinquedos.

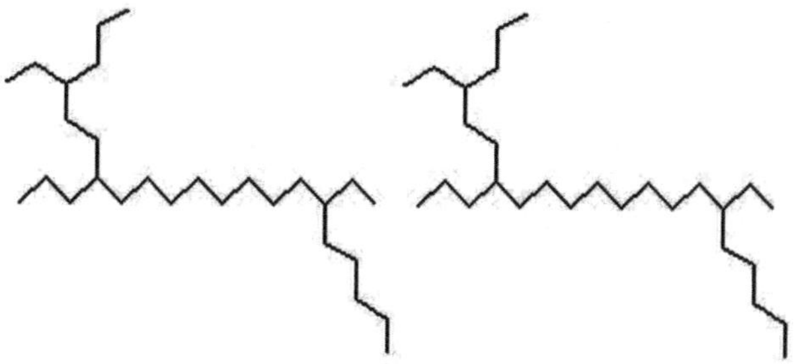

Figura 3.4e – Representação da cadeia ramificada do PEBD

3.6.2 Polipropileno (PP)

É obtido pela adição sucessiva do propeno (propileno).

$$nH_2C = \underset{\underset{CH_3}{|}}{CH} \rightarrow \left(-CH_2 - \underset{\underset{CH_3}{|}}{CH} - \right)_n$$

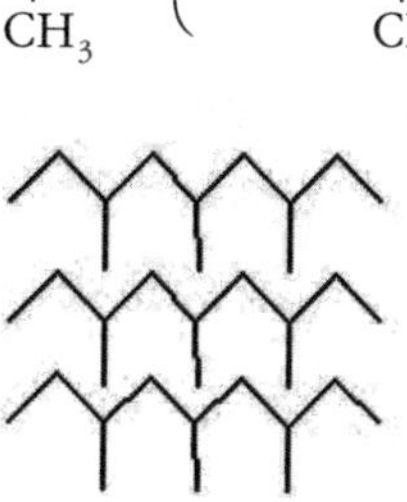

Esse polímero é incolor e inodoro, de material termoplástico, tem baixa densidade, ótima dureza superficial, alta cristalinidade (60%-70%), como polímero apolar é excelente material para resistir às radiações eletromagnéticas na região de microondas, tem boa resistência química e térmica. É utilizado para produzir objetos moldados, fibras para roupas, cordas, tapetes, material isolante, bandejas, prateleiras, pára-choques de automóveis, carcaças de eletrodomésticos, recipientes para uso em fornos de microondas, fita-lacre de embalagens e válvulas para aerossóis, material hospitalar e equipamento médico (pode ser esterilizado), componentes eletrônicos, tubos e dutos (pode ser soldado) e revestimentos.

3.6.3 Poliestireno (PS)

Esse polímero é obtido pela adição sucessiva do vinil-benzeno (estireno).

$$n\,H_2C{=}\underset{\substack{|\\ C_6H_5}}{CH} \longrightarrow \left(CH_2{-}\underset{\substack{|\\ C_6H_5}}{CH}\right)_n$$

Material amorfo e termoplástico que amolece pela adição de hidrocarbonetos (baixa resistência aos solventes). Possui baixa resistência ao risco. É usado na produção de utensílios rígidos, como pratos, copos, xícaras, seringas, material de laboratório, brinquedos, embalagens para cosméticos e alimentos e outros objetos transparentes. Quando sofre expansão provocada por gases, origina um material conhecido por **isopor**, que é utilizado como isolante térmico, acústico e elétrico. Isopor é marca registrada da empresa alemã Basf, para o poliestireno, expandido em pequenas bolhas ocas. Mais de 97% do volume do isopor é constituído de ar.

Obs.: Polímeros relacionados ao PS: copolímero de estireno e butadieno (**HIPS**); copolímero de estireno e acrilonitrila (**SAN**); copolímero de butadieno, estireno e acrilonitrila (**ABS**).

3.6.4 Policloreto de Vinila (PVC)

Esse polímero é obtido a partir de sucessivas adições do cloreto de vinila (cloroeteno).

$$nH_2C=\underset{\underset{Cl}{|}}{C}H \rightarrow \left(-CH_2-\underset{\underset{Cl}{|}}{C}H-\right)_n$$

O PVC possui excelente resistência química, não queima facilmente e tem a capacidade de se compor com outras resinas. Possui baixa cristalinidade: (5%-15%), é um material termoplástico de rigidez elevada utilizado para produzir tubulações para água e esgoto, pisos e forros, passadeiras, capas de chuva, garrafas plásticas, toalhas de mesa, cortinas de chuveiro, filmes (finas películas) para embalar alimentos, calçados, bolsas e roupas imitando couro etc. Uma de suas principais características é o fato de que ele evita a propagação de chamas, e, por isso, é usado como isolante elétrico.

3.6.5 Politetrafluoretileno (PTFE)

É o produto de adição sucessiva do tetrafluoretileno.

$$n\,F_2C=CF_2 \rightarrow \left(-\underset{\underset{F}{|}}{\overset{\overset{F}{|}}{C}}-\underset{\underset{F}{|}}{\overset{\overset{F}{|}}{C}}-\right)_n$$

É um polímero de alta cristalinidade (até 95%), insolúvel em solventes comuns e infusível. Possui excepcional inércia química, resistência ao calor (não combustível) e baixo coeficiente de atrito. É conhecido como *teflon*, sendo usado na forma de fitas para evitar vazamentos de água, válvulas, torneiras, gaxetas, engrenagens, anéis de vedação, como revestimento antiaderente de panelas e frigideiras, como isolante elétrico, em canos e equipamentos para indústria química (válvulas e registros), órgãos artificiais, rolamentos etc.

3.6.6 Polimetacrilato de metila (ou acrílico) (PMMA)

É o polímero obtido pela adição sucessiva do meta-acrilato de metila.

$$n\,H_2C{=}C(CH_3)\text{–}C({=}O)\text{–}CH_3 \longrightarrow \text{–}\!\left[H_2C\text{–}C(CH_3)(C({=}O)CH_3)\right]_n\!\text{–}$$

É um polímero amorfo, termoplástico, tem semelhança ao vidro, resistência elevada às intempéries, ao risco e à radiação UV, boa resistência química, a impactos e à tensão. Sofre despolimerização a partir de 180°C; é, em geral, fabricado como placas, por polimerização em massa, e termoformado (faz-se com que a reação ocorra até que se forme uma massa pastosa, a qual é derramada em um molde ou entre duas lâminas verticais de vidro, onde ocorre o fim da polimerização). A moldagem de peças por injeção exige cuidados especiais. É utilizado para produzir lentes de contato, painéis transparentes, lanternas de carro, painéis de propaganda, semáforos, vidraças etc.

3.6.7 Polioximetileno (POM)

É o produto obtido pela adição de moléculas de aldeído fórmico (metanal ou formol).

$$n\,H_2C{=}O \longrightarrow \text{–}\!\left[H_2C\text{–}O\right]_n\!\text{–}$$

É termoplástico, branco, opaco, com cristalinidade de até 75%. Apresenta boa resistência à abrasão, fricção e fadiga, porém possui baixa estabilidade térmica. É um dos três plásticos de engenharia mais importantes (os demais são poliamida e policarbonato). É utilizado em partes de peças industriais para usos mecânicos, na indústria automobilística, nos cintos de segurança, engrenagens, mecanismos elevadores de janelas de carro, componentes de torneiras, fechaduras, válvulas, molas, bombas, carcaças de chuveiros elétricos, zíperes, válvulas de aerossóis, componentes elétricos e eletrônicos (computadores, terminais de vídeo e de eletrodomésticos em geral).

3.6.8 Poliacrilonitrila (PAN)

É o produto obtido pela adição sucessiva de acrilonitrila ou cianeto de vinila.

$$nH_2C{=}CH(CN) \rightarrow \text{-}\!\!\left(CH_2\text{-}CH(CN) \right)\!\!\text{-}_n$$

É um material termoplástico, de baixa cristalinidade, sendo um dos poucos polímeros que podem ser obtidos em uma solução aquosa. Se o poliacrilonitrila for adicionado a um solvente apropriado, ele pode ser estirado facilmente, e permite a obtenção de fibras comercializadas com o nome de *orlon* ou *acrilon*, que possuem alta resistência mecânica e química. Essas fibras podem sofrer processos de fiação com algodão, lã ou seda, originando vários produtos, como cobertores, mantas, tapetes, carpetes, pelúcia e tecidos de roupas de inverno.

3.6.9 Poliamidas

No **náilon 6 ou policaprolactama (PA-6)**, a caprolactama (monômero) é aquecida na presença de água, o que provoca a ruptura do anel do monômero e, a seguir, a sua polimerização.

$$n\,O{=}C\langle(CH_2)_5NH\rangle \rightarrow \text{-}\!\!\left((CH_2)_5\text{-}C(=O)\text{-}NH \right)\!\!\text{-}_n$$

Apresenta cristalinidade de até 60%, é termoplástico, amarelado e translúcido. Tem elevada resistência mecânica e química, boa resistência à fadiga, à abrasão e ao impacto. Como fibra, é utilizado em tapetes e carpetes. Também está presente nas roupas, meias, fios de pesca, cerdas de escova, engrenagens para limpador de pára-brisas, raquetes, bases de esqui, conectores elétricos, componentes de eletrodomésticos e de equipamentos para escritórios.

3.6.10 Poliacetato de Vinila (PVA ou PVAc)

É o polímero obtido pela adição sucessiva do acetato de vinila (etanoato de vinila).

$$nH_2C=CH(-O-C(=O)-CH_3) \longrightarrow -\!\!(CH_2-CH(-O-C(=O)-CH_3))\!\!-_n$$

É um termoplástico que possui adesividade, sendo largamente empregado sob forma de emulsão, em tintas e adesivos.

3.7 Polímeros de Condensação Comuns

3.7.1 Poliéster

Um poliéster é caracterizado por vários grupos de ésteres, que são produtos da reação entre ácidos carboxílicos e álcoois, com a eliminação de água como subproduto. A formação desse polímero exige que cada monômero apresente os dois grupos funcionais em quantidades iguais para a sua produção; portanto, deve-se usar um diácido e um diálcool na reação. Um dos tipos de poliéster mais comum é o polietilenotereftalato – PET – obtido pela reação ente o ácido tereftálico (ácido 1,4-benzenodióico) e o etilenoglicol (etanodiol).

$$nHO-CH_2-CH_2-OH + n\,HO-C(=O)-C_6H_4-C(=O)-OH \longrightarrow -\!\!(CH_2-CH_2-O-C(=O)-C_6H_4-C(=O)-O)\!\!-_n + 2nH_2O$$

Cada grupo carboxila (COOH) do ácido reage com o grupo hidroxila (OH) do álcool, originando um grupo éster com a eliminação de uma molécula de água. Como cada molécula do ácido apresenta duas carboxilas e cada molécula do álcool possui duas hidroxilas, cada um desses monômeros reagirá duas vezes.

O PET é um material termoplástico, com brilho, alta resistência mecânica, química e térmica. Pode ser apresentado nos estados amorfo (transparente), parcialmente cristalino e orientado (translúcido) e altamente cristalino (opaco). É empregado na fabricação de tecidos, cordas, filmes fotográficos, fitas de áudio e vídeo, guarda-chuvas, embalagens, garrafas de bebidas, gabinetes de fornos, esquis, linhas de pesca etc. A maior aplicação de PET é em garrafas descartáveis de refrigerante. Seu alto consumo e descarte constituem um problema ambiental amplamente discutido.

3.7.2 Poliamidas

As poliamidas originam-se da reação por condensação entre um diácido e uma diamina. Possuem a ligação amídica, que, em biologia, é denominada peptídica, por ser encontrada nas proteínas. Eis alguns exemplos de poliamidas:

- **Poli-hexametileno-adipamida (PA-6.6) ou Náilon 66** – é a poliamida mais conhecida. O náilon 66 foi obtido pela primeira vez por Wallace Carother, em 1939, quando reagiu ácido adípico (hexanodióico) e hexametilenodiamina (1,6-hexanodiamina).

$$n\,H_2N{-}(CH_2)_6{-}NH_2 + n\,HO{-}\overset{O}{\overset{\|}{C}}{-}(CH_2)_4{-}\overset{O}{\overset{\|}{C}}{-}OH \rightarrow \left[{-}\overset{H}{N}{-}(CH_2)_6{-}\overset{H}{N}{-}\overset{O}{\overset{\|}{C}}{-}(CH_2)_4{-}\overset{O}{\overset{\|}{C}}{-}\right]_n + 2n\,H_2O$$

A reação de condensação para a obtenção do náilon é feita a quente, em uma aparelhagem sob alta pressão. O polímero fundido passa através de finos orifícios, produzindo fios que, a seguir, sofrem resfriamento por uma corrente de ar. A estrutura do polímero resultante é semelhante à da seda, mas o náilon é mais resistente à tração e ao atrito. A cristalinidade desse polímero é variável e ele possui aplicações semelhantes às de PA-6. Além de fazer parte de inúmeras peças de vestuário, o náilon é empregado pela indústria automotiva e para a produção de artigos esportivos, acessórios elétricos e mecânicos e escovas. A PA-6,6 é um dos plásticos de engenharia mais importantes. Sua facilidade de processamento é vantajosa na fabricação de componentes de peças na indústria de informática e eletroeletrônica.

- ***Kevlar*** – é uma poliamida aromática obtida pela reação de condensação entre o ácido tereftálico (ácido 1,4-benzenodióico) e o para-benzeno-diamina (1,4-benzeno-diamina).

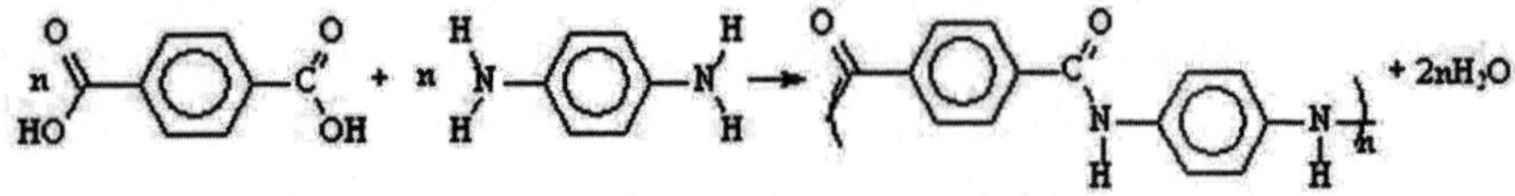

$$n\,HOOC-C_6H_4-COOH + n\,H_2N-C_6H_4-NH_2 \rightarrow [-CO-C_6H_4-CO-NH-C_6H_4-NH-]_n + 2n\,H_2O$$

As cadeias desse polímero interagem umas com as outras de modo muito intenso, pois são interações tipo ponte de hidrogênio e dipolo induzido - dipolo induzido. Essa intensa atração entre as cadeias confere ao polímero propriedades excepcionais de resistência.

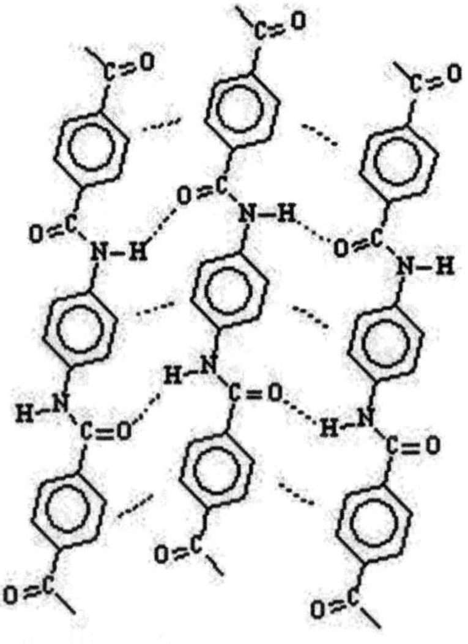

Em função das fortes interações existentes entre as cadeias que compõem este polímero, ele apresenta alta resistência a impactos e tração, o que tem permitido utilizar cordas de *kevlar* em substituição a cabos de aço em muitas aplicações. Um exemplo particularmente importante é o das plataformas marítimas de petróleo. Uma corda de *kevlar* submersa na água do oceano apresenta resistência à tração vinte vezes maior que um cabo de aço de mesmo diâmetro, com a vantagem de não sofrer corrosão pela água do mar. O *kevlar* também é utilizado para produzir coletes à prova de balas, esquis profissionais, luvas protetoras contra o calor e chamas, utilizadas pelos bombeiros, em substituição ao asbesto, em chassis de carros de corrida, capacetes e na indústria aeroespacial (peças de avião).

3.7.3 Polifenol - Resina Fenólica (PR)

Uma variedade de polifenol comum foi obtida em 1907 por Backenland, ao reagir, por condensação, fenol comum (hidroxibenzeno) com formol (metanal). O polímero obtido foi chamado de baquelite.

$$nH-C_6H_3(OH)-H + nH_2C{=}O + nH-C_6H_3(OH)-H \longrightarrow \left[C_6H_3(OH)-CH_2-C_6H_3(OH) \right]_n + 2nH_2O$$

A baquelite é um material termorrígido, com propriedades de isolante térmico e elétrico, utilizado na fabricação de cabos de panelas, tomadas, interruptores elétricos, aparelhos de telefone, engrenagens e pastilhas de freio. Se o polímero obtido for predominantemente linear e de massa molecular relativamente baixa, é denominado *novolac*, e é empregado em tintas, vernizes e colas para madeira. Se a reação prosseguir, dando origem a um polímero tridimensional (termofixo), aí então, obtém-se a baquelite. Quando ela é produzida na forma de laminados, é usada para revestimentos de móveis, sendo conhecida como **fórmica**.

3.7.4 Policarbonato (PC)

Nesse polímero, encontramos um agrupamento de átomos similar ao que existe no ânion carbonato, derivando daí o nome de tais polímeros. É um polímero termoplástico de cristalinidade muito baixa, incolor e transparente. Apresenta semelhança ao vidro, sendo, porém, muito mais resistente ao impacto. É um dos 3 plásticos de engenharia mais importantes (os demais são PA e POM). Devido à sua resistência, aliada ao seu aspecto transparente semelhante ao vidro, é muito empregado na fabricação de janelas de avião e do chamado "vidro à prova de balas". Uma lâmina de policarbonato de 1 polegada (2,54 cm) de espessura é capaz de deter uma bala calibre 38, atirada de 4 metros de distância. É também usado para confeccionar os visores dos capacetes para astronautas, capacetes de proteção de motociclistas, componentes elétricos e eletrônicos, discos compactos, conectores, luminárias para uso exterior, recipientes para uso em fornos de microondas, artigos esportivos, aplicações em material de cozinha e de refeitórios, como bandejas, jarros d'água, talheres, mamadeiras etc.

Um exemplo de policarbonato é representado a seguir:

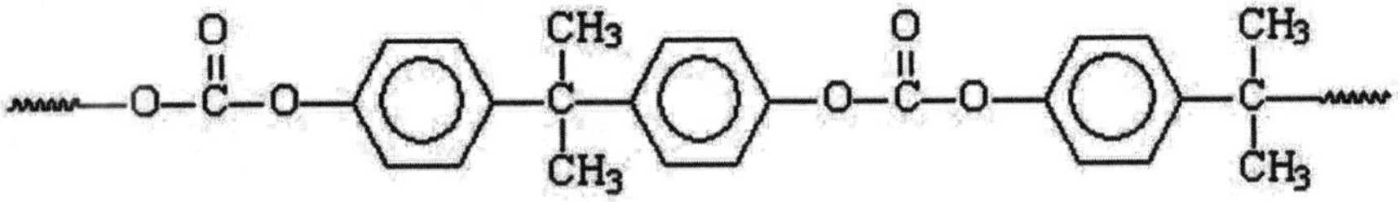

3.7.5 Poliuretana (PU)

Uma poliuretana pode ser obtida pela reação entre um diisocianato e um diol. Dióis do tipo éster são também usados.

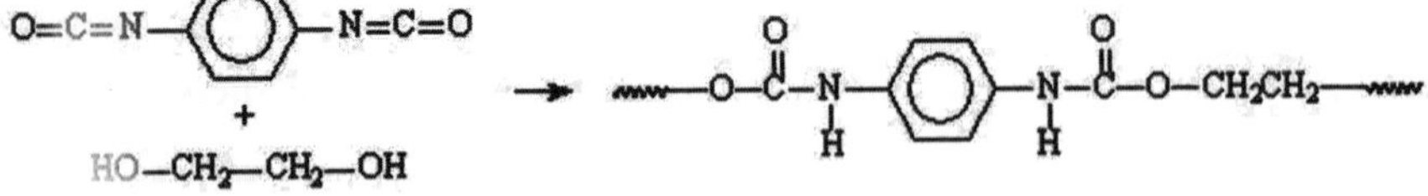

As poliuretanas podem ser termoplásticas ou termorrígidas, conforme a funcionalidade dos monômeros e o emprego, ou não, de agentes de cura. As fibras de polímero possuem alta resistência ao rasgamento. As poliuretanas podem ser rígidas, flexíveis ou, ainda, na forma de espuma, dependendo das condições em que ocorre a reação. Na produção de espuma, por exemplo, um dos reagentes é misturado a uma substância volátil que, durante a reação de caráter exotérmico, tende a se desprender, provocando a expansão do polímero. É utilizada na espuma de colchões, estofados, isolantes térmicos e acústicos, em solados e fibras. A *lycra* é um tecido que contém fios de poliuretana em sua composição.

3.7.6 Silicones

Apesar desses polímeros não possuírem carbono na cadeia principal e sim o silício (também do grupo 14 da tabela periódica), são de grande importância industrial. Das variedades do silicone, aquele que apresenta maior número de aplicações é o obtido pela condensação do dimetilsiloxano – que resulta no polidimetilsiloxano (PDMS).

$$HO-\underset{CH_3}{\overset{CH_3}{\overset{|}{\underset{|}{Si}}}}-OH \longrightarrow \leftarrow\underset{CH_3}{\overset{CH_3}{\overset{|}{\underset{|}{Si}}}}-O\rightarrow \; + n\,H_2O$$

Os silicones possuem grande estabilidade mediante variação de temperatura entre - 63°C e 204°C, inércia química, pouca inflamabilidade, atoxidez, são incolores, inodoros e insípidos. Os vários tipos de silicones podem originar óleos e borrachas, e sua utilização engloba desde a vedação de janelas, próteses cirúrgicas e impermeabilizantes até brinquedos. Silicones com moléculas relativamente pequenas apresentam aspecto de óleos e são empregados na impermeabilização de superfícies. É o caso de ceras para polimento de automóvel e de líquidos embelezadores de painéis plásticos e pára-choques. À medida que as cadeias tornam-se maiores, o silicone passa a adquirir uma consistência de borracha. As borrachas usadas na vedação de janelas e boxes de banheiros são fabricadas com esse tipo de polímero.

Quando as cadeias são muito longas, passamos a ter um material de alta resistência térmica, utilizado na confecção de chupetas e bicos para mamadeiras, por exemplo, que podem ser esterilizados por aquecimento, sem danos à sua estrutura.

3.8 Elastômeros

Os elastômeros são polímeros que possuem alta elasticidade, deformam-se mediante pressão ou tração e retornam ao estado original quando cessa a força que originou a deformação. Quando a força aplicada for superior à capacidade de extensão do polímero, ele não retorna à sua forma original, pois nesse caso há rompimento das suas fibras. Os elastômeros são normalmente chamados de "borrachas". As borrachas podem ser naturais ou sintéticas, de modo que as sintéticas, quando comparadas às naturais, são mais resistentes a variações de temperatura e ao ataque de produtos químicos, sendo utilizadas para a produção de pneus, mangueiras, correias e artigos para a vedação etc.

A borracha natural derivada das seringueiras, tal como é obtida, torna-se quebradiça em dias frios e pegajosa em dias quentes. Em 1839, *Charles Goodyear* aqueceu essa massa viscosa com enxofre e um pouco de óxido de chumbo II (PbO) e produziu um material bastante elástico, que praticamente não se alterava com pequenas variações de temperatura. Deu a esse processo o nome de **vulcanização** (Vulcano = Deus do fogo).

Na vulcanização, as moléculas de enxofre (S_8) são rompidas e algumas ligações duplas das cadeias que compõem a borracha abrem-se e reagem com o enxofre, através das chamadas **pontes de enxofre**, diminuindo o número de insaturações. As pontes de enxofre também têm a propriedade de alinhar as cadeias de tal maneira que, quando o material é tensionado, ele não se deforma. Quando esticamos a borracha natural, as cadeias do polímero deslizam e se separam, rompendo o material. Já na borracha vulcanizada essas cadeias estão presas umas às outras pelas pontes de enxofre, o que não permite o rompimento do material quando esticado. Além disso, as pontes de enxofre são, também, as responsáveis pela volta das cadeias à posição original assim que o material pare de ser esticado. Evidentemente, se a tensão for muito grande, mesmo a borracha vulcanizada arrebentará.

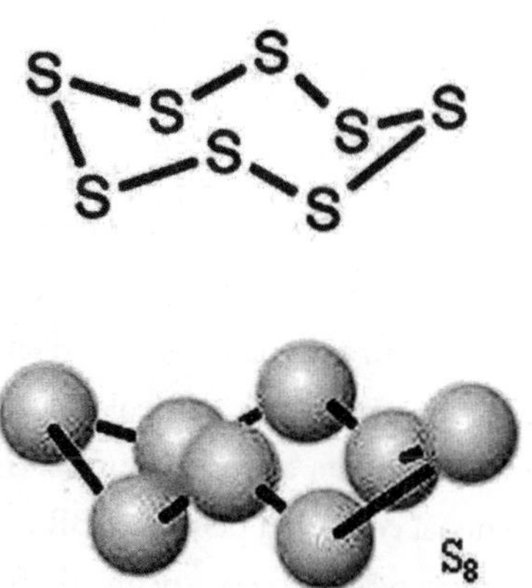

A vulcanização da borracha é feita com adição de 3% a 8% de enxofre e mais alguns agentes de cura. Aumentando a porcentagem de enxofre, ocorre aumento do número de pontes de enxofre e diminuição da sua elasticidade. Quando essa porcentagem atinge valores próximos a 30%, obtém-se uma borracha denominada **ebonite**, que é rígida e apresenta grande resistência mecânica, sendo empregada como isolante elétrico e na produção de vários objetos, como pentes, vasos etc.

3.8.1 Polieritreno ou Polibutadieno (Br)

$$nH_2C{=}CH{-}CH{=}CH_2 \longrightarrow \left(CH_2{-}CH{=}CH{-}CH_2\right)_n$$

Após a vulcanização, o material é termorrígido, possui baixa elasticidade e alta resistência à abrasão. É uma borracha utilizada na produção de pneus em geral. É essencial o reforço com negro-de-fumo.

3.8.2 Copolímero de Butadieno e Estireno (Buna-S)

$$nH_2C{=}CH{-}CH{=}CH_2 + n\,H_2C{=}\underset{\displaystyle C_6H_5}{CH} \longrightarrow \left(CH_2{-}CH{=}CH{-}CH_2{-}CH_2{-}\underset{\displaystyle C_6H_5}{CH}\right)_n$$

Este polímero, após a vulcanização, torna-se termorrígido. Por ser muito resistente ao atrito, é usado nas bandas de rodagem dos pneus. Algumas tintas do tipo látex são misturas parcialmente polimerizadas de estireno e dienos em água, com agentes emulsificantes, como sabão, que mantêm as partículas dos monômeros dispersas na água. Após a aplicação desse tipo de tinta, a água evapora, permitindo a copolimerização e revestindo a superfície pintada com uma película. SBR é vulcanizada com enxofre, sendo que também é necessário o reforço com negro-de-fumo.

3.8.3 Copolímero de Butadieno e Acrilonitrila (Nbr)

$$xH_2C{=}CH{-}CH{=}CH_2 + yH_2C{=}\underset{\displaystyle CN}{CH} \longrightarrow \left(CH_2{-}CH{=}CH{-}CH_2\right)_x\left(CH_2{-}\underset{\displaystyle CN}{CH}\right)_y$$

Após a vulcanização é um material termorrígido com aderência a metais, ótima resistência a gasolina, óleos e gases apolares. NBR é a única borracha industrializada de caráter polar, e por isso, resistente de um modo geral a hidrocarbonetos. **Aplicações** após a vulcanização: mangueiras, gaxetas, válvulas e revestimento de tanques industriais.

3.8.4 Policloropreno (Cr)

$$nH_2C{=}CH{-}\underset{\underset{Cl}{|}}{C}{=}CH_2 \longrightarrow \left(CH_2{-}CH{=}\underset{\underset{Cl}{|}}{C}{-}CH_2\right)_n$$

Assim como NBR, CR é um material termorrígido com aderência a metais resistência ao envelhecimento superior às demais borrachas e resistência às chamas. Diferente das demais borrachas, CR é vulcanizada com óxido de magnésio, por isso, não é necessário reforço. Permite a obtenção de artefatos de quaisquer cores, o que é importante em vestuários de mergulhadores e em esportes aquáticos. A presença de cloro torna CR uma borracha muito resistente ao ataque químico, especialmente à água do mar. É um polímero presente em roupas e luvas industriais, revestimento de tanques industriais, mangueiras, adesivos, correias transportadoras, revestimento de cabos submarinos e artefatos usados em contato com água do mar.

3.9 Construindo Objetos e Peças com Plásticos

A indústria de plásticos divide-se em dois segmentos: um produz a matéria-prima propriamente dita e o outro a processa, modelando-a para confeccionar os objetos vendidos ao consumidor. Na segunda geração de um pólo petroquímico são produzidos pequenos grãos (*pellets*) já coloridos na tonalidade desejada, para as fábricas de objetos plásticos. Essas fábricas – que correspondem à terceira geração – derretem os grãos em máquinas especiais que, imediatamente, injetam-no, fundido, em moldes apropriados. Após o resfriamento, com a volta à temperatura ambiente, ocorre o endurecimento do material. Por meio deste procedimento são elaborados os chamados "objetos de plástico injetado". Observando atentamente alguns utensílios plásticos como pentes, escovas de dente e cabos de talheres ou de chaves de fenda, pode-se perceber que em algum lugar existe a marca do ponto em que a matéria plástica derretida entrou no molde. Pode-se também identificar uma marca fina, em forma de linha longitudinal, que corresponde à junção das partes superior e inferior do molde.

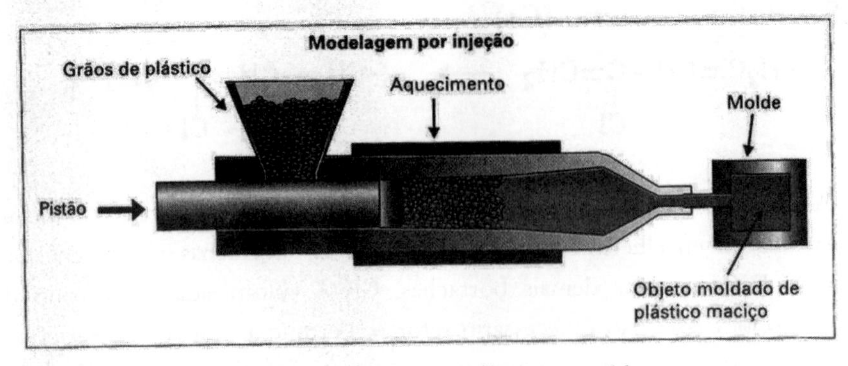

Figura 3.9a – Injeção dos *pellets* para moldagem

3.9.1 Como se faz uma garrafa plástica?

Além da injeção, processo que acabamos de descrever, outro tipo de modelagem importante é o assopro. Essa técnica consiste em lançar violentamente a massa fundida contra as paredes internas do molde, por meio de um jato de ar. Assim são feitos os frascos plásticos para desodorantes e as garrafas descartáveis para água mineral e refrigerantes.

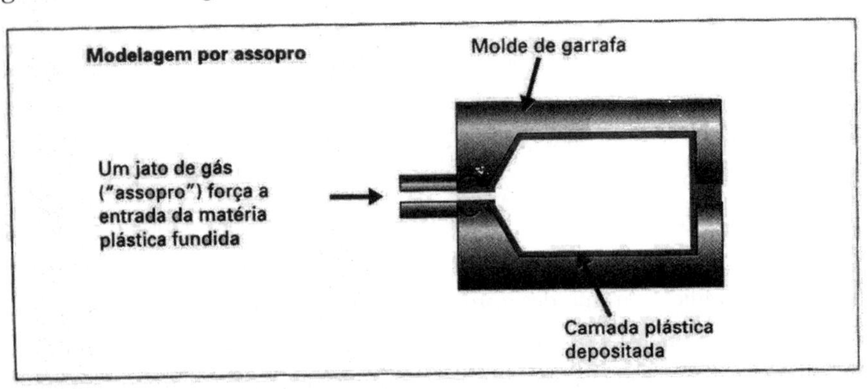

Figura 3.9b – Moldagem por assopro de uma garrafa

3.9.2 Produção de Fios Poliméricos

Outro processo de modelagem é a extrusão: o plástico fundido passa por um orifício com a forma desejada, sendo imediatamente resfriado. Os fios de náilon, os tubos utilizados em encanamentos residenciais e as mangueiras plásticas em geral são fabricados desta maneira.

A massa do polímero é obrigada a passar por um orifício circular, saindo do outro lado na forma de filamentos, os fios poliméricos. O processo de extrusão é semelhante, sendo que, por meio dele, podem-se fabricar, além de fios, também tubos, mangueiras etc.

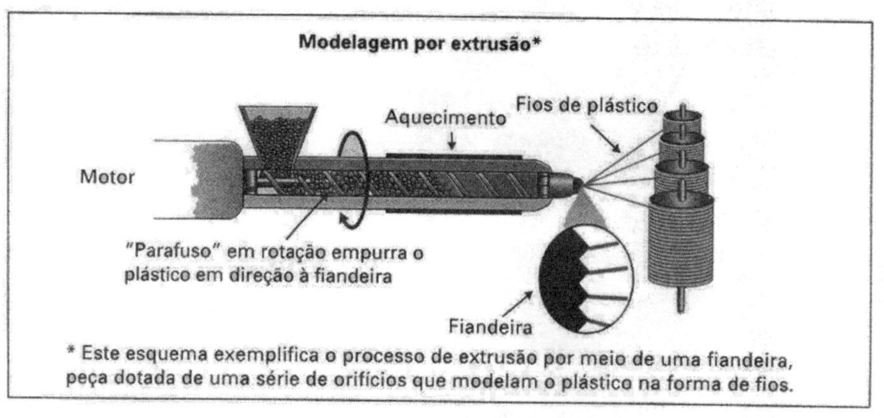

Figura 3.9c – Obtenção de fios por extrusão

3.9.3 Filmes Plásticos

A quarta maneira de modelar um plástico consiste na calandragem, técnica na qual o material derretido, após atravessar cilindros em rotação, transforma-se em uma lâmina. Como viabiliza a produção de folhas plásticas de várias espessuras, esse método é extremamente útil para se produzir saquinhos de supermercado, sacos para lixo e filmes plásticos transparentes para embalar alimentos.

A calandragem também permite a aplicação de um revestimento plástico sobre tecidos, formando o chamado "couro sintético" usado em poltronas, sofás, almofadas e estofamentos para automóveis.

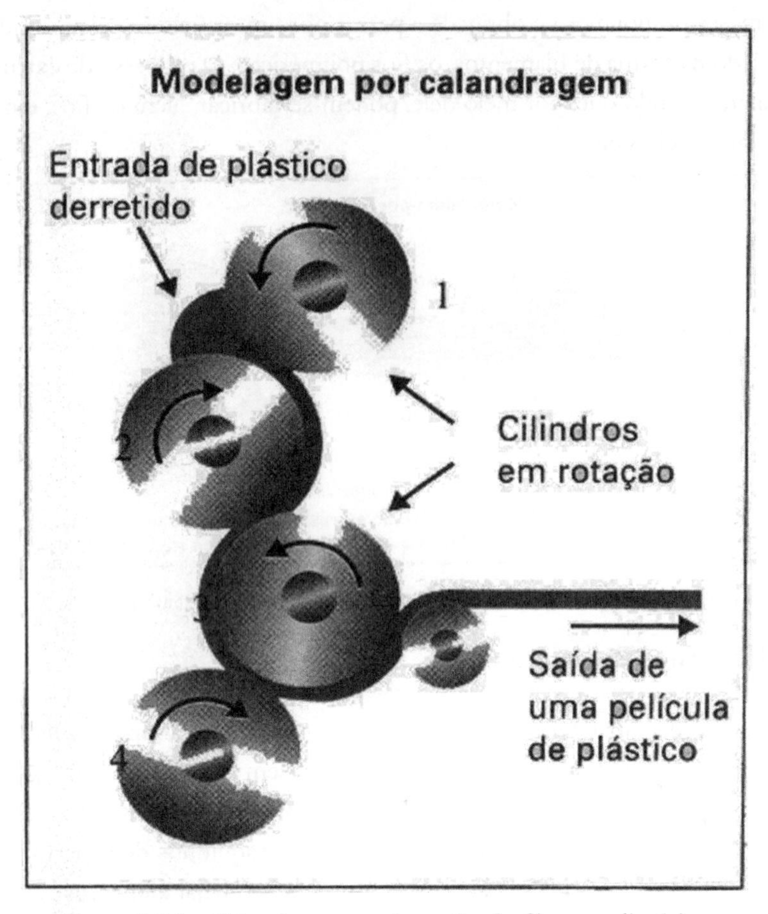

Figura 3.9d – Calandras para obtenção de filmes poliméricos

3.10 Aditivos

Com a finalidade de melhorar a qualidade dos plásticos produzidos ou conferir a eles propriedades complementares, são acrescentados alguns aditivos listados na tabela 3.10a (os principais tipos):

Tabela 3.10a – Aditivos de polímeros e funcionalidade obtida na aplicação

Exemplos de aditivos na produção de plásticos	
Tipo	**Função**
Agente corante	Conferir a cor desejada
Antiestático	Evitar que o polímero fique eletrizado ao ser atritado com outros materiais
Antioxidante	Impedir ou minimizar a degradação resultante da oxidação por O_2 e O_3, presentes no ar
Aromatizante	Proporcionar fragrância agradável; mascarar odores indesejáveis
Biocida	Inibir a ação de microorganismos que possam atacar o material
Carga	Aumentar a resistência ao desgaste por abrasão; reduzir custo por aumento do volume final
Estabilizante térmico	Evitar a degradação pelo aquecimento
Estabilizante UV	Prevenir a degradação causada pelos raios Ultravioleta do sol
Plastificante	Aumentar a flexibilidade
Retardador de chama	Reduzir a inflamabilidade

3.11 Vantagens e desvantagens dos Plásticos

Substâncias orgânicas poliméricas são transformadas em objetos (tubos, fios, tecidos, filmes, revestimentos, peças moldadas) com muito maior facilidade que os sólidos inorgânicos iônicos ou os metais. Há vários processos de fabricação de objetos feitos de plásticos ou de borracha: extrusão, injeção, moldagem por compressão, rotomoldagem, sopro e formação a vácuo, dentre outros.

A principal vantagem dos processos de transformação de plásticos é que eles sempre consomem pouca energia se comparados aos processos usados na fabricação de artefatos de vidro, cimento, metais ou cerâmicas. Exatamente por isso as indústrias de transformação de plásticos causam pouca poluição térmica, contribuindo pouco para o efeito estufa, e não é comum sofrerem restrições ambientais quanto aos locais de instalação.

Os polímeros sintéticos estão hoje presentes em nossa vida diária porque nos permitem resolver um grande número de problemas, quer na indústria, na agricultura e nos serviços, já que até o dinheiro passou a ser feito de plástico. Estes materiais são fabricados por uma grande e vigorosa indústria petroquímica, que representa cerca de metade da indústria química em todo o mundo. Sua fabricação e transformação garantem o emprego e sustento de milhões de pessoas, inclusive muitos brasileiros.

Nesta área, o ritmo de inovação continua muito intenso e as novidades surgem continuamente, graças ao esforço continuado de cientistas, engenheiros, tecnólogos e empreendedores. Uma grande novidade dos anos 80 foi a descoberta de polímeros condutores de eletricidade. O impacto desses polímeros na construção de dispositivos elétricos promete ser tão grande que alguns especialistas já afirmam que o Vale do Silício, na Califórnia, poderá vir a ser chamado no futuro de Vale do PPV (poli-parafenilenovinileno), que possivelmente substituirá o silício em muitas das suas aplicações.

Entretanto, nem tudo são maravilhas. Plásticos e borrachas vêm causando nos últimos tempos sérios problemas ambientais. Por isso, devemos sempre atentar ao seu ciclo de vida, isto é, ao conjunto de etapas que fazem a sua história, desde que a sua matéria-prima (petróleo) é extraída da terra, transformada e reciclada, até o seu descarte ou destruição por queima ou degradação no ambiente, transformando-se de novo em substâncias simples como gás carbônico, água, carvão etc.

O uso e descarte irresponsáveis de materiais poliméricos acabaram por criar muitos problemas ambientais devidos à durabilidade dos polímeros sintéticos no ambiente, e não à sua toxidez, e por isso vemos garrafas plásticas, pneus, restos de fraldas descartáveis e embalagens poluindo rios, lagoas e praias. Esta poluição causada pelos plásticos não é um defeito dos próprios plásticos, mas uma manifestação de má educação de indivíduos, de ignorância coletiva e de falta de responsabilidade por parte de empresas e de representantes do poder público. Má educação, porque o culpado final é sempre uma pessoa que usou o plástico e não se deu ao trabalho de descartá-lo de maneira correta. Ignorância, porque o plástico ou o pneu velho sempre têm valor e utilidade; ao invés de sermos prejudicados pelo seu descarte irresponsável, todos nós deveríamos usar a criatividade para reciclá-lo, fazendo com que deixem de ser problemas para passarem a ser soluções para outros problemas. Finalmente, o poder público (governos) deve legislar e fiscalizar para impedir a contaminação por plásticos, e as empresas devem renunciar a lucros obtidos à custa de danos ambientais decorrentes do uso de plásticos, pois os prejuízos sociais não justificam os lucros gerados.

(Texto adaptado de: **Cadernos Temáticos de Química Nova na Escola** – Edição Especial de Maio de 2001)

Tabela A – Resumo com a classificação dos plásticos quanto à sua aplicação

Aplicação	Grupo	Principais plásticos	Sigla
Geral	Termoplástico	Polietileno	PE
		Polipropileno	PP
		Poliestireno	PS
		Copoli(estireno-acrilonitrila)	SAN
		Copoli(acrilonitrila-butadieno-estireno)	ABS
		Copoli(etileno-acetato de vinila)	EVA
		Policloreto de vinila	PVC
		Poliacetato de vinila	PVAC
		Poliacrilonitrila	PAN
		Policloreto de vinilideno	PVDC
		Polimetacrilato de metila	PMMA
	Termorrígido	Resina epoxídica	ER
		Resina de fenol-formaldeído	PR
		Resina de uréia-formaldeído	UR
		Resina de melanina-formaldeído	MR
		Poliuretanos	PU

Engenharia	Uso geral	Polietileno de altíssimo peso molecular	UHMWPE
		Polióxido de metileno	POM
		Politereftalato de etileno	PET
		Politereftalato de butileno	PBT
		Policarbonato	PC
		Poliamidas alifáticas	PA
		Polióxido de fenileno	PPO
		Polifluoreto de viilideno	PVDF
	Uso Especial	Politetrafluoretileno	PTFE
		Poliarilatos	PAR
		Poliésteres líquidos cristalinos	LCP
		Poliamidas arométicas	PA
		Poliimidas	PI
		Poliamida-imida	PAI
		Poliéter-imida	PEI
		Poliéter-cetona	PEK
		Poliéter-éter-cetona	PEEK
		Poliéter-sulfona	PES
		Poliaril-sulfona	PAS
		Polissulfeto de fenileno	PPS

Tópico Especial 3 - Operações Unitárias: Tubulações e Válvulas

O escoamento de fluidos na indústria dá-se pela utilização de dutos e seus acessórios. Quando se fala de indústria química, logo vem à mente a imagem de um complexo emaranhado de tubulações, válvulas e equipamentos. Pois bem, vamos entender um pouco mais sobre o "mundo" das tubulações e válvulas. Neste 3º tópico "especial operações unitárias", vamos discutir as classificações empregadas para dutos industriais e seus acessórios.

3.12 Tubulações Industriais

O termo tubulação é usado para definir um conjunto de tubos e seus diversos acessórios (uniões, curvas, válvulas etc). Os tubos são condutos fechados, destinados principalmente ao transporte de fluidos, são de secção circular e apresentam-se como cilindros ocos, sendo que a grande maioria opera com o fluido em toda área de secção transversal.

A necessidade da utilização de tubos decorre principalmente do fato de o ponto de geração e armazenamento dos fluidos estar, em geral, distante do seu ponto de utilização. São úteis no transporte de todos os fluidos conhecidos, líquidos ou gasosos, assim como para materiais pastosos e para fluido com sólidos em suspensão. Além do transporte de fluidos, são utilizados para condução dos fios que compõem a instrumentação de uma planta (tubos de instrumentação). O esquema da figura 3.12a ilustra como são classificadas as tubulações de acordo com sua utilização.

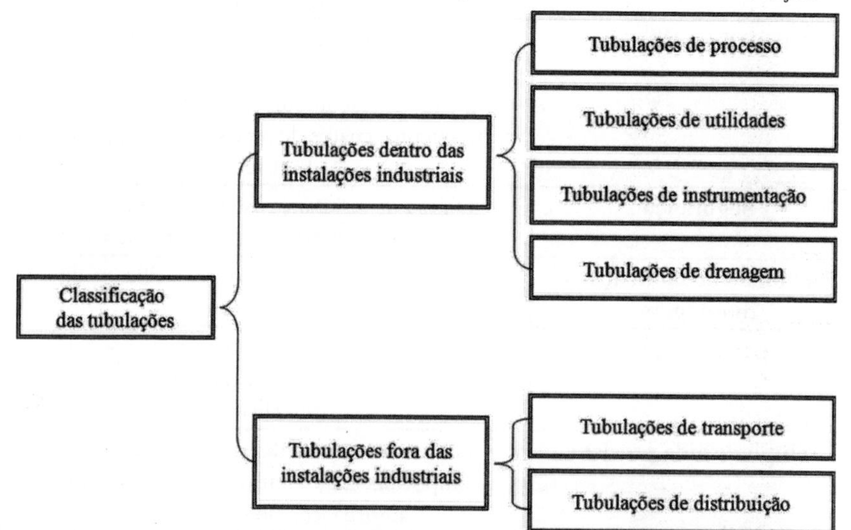

Figura 3.12a – Classificação das tubulações industriais

As tubulações podem ser metálicas (ferro fundido, cobre, alumínio, níquel, ligas etc.) ou não-metálicas (plásticos, cimento, borrachas etc), sendo que a seleção e especificação do material mais adequado para uma determinada aplicação pode ser um problema difícil, cuja solução depende de diversos fatores, muitas vezes, conflitantes entre si. Alguns desses fatores são apresentados na tabela 3.12a.

Tabela 3.12a – Fatores que determinam a escolha do tipo de material que será utilizado em uma tubulação

Fatores	Características analisadas
Tipo de fluido conduzido	Natureza e concentração do fluido, impurezas ou contaminantes, pH, velocidade, toxidez, resistência à corrosão, possibilidade de contaminação.
Condições de serviço	Temperatura e pressão de trabalho.
Nível de tensões do material	O material deve ter resistência mecânica compatível com a ordem de grandeza dos esforços presentes (pressão do fluido, pesos, ação do vento, reações de dilatação térmica, sobrecargas, esforços de montagem etc.).
Natureza dos esforços mecânicos	Tração, compressão, flexão, esforços estáticos ou dinâmicos, choques, vibrações, esforços cíclicos etc.
Sistema de ligações	Adequado ao tipo de material e ao tipo de montagem (rosca, solda, flange etc.).
Custo dos materiais	Fator frequentemente decisivo. Deve-se considerar o custo direto e também os custos indiretos representados pelo tempo de vida, e os consequentes custos de reposição e de paralisação do sistema.
Segurança	O grau de segurança exigido dependerá da resistência mecânica e do tempo de vida.
Facilidade de fabricação e montagem	Soldabilidade, usinabilidade, facilidade de conformação etc.
Experiência prévia	É arriscado decidir por um material de que não se conheça nenhuma experiência anterior em serviço semelhante.
Tempo de vida previsto	O tempo de vida depende da natureza e importância da tubulação e do tempo de amortização do investimento.

Diante do exposto na tabela 3.12a, percebe-se que não é tarefa fácil escolher o tipo de material a ser utilizado em uma tubulação.

3.12.1 Métodos de Ligação Entre Tubos

Um dos fatores que interferem no tipo de tubulação que será utilizada é o método de ligação existente entre os tubos. Há diversos meios usados para conectar tubos entre si, dos quais merecem destaque, pela ampla utilização em plantas industriais, as ligações rosqueadas, soldadas e flangeadas (há também sistemas de ponta, bolsa e compressão). A escolha do meio de ligação, por sua vez, depende do material utilizado, diâmetro da tubulação, localização, grau de segurança exigido, pressão e temperatura de trabalho, tipo de fluido conduzido, necessidade ou não de desmontagem, existência ou não de revestimento interno no duto, custo etc.

A **ligação rosqueada** (figura 3.12b) é utilizada em tubulações de pequenos diâmetros (até 2 polegadas), sendo de fácil montagem e desmontagem. Apresenta, frequentemente, problemas de vedação e corrosão na área da rosca, devido ao acúmulo de líquido em suas frestas.

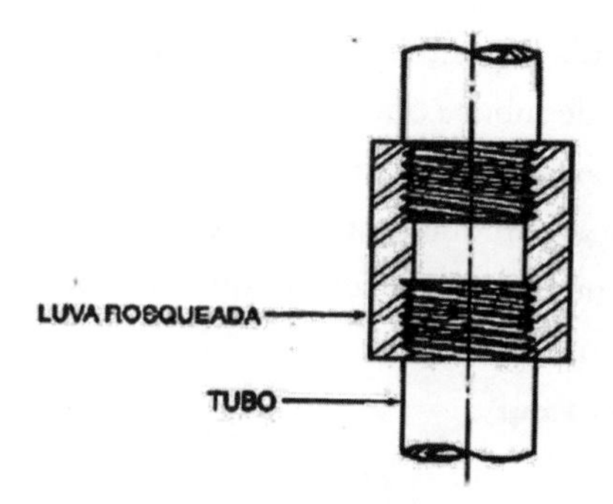

Figura 3.12b – União de tubos com luva rosqueada (Fonte: Telles)

A **ligação soldada** (figura 3.12c) apresenta uma vedação perfeita, boa resistência mecânica, facilita a aplicação de isolamento térmico e pintura e necessita de pouca ou nenhuma manutenção quando bem feita. Todavia, exige mão-de-obra especializada para sua montagem, além de não ser facilmente desmontável.

Figura 3.12c – Tubulação de gasoduto com trechos soldados

A ligação flangeada (figura 3.12d) é o meio de ligação utilizado para unir dutos entre si, ligação de tubos com válvulas e equipamentos, ligações correntes em tubulações de aço que possuam revestimento interno anticorrosivo e também nos pontos da tubulação em que haja necessidade de desmontagem. Devem ser utilizadas no menor número possível, porque influem no custo e são pontos passíveis de vazamento.

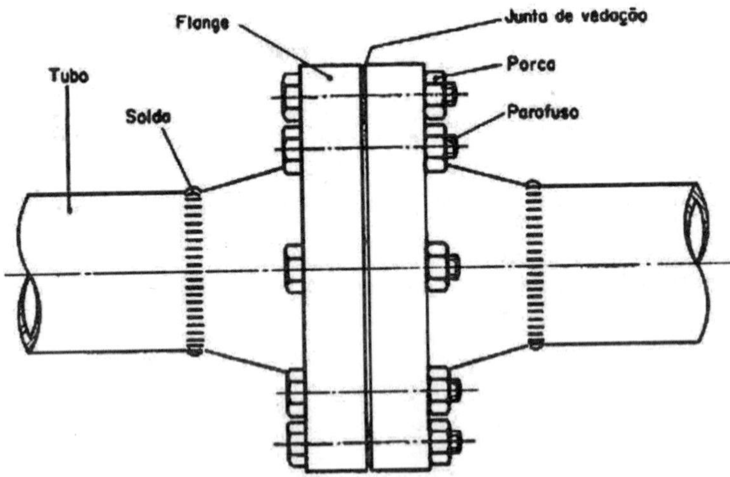

Figura 3.12d – Detalhe de uma ligação por flanges entre dutos (Fonte: Telles)

3.12.2 Acessórios de Tubulação

Além dos dutos propriamente ditos, há uma série de acessórios que são usados quando se deseja fazer alguma modificação na tubulação (desvio, derivação, redução de diâmetro etc.). A tabela 3.12b apresenta alguns acessórios de acordo com a finalidade da aplicação.

Tabela 3.12b – Acessórios de tubulação e suas finalidades

Finalidade	Tipos de acessórios utilizados
Fazer mudanças de direção em tubulações	Curvas e joelhos
Fazer derivações em tubulações	Tês, peças em "Y", cruzetas
Fazer mudanças de diâmetro em tubulações	Reduções
Fazer ligações de tubos entre si	Luvas, uniões, flanges, niples, virolas
Para fechamento da extremidade de um ubo	Tampões, bujões, flanges cegas

Os acessórios de tubulação podem também ser classificados de acordo com o sistema de ligação empregado (acessórios para solda, rosca, flange, compressão etc.) e costumam ser chamados de "conexões", termo, entretanto, mal empregado, porque a maioria dos acessórios não tem por finalidade específica conectar tubos. Nas figuras 3.12e, 3.12f e 3.12g há alguns exemplos dos tipos de acessórios utilizados em tubulações.

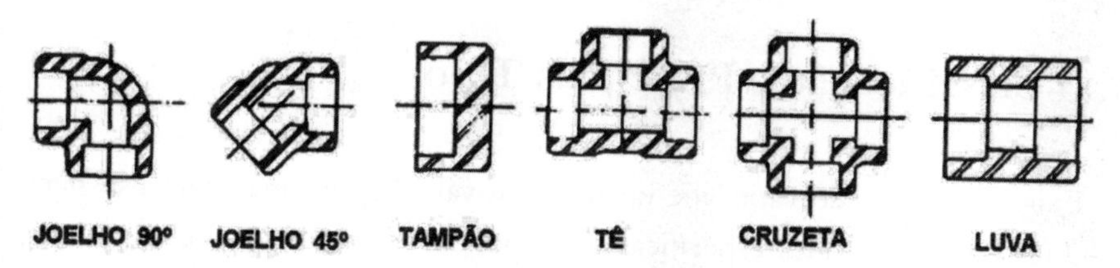

Figura 3.12e - Acessórios para solda de encaixe (Fonte: SENAI)

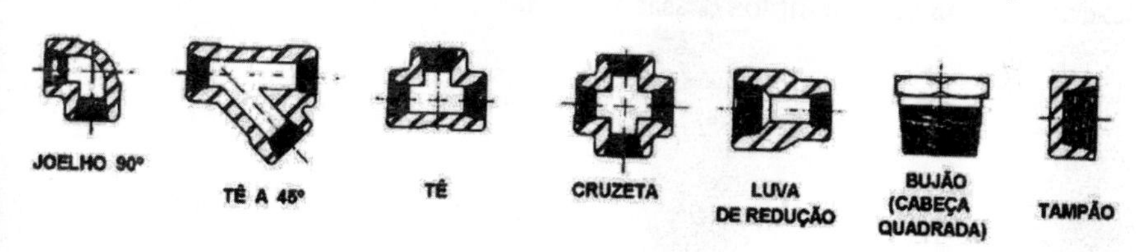

Figura 3.12f - Acessórios rosqueados (Fonte: SENAI)

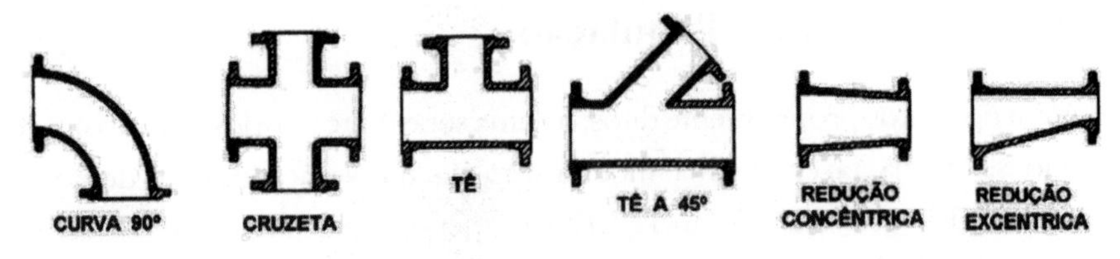

Figura 3.12fg - Acessórios flangeados (Fonte: SENAI)

3.13 Válvulas

As válvulas são dispositivos destinados a estabelecer, controlar ou interromper o fluxo de um fluido em uma tubulação. São os acessórios mais importantes existentes nas tubulações e que, por isso, merecem o maior cuidado na sua especificação, escolha e localização. Evita-se autilização exagerada de válvulas em uma tubulação, primando pelo menor número possível de tais peças, desde que seja compatível com o funcionamento do sistema, porque são peças caras, sempre há possibilidade de vazamentos (nas juntas, gaxetas etc.) e ocorrem muitas perdas de carga[1], às vezes de grande valor. As válvulas são, entretanto, peças indispensáveis, sem as quais as tubulações seriam inteiramente inúteis. Por esse motivo, o desenvolvimento das válvulas é tão antigo quanto o das próprias tubulações.

3.13 Classificação e Principais Tipos

Existe uma grande variedade de tipos de válvulas, algumas para uso geral e outras para finalidades específicas. Elas podem ser de bloqueio, regulagem, um único sentido de fluxo, reguladoras de pressão etc. A seguir, há uma breve descrição de alguns exemplos dessas válvulas.

1 Perdas de energia hidráulica devidas essencialmente à viscosidade do fluido e ao seu atrito com as paredes internas do duto.

3.13.1 Válvulas de Bloqueio

São as válvulas que se destinam primordialmente a apenas estabelecer ou interromper o fluxo, isto é, que só devem funcionar completamente abertas ou completamente fechadas. As válvulas de bloqueio costumam ser sempre do mesmo diâmetro nominal da tubulação e têm uma abertura de passagem de fluido com secção transversal comparável com a da própria tubulação. São exemplos dessa classe: válvula de gaveta, válvula de fecho rápido e válvula macho.

- Válvula de Gaveta

Esse é o tipo de válvula mais importante e de uso mais generalizado. São usadas para quaisquer pressões e temperaturas. Não são adequadas para velocidades de escoamento muito altas. O fechamento nessas válvulas é feito pelo movimento de uma peça chamada de gaveta, que se desloca paralelamente ao orifício da válvula, e perpendicularmente ao sentido geral de escoamento do fluido (figura 3.13a). Quando totalmente aberta, a perda de carga é muito pequena. Só devem trabalhar completamente abertas ou completamente fechadas. Quando parcialmente abertas, causam perdas de carga elevadas e também laminagem da veia fluida, acompanhada muitas vezes de cavitação e violenta corrosão e erosão. São sempre de fechamento lento, sendo impossível fechá-las instantaneamente: o tempo necessário para o fechamento será tanto maior quanto maior for a válvula. Essa é uma grande vantagem das válvulas de gaveta, porque assim controla-se o efeito dos golpes de aríete[2].

---

2 Variação brusca de pressão, acima ou abaixo de um valor normal de funcionamento, devido à mudança brusca de velocidade de um fluido. O fechamento instantâneo de válvulas é o principal causador de golpe de aríete, que provoca ruídos, semelhantes ao de marteladas em metal, e pode romper os dutos e danificar as instalações.

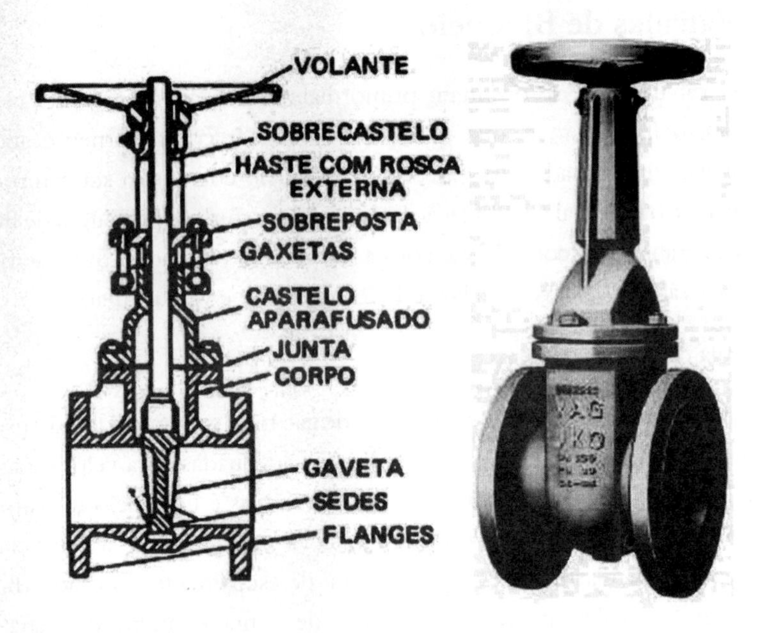

Figura 3.13a – Válvula de gaveta (Fonte: SENAI)

- Válvulas de fecho rápido

É uma variante da válvula de gaveta, em que a gaveta é manobrada por uma alavanca externa e se fecha com um movimento único dessa alavanca (figura 3.13b). As válvulas de fecho rápido são usadas apenas em serviços que exigem o fechamento rápido (enchimento de tanque de carros, vasilhames etc.), porque, pela interrupção brusca do movimento do fluido, podem causar violentos choques nas tubulações (golpes de aríete).

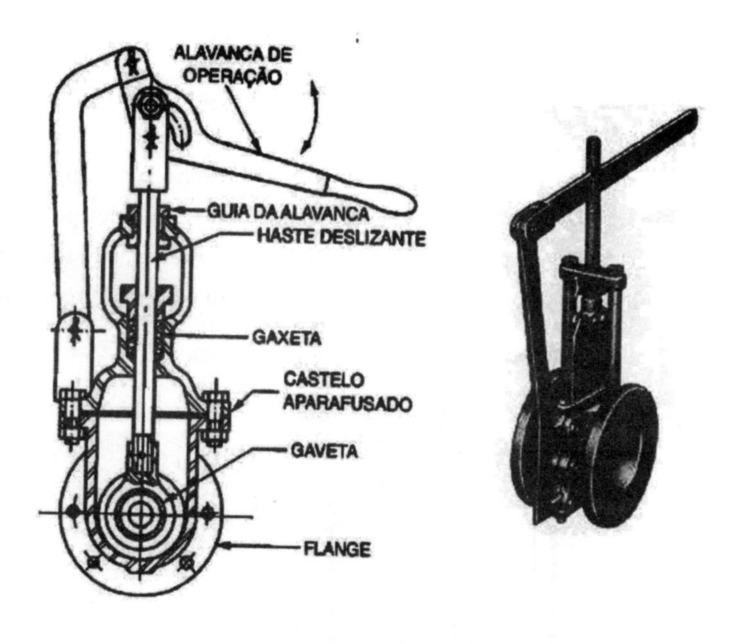

Figura 3.13b – Válvula de fecho rápido (Fonte: SENAI)

- Válvulas Macho

Representam, em média, cerca de 10% de todas as válvulas usadas em tubulações industriais. Aplicam-se principalmente nos serviços de bloqueio de gases (em quaisquer diâmetros, temperaturas e pressões) e também no bloqueio rápido de água, vapor e líquidos em geral (em pequenos diâmetros e baixas pressões). São recomendadas também para serviços com líquidos que deixem sedimentos ou que tenham sólidos em suspensão. Uma das vantagens dessas válvulas sobre as de gaveta é que ocupam um espaço menor.

Nessas válvulas o fechamento é feito pela rotação de uma peça (macho) que possui um orifício broqueado, no interior do corpo da válvula. São válvulas de fecho rápido, porque se fecham com ¼ de volta do macho ou da haste (figura 3.13c). Só devem ser usadas como válvulas de bloqueio, isto é, não devem funcionar em posições de fechamento parcial. Quando totalmente abertas, a perda de carga causada é bastante pequena, porque a trajetória do fluido é também reta e livre.

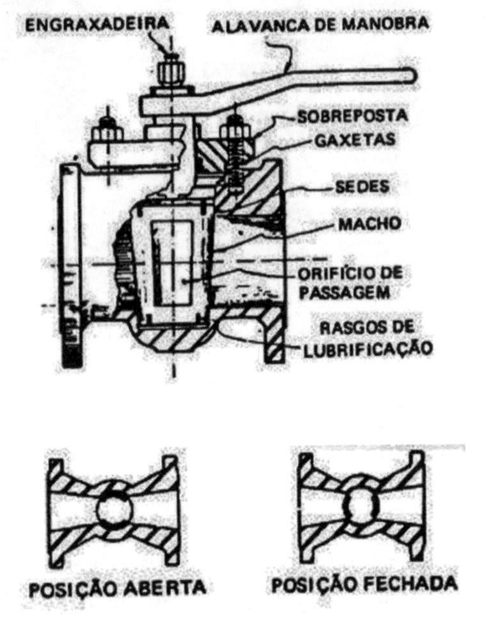

Figura 3.13c – Válvula macho (Fonte: SENAI)

Uma variante importante da válvula macho é a válvula de esfera. O macho nessas válvulas é uma esfera que gira sobre um diâmetro, deslizando entre anéis retentores, o que torna a vedação absolutamente estanque (figura 3.13d).

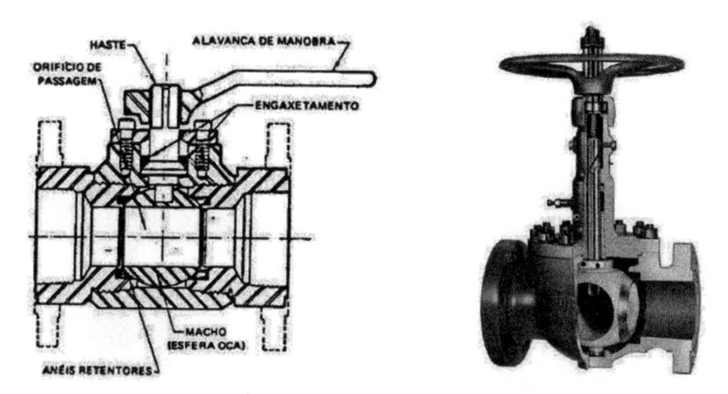

Figura 3.13d – Válvula de esfera (Fonte: SENAI e SKOUSEN)

As vantagens das válvulas de esfera sobre as de gaveta são o menor tamanho, peso e custo, melhor vedação e menor perda de carga. Essas válvulas são também melhores para fluidos que tendem a deixar depósitos sólidos, por arraste, polimerização, coagulação etc. A superfície interna lisa da válvula dificulta a formação desses depósitos, enquanto que, para a válvula de gaveta, o depósito pode impedir o fechamento completo ou a própria movimentação da gaveta.

3.13.2 Válvulas de Regulagem

Válvulas de regulagem são as destinadas especificamente a controlar o fluxo, podendo, por isso, trabalhar em qualquer posição de fechamento parcial. Essas válvulas são, às vezes, por motivo de economia, de diâmetro nominal menor do que a tubulação. Constituem exemplos as válvulas globo, borboleta e diafragma.

- Válvulas Globo

O fechamento dessas válvulas é feito por meio de um tampão que se ajusta contra uma única sede, cujo orifício está geralmente em posição paralela ao sentido geral de escoamento do fluido (figura 3.13e). Por serem válvulas de regulagem, podem trabalhar em qualquer posição de fechamento. Causam, entretanto, em qualquer posição, fortes perdas de carga, por conta das mudanças de direção e turbilhonamento do fluido em eu interior. Vedam melhor do que as válvulas de gaveta, e é possível conseguir, principalmente em válvulas pequenas, uma vedação absolutamente estanque. Não são usuais válvulas globo em diâmetros maiores que 8 polegadas, porque seriam muito caras e dificilmente dariam uma boa vedação. São usadas principalmente para serviços de regulagem e de fechamento estanque em linhas de água, óleos, líquidos em geral (não muito corrosivos), e para o bloqueio e regulagem em linhas de vapor e de gases.

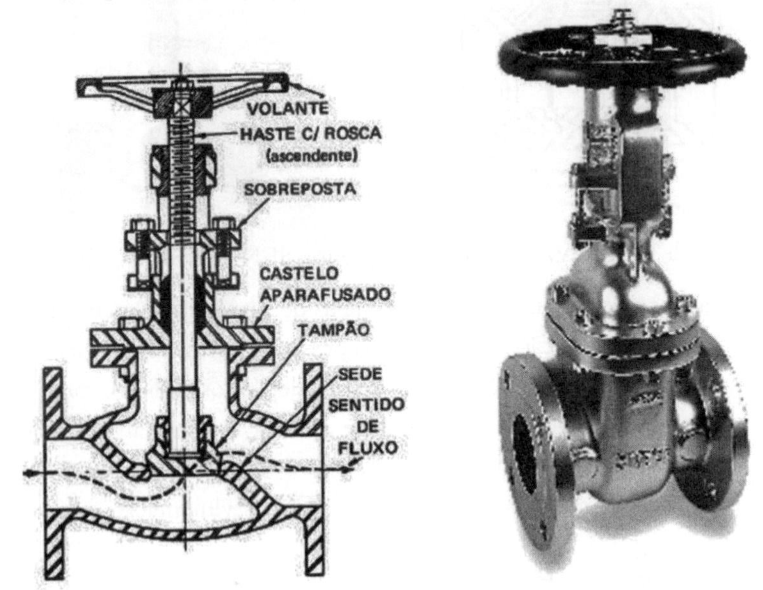

Figura 3.13e – Válvula globo (Fonte: SENAI e SILGON)

Variantes das Válvulas Globo:

- Válvulas em "Y"

Essas válvulas têm a haste a 45° em relação ao corpo, de modo que a trajetória da corrente fluida fica quase retilínea, com um mínimo de perda de carga (figura 3.13f). São muito usadas para bloqueio e regulagem de vapor, e preferidas também para serviços corrosivos e erosivos.

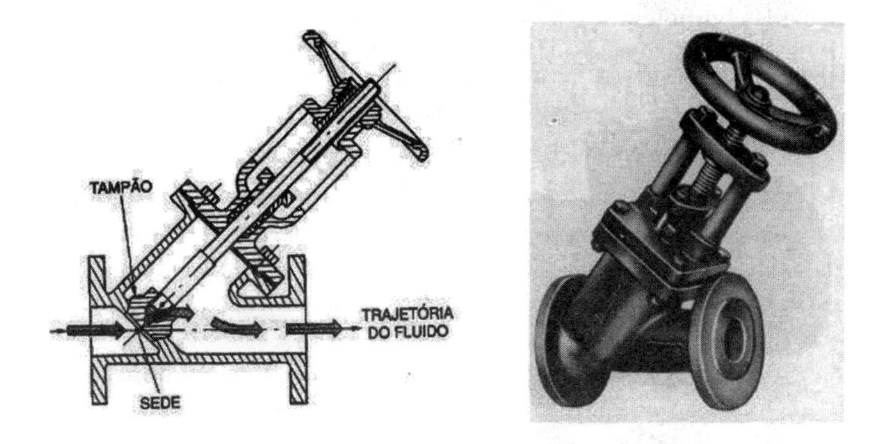

Figura 3.13f – Válvula globo em "Y" (Fonte: SENAI)

- Válvulas de agulha

O tampão nessas válvulas é substituído por uma peça cônica, a agulha, que permite controle de precisão do fluxo (figura 3.13g). São válvulas usadas para regulagem fina de líquidos e gases, em diâmetros de até 2 polegadas.

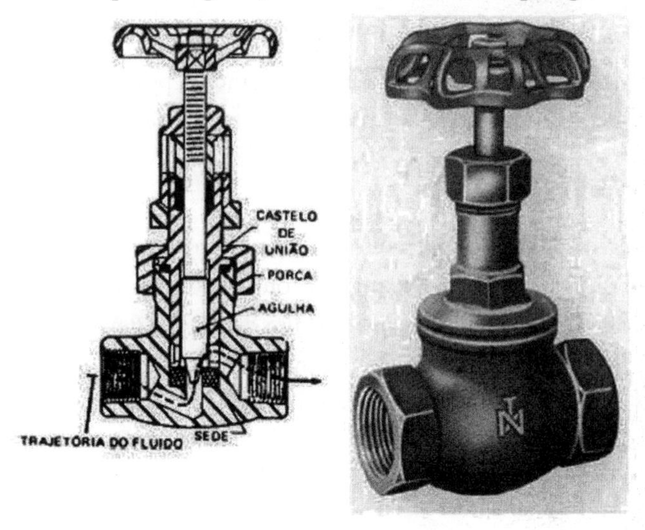

Figura 3.13g – Válvula globo de agulha (Fonte: SENAI)

- Válvulas borboleta

São basicamente válvulas de regulagem, mas também podem trabalhar como válvulas de bloqueio. O fechamento da válvula é feito pela rotação de uma peça circular (disco), em torno de um eixo perpendicular à direção de escoamento do fluido (figura 3.13h). São empregadas principalmente para tubulações de grande diâmetro, baixas pressões e temperaturas moderadas, tanto para líquidos como para gases, inclusive para líquidos sujos ou contendo sólidos em suspensão, bem como para serviços corrosivos.

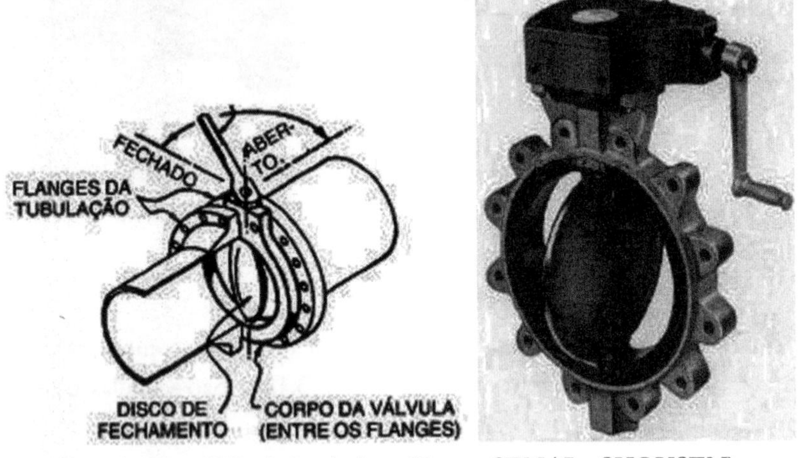

Figura 3.13h – Válvula borboleta (Fonte: SENAI e SKOUSEN)

O emprego dessas válvulas tem aumentado muito, por serem leves e baratas, e também por serem facilmente adaptáveis a comando remoto.

- Válvula diafragma

É uma válvula sem gaxeta, muito usada para regulagem ou bloqueio com fluidos corrosivos, tóxicos, inflamáveis ou perigosos de modo geral. O fechamento da válvula é feito por meio de um diafragma flexível, que é apertado contra a sede (figuras 3.13i e 3.13j); o mecanismo móvel que controla o diafragma fica completamente fora do contato com o fluido.

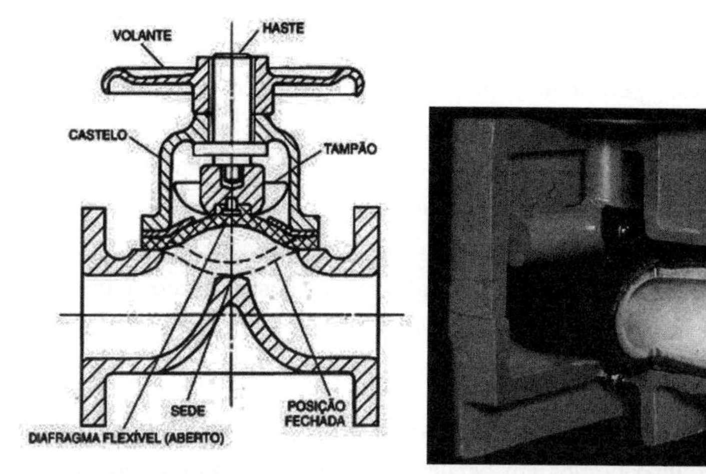

Figura 3.13i – Válvula diafragma (Fonte: SENAI e SKOUSEN)

Figura 3.13j – Válvula diafragma com sólido obstruído ao centro (Fonte: SKOUSEN)

3.13.3 Válvulas de Retenção

Essas válvulas permitem a passagem do fluido em um sentido apenas, fechando-se automaticamente por diferença de pressão, exercida pelo fluido em consequência do próprio escoamento, se houver tendência à inversão no sentido do fluxo. São, portanto, válvulas de operação automática, utilizadas quando se quer impedir em determinada linha qualquer possibilidade de retorno do fluido por inversão do sentido de escoamento. Provocam perda de carga muito elevada e só devem ser usadas quando forem, de fato, imprescindíveis. Citaremos três casos típicos de uso obrigatório de válvulas de retenção:

1º: **Linhas de recalque de bombas:** (imediatamente após a bomba) quando existir mais de uma bomba em paralelo descarregando no mesmo tronco. As válvulas de retenção servirão nesse caso para evitar a possibilidade da ação de uma bomba que estiver operando sobre outras que estiverem paradas.

2º: **Linha de recalque de uma bomba para um reservatório elevado**. A válvula de retenção evitará o retorno do líquido no caso de ocorrer paralisação súbita no funcionamento da bomba.

3º: **Extremidade livre de uma linha de sucção** de bomba (válvula mergulhada no líquido), no caso de sucção positiva. A válvula de retenção (válvula de pé) servirá para manter a escorva da bomba.

As válvulas de retenção típicas são de levantamento, portinhola e esfera.

- Válvulas de retenção de levantamento

O fechamento dessas válvulas é feito por meio de um tampão semelhante ao das válvulas globo, cuja haste desliza em uma guia interna (figura 3.13k). O tampão é mantido suspenso, afastado da sede, por efeito da pressão do fluido sobre a sua face inferior. É fácil entender que, caso haja tendência à inversão do sentido de escoamento, a pressão do fluido sobre a face superior do tampão aperta-o contra a sede, interrompendo o fluxo.

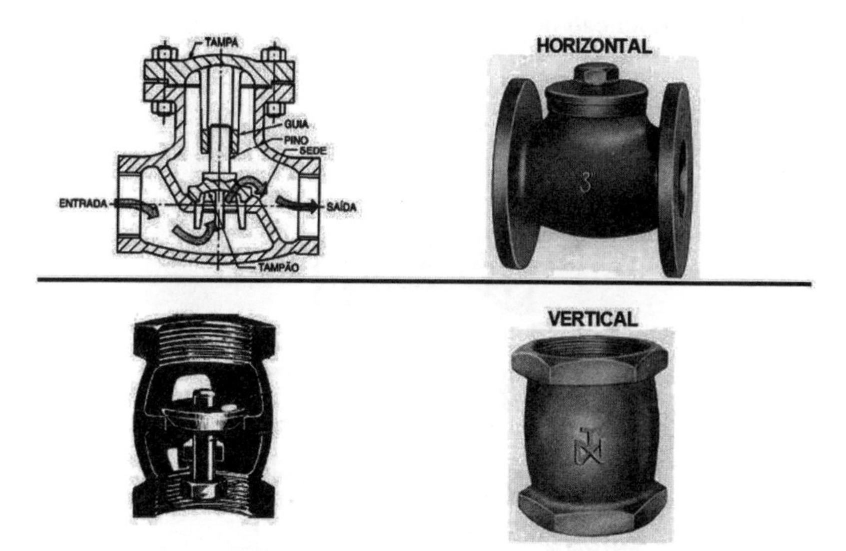

Figura 3.13k – Válvula de retenção de levantamento

- Válvulas de retenção de portinhola

É o tipo mais usual de válvulas de retenção; o fechamento é feito por uma portinhola articulada que se assenta no orifício da válvula (figura 3.13l). As perdas de carga, embora elevadas, são menores do que as causadas pelas válvulas de retenção de levantamento, porque a trajetória do fluido é retilínea.

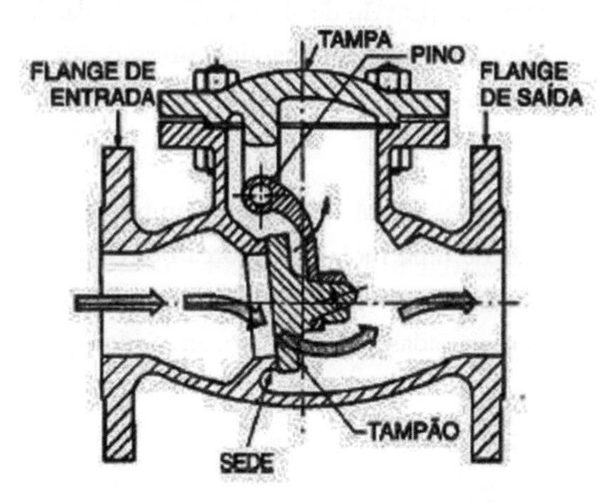

Figura 3.13l – Válvula de retenção de portinhola (Fonte: SENAI)

- **Válvulas de retenção de esfera**

São semelhantes às válvulas de retenção de levantamento; porém, o tampão é substituído por uma esfera (figura 3.13m). É o tipo de válvula de retenção cujo fechamento é mais rápido. São muito boas para fluidos de alta viscosidade.

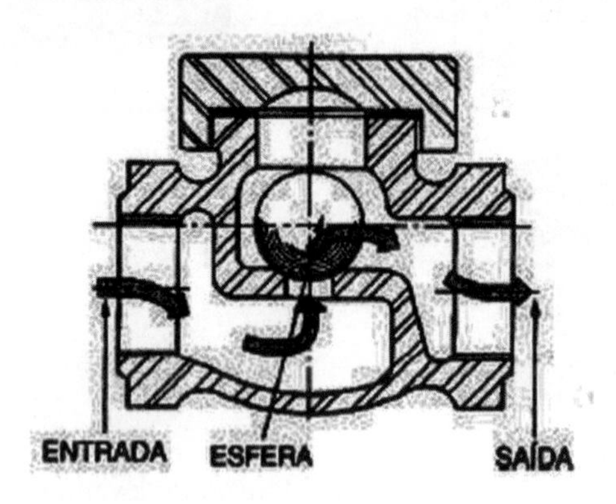

Figura 3.13m – Válvula de retenção de esfera (Fonte: SENAI)

3.13.4 Válvulas de Segurança e de Alívio

Essas válvulas controlam a pressão a montante, abrindo-se automaticamente quando essa pressão ultrapassar um determinado valor para o qual a válvula foi ajustada, e que se denomina "pressão de abertura" da válvula. A válvula fecha-se em seguida, também automaticamente, quando a pressão cair abaixo da pressão de abertura. Assim, evita-se o excesso de pressão dentro de um equipamento ou tubulação.

O tipo mais comum dessas válvulas possui um tampão que é mantido fechado contra a sede pela ação de uma mola com porca de regulagem (figura 3.13n). Regula-se a tensão da mola de maneira que a pressão de abertura da válvula tenha o valor desejado. São empregadas, por exemplo, em caldeiras industriais.

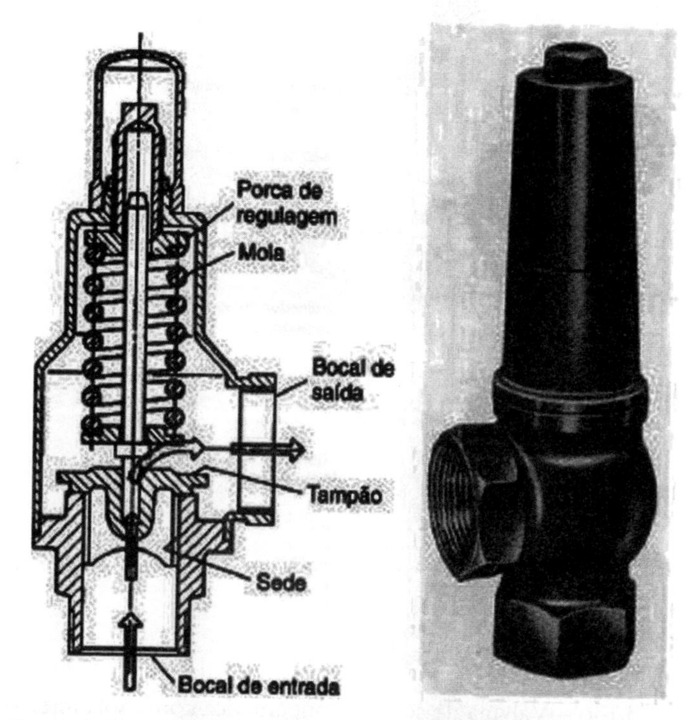

Figura 3.13n – Válvula de segurança com mola (Fonte: SENAI)

3.13.4 Válvulas de Controle

Todas as válvulas descritas até aqui podem apresentar um sistema de controle a distância, quando usadas em combinação com instrumentos automáticos para controlar a vazão, pressão e temperatura de um fluido, entre outros fatores. Uma válvula de controle tem sempre um atuador (pneumático, hidráulico ou elétrico), que faz movimentar a peça de fechamento, em qualquer posição, em determinada proporção, por um sinal recebido de uma fonte motriz externa. Esse sinal (a pressão do ar comprimido, por exemplo) é comandado diretamente pelo instrumento automático. A válvula é quase sempre semelhante a uma válvula globo. A figura 3.13o mostra um modelo muito comum dessas válvulas, com atuador pneumático. Em geral, o atuador opera em um só sentido (para abrir ou fechar), sendo a ação inversa feita por uma mola de tensão regulável. Na válvula da figura 3.13o, a pressão do ar sobre a face superior do diafragma ocasiona seu fechamento, enquanto a mola provoca sua abertura.

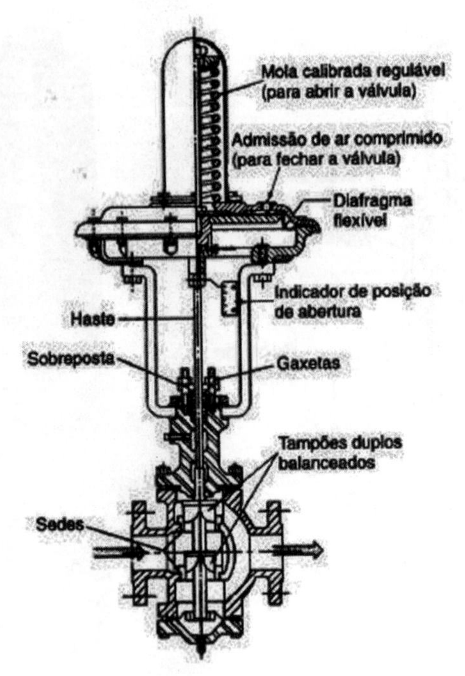

Figura 3.13o – Válvula de controle pneumática com mola interna
(Fonte: SENAI)

Os componentes de uma tinta

Como são fabricadas

Técnicas de pintura

Princípios de formação da película

Capítulo 4 - Tintas Industriais

4.1 Introdução

A indústria de recobrimentos é uma industria muito antiga. Segundo a Bíblia, Noé foi aconselhado a usar piche por fora e por dentro da arca. A origem das tintas remonta aos tempos pré-históricos, quando os antigos habitantes da Terra registravam suas atividades em figuras coloridas nas paredes das cavernas. Os egípcios, por volta de 1.500 a.C., já dispunham de um grande número e ampla variedade de cores derivadas de produtos naturais. Apesar de a pintura ser uma técnica milenar, o grande avanço tecnológico das tintas só ocorreu no século 20, em decorrência do desenvolvimento de novos polímeros (resinas), conforme mostrado a seguir.

Resina	**Período (década)**
Alquídica	20
Vinílica	20
Acrílica	30
Borracha clorada	30
Epóxi	40
Poliuretana	40
Silicone	40

O desenvolvimento tecnológico no setor de tintas tem sido intenso, não só no que diz respeito a novos tipos de resina e de outras matérias-primas empregadas na sua fabricação, mas, também, em relação a novos métodos de aplicação. Outro fator importante é que as restrições impostas pelas leis ambientais têm levado os fabricantes a desenvolver novas formulações de tintas, com teores mais baixos de compostos orgânicos voláteis que, como consequência, possuem teor de sólidos mais alto. Ainda neste campo, podem ser mencionadas as tintas em pó que, além de serem isentas de solventes, apresentam excelentes características de proteção anticorrosiva, e as tintas anticorrosivas solúveis em água, já disponíveis no mercado, com baixíssimo índice de toxicidade. No tocante à proteção anticorrosiva, novos equipamentos e métodos de preparação de superfície menos agressivos ao meio ambiente e à saúde dos trabalhadores foram desenvolvidos. A pintura eletrostática, por exemplo, para a qual foram desenvolvidos pistolas e equipamentos especiais, além de melhorar o rendimento da tinta, permite obter recobrimento uniforme da peça, principalmente em regiões difíceis de serem pintadas, como é o caso de arestas ou cantos vivos. No setor automobilístico, a aplicação das tintas por eletrodeposição veio contribuir substancialmente para a melhoria da proteção anticorrosiva dos automóveis.

A pintura, como técnica de proteção anticorrosiva, apresenta uma série de propriedades importantes, tais como facilidade de aplicação e de manutenção, relação custo-benefício atraente, além de possuir outras propriedades complementares, como, por exemplo:

- Finalidade estética - torna o ambiente agradável;
- Auxilia na segurança industrial;
- Permite a identificação de fluidos em tubulações ou reservatórios;
- Impede a incrustação de microrganismos marinhos em cascos de embarcações;
- Impermeabiliza de superfícies;
- Permite maior ou menor absorção de calor, a partir do uso correto das cores;
- Diminui a rugosidade superficial.

Neste capítulo discutiremos o processo de fabricação de tintas, sua composição química, os mecanismos de formação de películas protetoras e algumas técnicas de aplicação.

4.2 Classificações das Tintas

A tinta é uma composição de várias matérias-primas, o que significa que há mistura de diversos insumos na sua produção. A combinação dos elementos sólidos e voláteis define as propriedades de resistência e de aspecto, bem como o tipo de aplicação e custo do produto final. As tintas podem ser classificadas de várias formas, dependendo do critério considerado. De acordo com o mercado atendido e tecnologias mais representativas, pode-se utilizar a seguinte classificação:

1- Tintas imobiliárias: tintas e complementos destinados à construção civil; podem ser subdivididas em:

- Produtos aquosos (látex): látex acrílicos, látex vinílicos, látex vinil-acrílicos etc.;
- Produtos à base de solvente orgânico: tintas a óleo, esmaltes sintéticos etc.

2 - Tintas industriais do tipo OEM (*original equipment manufacturer*)

- Fundos (*primers*) eletroforéticos;
- Fundos (*primers*) base solvente;
- Tintas em pó;
- Tintas de cura por radiação (UV) etc.

3 - Tintas especiais: abrange os outros tipos de tintas, como, por exemplo:

- Tintas e complementos para repintura automotiva;
- Tintas para demarcação de tráfego;
- Tintas e complementos para manutenção industrial;
- Tintas marítimas;
- Tintas para madeira etc.

As tintas também podem ser classificadas quanto à formação do revestimento, isto é, levando-se em conta o mecanismo da formação do filme protetor e sua secagem ou cura.

- **Lacas:** a película forma-se por meio da evaporação do solvente. Exemplos: lacas nitrocelulósicas e lacas acrílicas.

- **Produtos látex:** a coalescência é o mecanismo de secagem. Exemplos: as tintas látex acrílicas ou vinil-acrílicas usadas na construção civil.

- **Produtos termoconvertíveis:** a secagem ocorre a partir da reação entre duas resinas presentes na composição a uma temperatura adequada (entre 100°C a 230°C); os produtos utilizados na indústria automotriz e em eletrodomésticos são exemplos.

- **Sistemas de dois componentes:** a formação do filme ocorre na temperatura ambiente após a mistura dos dois componentes (embalagens separadas) no momento da pintura; as tintas epóxi e o os produtos poliuretânicos são os exemplos mais importantes.

- **Tintas de secagem oxidativa:** a formação do filme ocorre pela ação do ar. Os esmaltes sintéticos e as tintas a óleo usados na construção civil são os exemplos mais marcantes.

Neste capítulo discutiremos o processo de fabricação de tintas imobiliárias, mas vale ressaltar que os demais processos (para tintas industriais e especiais) são muito semelhantes.

4.3 Constituintes das Tintas

Os constituintes fundamentais de uma tinta líquida são veículo fixo, pigmentos, solventes (veículo volátil) e aditivos.

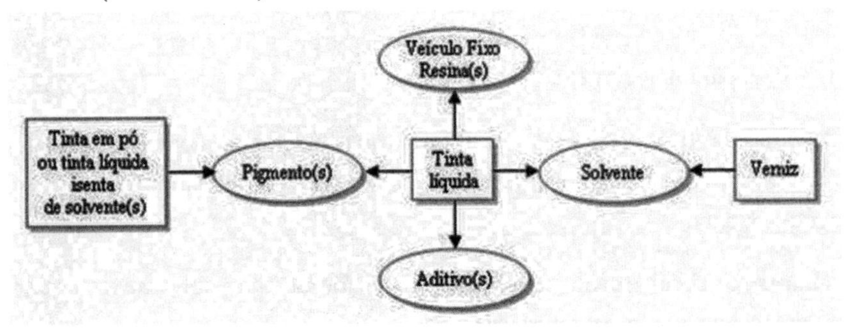

As tintas em pó contêm todos os constituintes, menos, evidentemente, os solventes; o mesmo ocorre com as conhecidas tintas sem solventes. Os vernizes, do ponto de vista técnico, possuem todos os constituintes de uma tinta, menos os pigmentos. Na formulação e fabricação de uma tinta, esses constituintes são rigorosamente selecionados, qualitativa e quantitativamente, a fim de que o produto final atenda aos requisitos técnicos desejados.

4.3.1 Veículo Fixo ou Veículo não-Volátil

O veículo fixo ou não-volátil, VNV, é o constituinte ligante ou aglomerante das partículas de pigmento e o responsável direto pela continuidade e formação da película de tinta. Como consequência, responde pela maioria das propriedades físico-químicas da tinta. De forma geral, é constituído por um ou mais tipos de resina, que em sua maioria são polímeros de natureza orgânica[1]. Portanto, as características das tintas, em termos de resistência, dependem muito do(s) tipo(s) de resina(s) empregada(s) na sua composição. Como exemplos de veículos fixos, podemos citar:

- Óleos vegetais (linhaça, soja, tungue);
- Resinas vinílicas;
- Resinas alquídicas;
- Resinas acrílicas;
- Resinas epoxídicas;
- Resinas poliuretânicas.

Outro aspecto a destacar é que o nome da tinta associa-se normalmente ao da resina presente em sua composição, como, por exemplo:

- Tinta alquídica – resina alquídica;
- Tinta acrílica – resina acrílica.

1 Se você não leu o capítulo referente aos polímeros, seria interessante fazê-lo antes de continuar a leitura.

A seguir, são apresentadas as características das principais resinas empregadas na fabricação de tintas.

4.3.1.1 Óleos Vegetais

Os óleos vegetais têm se destacado ao longo de toda a história da indústria de tintas. Nas chamadas tintas a óleo, são empregados como veículo fixo único na formulação. Entretanto, devido à sua secagem lenta e tendência ao amarelecimento da película, essas tintas estão sendo cada vez menos empregadas. A combinação de óleos vegetais com resinas sintéticas resulta em veículos fixos com melhores propriedades para a fabricação de tintas para os diversos setores da indústria.

As tintas a óleo, apesar dos inconvenientes citados, são produtos que conferem uma boa proteção anticorrosiva ao aço em atmosferas não muito agressivas, pois apresentam baixa resistência química. Os óleos de maior uso na indústria de tintas são osde linhaça, de tungue, de soja, de oiticica, de coco e de mamona. Eles podem ser classificados em secativos, semissecativos e não secativos, de acordo com o grau de insaturação (presença de duplas ligações, -C=C-), que pode ser avaliado pelo índice de iodo[2].

4.3.1.2 Resinas Vinílicas

Do ponto de vista químico, as resinas vinílicas são aquelas que contêm na sua estrutura o grupamento vinil ($H_2C=CH_2$). No campo da proteção anticorrosiva, as resinas vinílicas de maior interesse são os copolímeros obtidos a partir dos monômeros cloreto e acetato de vinila.

Cloreto de vinila: $H_2C=CH-Cl$

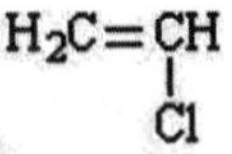

Acetato de vinila: $H_2C=CH-O-C(=O)-CH_3$

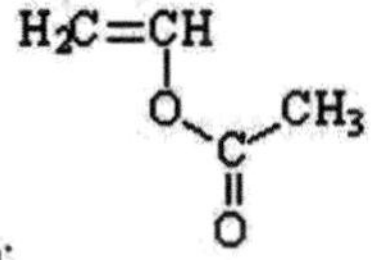

2 Número de miligramas de iodo absorvidos por 1 grama de gordura. Existem duas soluções titulantes: a solução de Wijs (em que 1 mL de reagente possui 13 mg de iodo) e a solução de Hanus (na qual 1 mL de reagente possui 13,2 mg de iodo).

As tintas vinílicas fabricadas com esses copolímeros destacam-se por sua elevada resistência química a ácidos, álcalis e sais. Em atmosferas agressivas (marinha e industrial), essas tintas têm-se constituído em um dos principais revestimentos anticorrosivos. Como desvantagem, elas apresentam baixa resistência térmica. Não é recomendável aplicá-las em estruturas que ficarão sujeitas a temperaturas superiores a 70°C, sob risco de ocorrer degradação da resina com a liberação de ácido clorídrico.

4.3.1.3 Resinas Alquídicas

São poliésteres resultantes da reação entre polióis (glicerol e pentaeritritol, por exemplo) com poliácidos ou seus anidridos (anidrido ftálico) modificados com ácidos graxos livres ou contidos em óleos vegetais. Atualmente, esses últimos são os mais utilizados como fonte de ácidos graxos. O teor de óleo utilizado interfere nas propriedades da resina. As tintas com resinas alquídicas de baixo teor de óleo possuem secatividade mais rápida. Quanto maior o teor de óleo na resina, mais lenta será a secagem da tinta e tanto menor será a qualidade do produto em termos de resistência a agentes químicos.

As tintas alquídicas, também conhecidas no mercado como tintas sintéticas, apesar de possuírem resistência química superior à das tintas a óleo, também são passíveis de serem saponificadas. Não são indicadas para atmosferas muito agressivas quimicamente. Entretanto, em atmosferas rurais, urbanas, industriais leves etc., são produtos que apresentam bom desempenho, além de possuírem custo inferior ao das outras tintas anticorrosivas e de serem de fácil aplicação. São muito utilizadas em manutenção industrial, construção civil, indústria mecânica pesada e pintura doméstica.

4.3.1.4 Resinas Fenólicas

Foram as primeiras resinas sintéticas, produzidas em 1912. Possui resistência excelente à água, muito boa a solventes fortes, detergentes, ácidos, abrasão e boa resistência ao calor e a álcalis, além de boa flexibilidade e dureza muito boa. Por suas características, desenvolveram-se rapidamente, alcançando grande escala de utilização. São de rápida secagem, bom aspecto, ótima resistência a agentes químicos e à umidade, mas amarelam muito com pouco tempo de uso, por isso são evitadas em cores claras. São pouco utilizadas atualmente, pois sua matéria-prima é muito tóxica.

Essas resinas podem ser feitas a partir de um composto fenólico qualquer e um aldeído, sendo classificadas de acordo com a natureza da reação que ocorre durante sua produção. Existem dois tipos fundamentais:

- **Resinas a uma etapa (resol):** nestas resinas, todos os reagentes necessários (fenol, formol e catalisador) para a produção de uma determinada composição termoestável são carregados no reator de polimerização, nas proporções apropriadas, e reagem em conjunto. Usa-se um catalisador alcalino. A resina descarregada do reator é termoestável (termofixa) e requer apenas um aquecimento complementar para que a reação se complete, transformando-a num material infusível e insolúvel.

- **Resina a duas etapas (novolaca):** na fabricação destas resinas, junta-se ao reator apenas uma parcela do formol necessário e usa-se um catalisador ácido, pois assim é diminuída a reticulação do polímero. As resinas, ao serem descarregadas do reator, são permanentemente fusíveis, ou seja, termoplásticas. Uma reticulação posterior com hexametilenotetramina (hexamina) produz um material termoestável semelhante ao resol.

4.3.1.5 Resinas Acrílicas

As resinas acrílicas são derivadas dos ácidos acrílico e metacrílico:

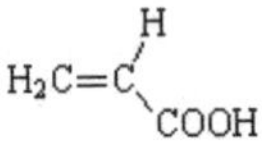

$H_2C{=}C(H)COOH$ ácido acrílico

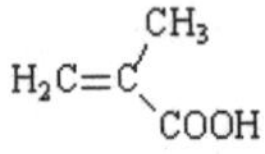

$H_2C{=}C(CH_3)COOH$ ácido metacrílico

Exemplos de derivados desses ácidos que compõem as resinas acrílicas:

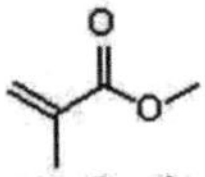

metacrilato de metila

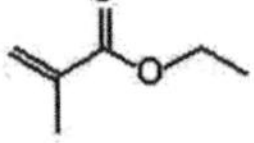

metacrilato de etila

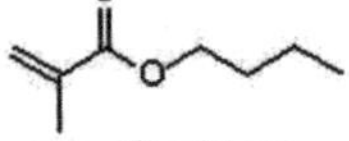

metacrilato de butila

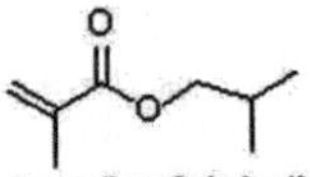

metacrilato de isobutila

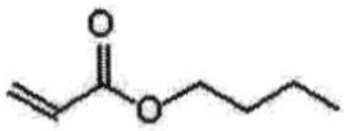

acrilato de butila

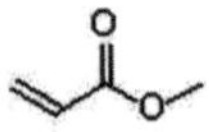

acrilato de metila

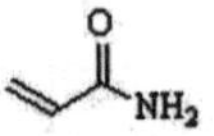

acrilamida (NH_2)

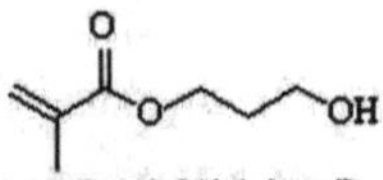

acrilato de hidróxipropila (OH)

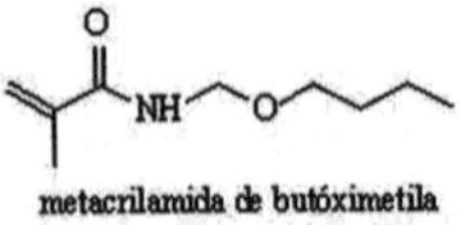

metacrilamida de butóximetila (NH, O)

Os acrilatos são resinas versáteis: podem ter elevada elasticidade ou ser tão rígidos que admitem usinagem. Essas resinas podem ser termoestáveis (termorrígidas), que curam com auxílio de energia térmica, ou termoplásticas, que formam a película por evaporação de solventes. Podem também apresentar mecanismo filmógeno por coalescência. Sua principal característica é a excelente retenção de cor, não amarelando quando expostas às intempéries. Os tipos termoplásticos obviamente não resistem a solventes, em função do mecanismo de formação da película.

As resinas acrílicas têm grande resistência à decomposição pelos raios ultravioleta, bem como resistência a óleos e graxas. Assim, quando incorporadas em formulações com outras resinas, conferem ao conjunto todas essas propriedades.

Na formulação das tintas de fundo acrílicas solúveis em água, é importante a adição de pigmentos inibidores, isto é, que evitam a corrosão superficial do aço devida à presença de água. As tintas acrílicas solúveis em água também são usadas com bom desempenho na pintura de concreto, pois apresentam aderência sobre substrato alcalino, como é o caso de concreto, e não são saponificáveis. Apresentam, ainda, a propriedade de permitir a passagem de vapor d'água, mas não de água no estado líquido, possibilitando a saída de umidade interna do concreto sem que haja empolamento da película de tinta.

4.3.1.6 Borracha Clorada

A borracha clorada é uma resina obtida por cloração da borracha natural. Apresenta teor de cloro de cerca de 67% e é obtida em pó granular branco. É solúvel em hidrocarbonetos aromáticos, ésteres, cetonas e solventes clorados. Como é dotada de alta força de coesão entre as moléculas, há necessidade da incorporação de um plastificante compatível a fim de melhorar a adesão da película.

Sob a ação da radiação UV, possui a natural tendência de se decompor, com liberação de ácido clorídrico, HCl. Assim sendo, estabilizadores como epicloridrina e óxido de zinco são adicionados às tintas. O contato com superfícies ferrosas e de estanho acelera sua decomposição. Outro fator que provoca a decomposição é a temperatura. Dessa maneira, uma película de borracha clorada, exposta a temperaturas elevadas, começa a se decompor liberando HCl, que pode, inclusive, atacar a chapa de aço sobre a qual a película está aplicada. Na prática, não se recomenda a utilização de tintas de borracha clorada para superfícies com temperatura acima de 65°C. Vários casos de falhas prematuras em sistemas de pintura à base de borracha clorada já foram detectados, havendo formação de ácido clorídrico proveniente da decomposição da resina. Hoje em dia, é prática comum não aplicar essas tintas diretamente sobre superfícies ferrosas, mas sobre uma tinta de fundo epóxi, a fim de se evitar o contato direto da borracha clorada com o aço.

As tintas de borracha clorada têm sido utilizadas em vários segmentos industriais e a elas são creditadas propriedades importantes, tais como: boa resistência a produtos químicos, à umidade, baixa permeabilidade ao vapor d'água e não são inflamáveis (película seca).

A película é extremamente impermeável, e seu uso é recomendado para revestimentos de equipamentos que trabalhem em imersão constante, mesmo em água salgada. É também resistente às soluções de ácidos e bases, assim como aos óleos minerais (óleos animais e vegetais, entretanto, amolecem a película). As tintas de borracha clorada são utilizadas em atmosferas industriais, revestimento de concreto, demarcação de tráfego e revestimento de piscinas.

4.3.1.7 Resinas Epoxídicas ou Epóxi

As resinas epóxi ou epoxídicas são, sem dúvida alguma, dos mais importantes veículos com que se conta atualmente para um efetivo combate aos problemas de corrosão. Essa importância é derivada de suas boas propriedades de aderência e de resistência química. Além disso, apresentam alta resistência à abrasão e ao impacto. Os revestimentos à base de resina epóxi podem apresentar-se de várias formas, sendo comum a cura em estufas, onde a formação de polímero entrecruzado é induzida por calor. Em geral, as resinas correagentes (fenólicas, amínicas, alquídicas etc.) possuem oxidrilas que reagem com o grupamento terminal epóxi, dando lugar à formação de ligações cuja estabilidade química é conhecida.

Há ainda a formação da película em sistemas de dois componentes, nos quais a formação do polímero entrecruzado é devida à reação entre a resina epóxi e um agente endurecedor ou agente de cura, que também é uma resina. A reação pode ocorrer à temperatura ambiente e os endurecedores mais empregados são as poliaminas e as poliamidas. São as chamadas tintas a dois componentes, nas quais a resina e o endurecedor ou agente de cura são misturados pouco antes da aplicação. Depois da mistura, a tinta tem um tempo durante o qual a sua aplicação pode ser feita e, após esse tempo, endurece, não mais sendo possível sua utilização. Esse tempo é chamado de *pot-life* da tinta.

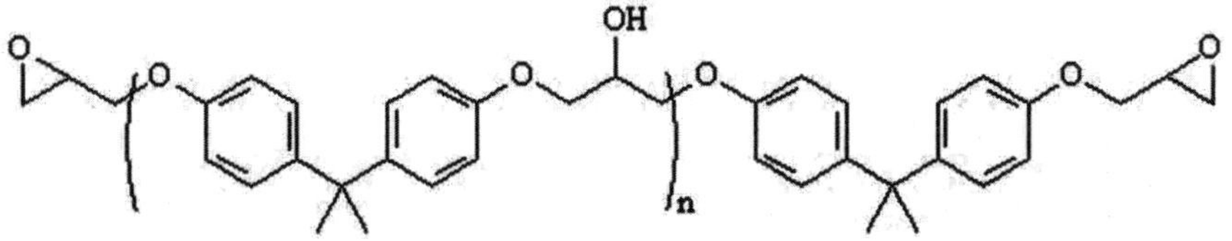

Figura – Estrutura geral da resina epóxi obtida do bisfenol A

As tintas epoxídicas curadas com aminas ou poliaminas (adutor epóxi-amina alifática) são, em geral, produtos que apresentam melhor resistência a substâncias químicas (álcalis, ácidos, solventes) do que aquelas curadas com poliamidas. Já as tintas epoxídicas curadas com poliamidas apresentam melhor resistência a água e ambientes úmidos do que aquelas curadas com poliaminas, além de serem mais flexíveis.

Como características gerais, as tintas epoxídicas de dois ou mais componentes apresentam excelentes propriedades mecânicas, como dureza, resistência à abrasão e ao impacto. Podem ser empregadas como tintas de fundo, intermediária e de acabamento quando se deseja alta resistência à corrosão em meios agressivos. Vale, entretanto, destacar que as tintas epoxídicas, quando expostas ao intemperismo natural (ao exterior), apresentam fraca resistência aos raios ultravioleta e, como consequência, perdem brilho e cor muito rapidamente. Além disso, apresentam a formação de gizamento *(chalking)*, fenômeno que corresponde a uma degradação superficial da resina pelos raios ultravioleta, fazendo com que o pigmento fique solto na superfície.

4.3.1.8 Resinas Poliuretânicas

As tintas de poliuretano, a exemplo das tintas epóxi, são fornecidas em dois componentes (A e B). Normalmente, o componente A contém a resina poliidroxilada (poliéster ou acrílica) e o componente B (agente de cura) contém o poliisocianato alifático ou aromático. Essas tintas caracterizam-se pelas excelentes propriedades anticorrosivas em meios de alta agressividade, bem como pelas notáveis propriedades físicas de sua película, como dureza, resistência à abrasão etc.

As tintas de poliuretano alifático são produtos que apresentam excelente resistência aos raios ultravioleta, razão pela qual são as tintas de acabamento, que apresentam melhor retenção de cor e brilho quando expostas ao intemperismo natural. Além disso, dificilmente apresentam gizamento. Com relação às tintas de poliuretano aromático, são mais indicadas para ambientes internos, pois quando expostas ao intemperismo natural mostram fraca retenção de cor e brilho e apresentam a formação de gizamento.

4.3.2 Solventes

Os solventes são substâncias puras empregadas tanto para auxiliar na fabricação das tintas, na solubilização da resina e no controle de viscosidade quanto para facilitar sua aplicação. Dentre o grande número de solventes utilizados na indústria de tintas, podemos citar:

- Hidrocarbonetos alifáticos – nafta e aguarrás mineral;
- Hidrocarbonetos aromáticos – tolueno e xileno;
- Ésteres - acetato de etila, acetato de butila e acetato de isopropila;
- Álcoois - etanol, butanol e álcool isopropílico;
- Cetonas - acetona, metiletilcetona, metilisobuti1cetona e cicloexanona;
- Glicóis - etilglicol e butilglicol;
- Solventes filmógenos - são aqueles que, além de solubilizarem a resina, incorporam-se à película por polimerização, como por exemplo, o estireno.

Podem ser classificados em:

- **Solventes verdadeiros** - são aqueles que dissolvem, ou são miscíveis, em quaisquer proporções, com uma determinada resina. Podems ser citadas como exemplos a aguarrás - solvente para óleos vegetais e resinas modificadas com óleo - e as cetonas – solventes para resinas epóxi, poliuretana e acrílica.

- **Solventes auxiliares** - são aqueles que, sozinhos, não solubilizam o veículo ou resina, mas aumentam o poder de solubilização do solvente verdadeiro.

- **Falso solvente** - substância que possui baixo poder de solvência do VNV, usada normalmente para reduzir o custo final das tintas.

Há também os chamados **diluentes**, que são produtos elaborados com diferentes solventes utilizados para ajustar a viscosidade de aplicação da tinta, em função do equipamento de aplicação. Normalmente, são fornecidos junto com a tinta ou, pelo menos, indicados nos rótulos.

Os solventes, além de solubilizar as resinas (tintas base solvente), têm papel fundamental na formação das películas protetoras. Uma tinta que contenha teor excessivo de solventes de evaporação muito rápida pode causar nivelamento deficiente da película e, se for utilizada uma quantidade excessiva de solventes de evaporação muito lenta, poderá ocorrer retardamento na secagem da tinta e a retenção de solventes no revestimento.

Quando a água é o solvente utilizado, dizemos que temos uma emulsão ou uma dispersão, pois não há solubilização completa da resina por questões de polaridade (lembre-se que a maioria das resinas é de origem polimérica, portanto, pouco ou nada solúveis em água). A grande vantagem dessas emulsões ou dispersões está no fato de que são bem menos agressivas ao ser humano, pois possuem menor teor de compostos orgânicos voláteis (COV), ao contrário das tintas cuja base é um solvente orgânico. A maioria dos solventes orgânicos utilizados em tintas é prejudicial à saúde quando inalada em grande quantidade ou com muita frequência. Por isso, tintas à base de água têm sido uma tendência mundial, apesar de terem menor durabilidade do que as de base solvente.

4.3.3 Pigmentos

Os pigmentos são partículas sólidas, finamente divididas, insolúveis no veículo fixo (resina), utilizadas para obter-se, entre outros objetivos, proteção anticorrosiva, cor, opacidade, impermeabilidade e melhoria das características físicas da película. De uma forma simples, podem-se classificar os pigmentos em três grupos:

- **Anticorrosivos** - são os pigmentos que, incorporados à tinta, conferem proteção anticorrosiva ao aço por mecanismos químicos ou eletroquímicos como, por exemplo, zarcão (Pb_3O_4), cromato de zinco, molibdatos de zinco e cálcio, fosfato de zinco e pó de zinco.

- **Opacificantes coloridos** - conferem cor e opacidade à tinta. É importante não confundir pigmentos opacificantes com corantes ou anilinas, que são solúveis no veículo da tinta e conferem cor, mas não opacidade.

- **Cargas ou extensores** - não conferem cor nem opacidade às tintas. Há diversas razões para seu emprego na composição das tintas, como a redução do custo final do produto; melhoria das propriedades mecânicas da película, como abrasão pela incorporação de quartzo (SiO_2) ou óxido de alumínio (Al_2O_3); obtenção de determinadas propriedades como, por exemplo, o fosqueamento de uma tinta; aumento do teor de sólidos, no caso das tintas de alta espessura etc.

Além dos grupos de pigmentos citados, existem outros tipos, chamados funcionais, que não se enquadram nos grupos anteriores. Como exemplos, podemos mencionar o óxido cuproso (Cu_2O), empregado nas tintas anti-incrustantes, os pigmentos fosforescentes, fluorescentes, perolados etc., que proporcionam efeitos especiais à película de tinta.

Os pigmentos podem ser de natureza inorgânica ou orgânica. Os inorgânicos podem ser naturais ou sintéticos. Os naturais estão disseminados pela crosta do globo terrestre. Apresentam-se, em geral, sob forma microcristalina e por vezes associados à sílica. Os sintéticos têm forma mais pura, rede cristalina mais regular e tamanho de partícula mais uniforme. Os pigmentos inorgânicos, de forma geral, possuem melhor resistência à radiação solar, em especial aos raios ultravioleta, do que os orgânicos, que, por sua vez, para determinadas cores, possuem melhor resistência química do que os inorgânicos. Entre os grupos importantes de pigmentos inorgânicos, podem ser destacados:

- **Dióxido de titânio (TiO_2)** - dentre os pigmentos brancos, esse é, sem dúvida alguma, o mais utilizado pela indústria na fabricação de tintas brancas e de tons claros em geral. Possui elevado poder de cobertura ou opacidade, quando comparado a outros pigmentos brancos, por conta de seu alto índice de refração e do tamanho médio das partículas ($\approx 0,3\ \mu m$). Além disso, possui excelente resistência química, com exceção dos ácidos sulfúrico e fluorídrico concentrados. O dióxido de titânio pode ser encontrado sob duas formas de estrutura cristalina: rutilo e anatásio. O rutilo é o mais utilizado na fabricação de tintas, pois possui inúmeras vantagens em relação ao anatásio, como índice de refração mais alto (rutilo = 2,71; anatásio = 2,55), o que lhe confere maior opacidade ou poder de cobertura (30%-40%superior) e melhor resistência à radiação solar.

- **Alumínio (Al)** - dentre os pigmentos metálicos, o alumínio é um dos mais utilizados na fabricação de tintas, principalmente daquelas destinadas à proteção anticorrosiva de superfícies metálicas. Possui altíssimo poder de cobertura e a sua cor é bem característica do metal.

- **Óxidos de ferro** - esses pigmentos são largamente utilizados na indústria de tintas. A maioria deles é de origem mineral, sendo que alguns são obtidos por processos industriais (óxidos de ferro sintéticos). O óxido de ferro III é um pigmento alaranjado, utilizado no campo das tintas anticorrosivas, principalmente na fabricação de tintas de fundo (*primers*) e intermediárias. Possui uma cor avermelhada bem característica do óxido, além de excelente poder de cobertura ou opacidade.

- **Zarcão** (Pb_3O_4 ou $2PbO.PbO_2$) - é um dos pigmentos anticorrosivos mais antigos e eficientes, dentre aqueles utilizados pela indústria de tintas. Na presença de ácidos graxos de óleos vegetais, em especial o óleo de linhaça, confere proteção anticorrosiva ao aço pelo mecanismo de passivação ou inibição anódica. Possui cor laranja e massa específica bastante alta ($\sim 8,1\ g/cm^3$). Apesar das suas excelentes propriedades anticorrosivas, o zarcão está sendo abandonado na fabricação de tintas, em função de ser um **pigmento tóxico e bastante pernicioso à saúde.**

- **Cromato de zinco** ($ZnO.CrO_3$) - é um dos pigmentos mais eficientes na proteção anticorrosiva do aço. O mecanismo básico de proteção é o de passivação ou inibição anódica, devido à sua solubilidade limitada em água, da qual resulta a liberação do íon cromato (CrO_4^{2-};), que é um excelente inibidor anódico. Os cromatos de zinco possuem coloração amarela e, apesar de suas excelentes propriedades anticorrosivas, estão praticamente fora de uso na fabricação de tintas, por serem materiais extremamente nocivos à saúde humana.

- **Fosfato de zinco ($Zn_3(PO_4)_2.2H_2O$)** - é um pigmento anticorrosivo atóxico relativamente novo na indústria de tintas. O seu desenvolvimento foi substancialmente influenciado pela necessidade de substituição dos pigmentos tóxicos como os cromatos de zinco e o zarcão. Seu mecanismo de proteção anticorrosiva é a passivação ou inibição anódica. O fosfato de zinco é um pó branco que não possui opacidade. Portanto, nas composições das tintas, ele sempre estará associado a pigmentos opacificantes, como óxido de ferro vermelho, dióxido de titânio etc.

Como descrito anteriormente, as cargas são pigmentos que não conferem cor nem opacidade às tintas, sendo empregadas tanto por motivos técnicos como econômicos. Em sua maioria, são de origem mineral, como por exemplo: Talco - (silicato de magnésio); Caulin - (silicato de alumínio natural); Agalmatolito - (silicato de cálcio magnésio); Mica - (silicato de alumínio natural); carbonato de cálcio natural e precipitado; Barita - (sulfato de bário natural); Quartzo - (silica cristalizada); Diatomita - (silica natural e amorfa); Dolomita - (carbonato de cálcio e magnésio) e SAS - (sílico- aluminato de sódio).

4.3.4 Aditivos

Os aditivos são compostos empregados em pequenas concentrações nas formulações das tintas com o objetivo de conferir, a elas ou às películas, determinadas características que sem eles seriam inexistentes. Dentre os aditivos mais comuns empregados nas formulações de tintas, podem ser citados:

- **Secantes** - têm como principal finalidade melhorar a secatividade das películas de tinta, ou seja, reduzir seu tempo de secagem. São empregados basicamente nas tintas a óleo, alquídicas e óleo-resinosas em geral, em que a película é formada por oxidação. Os secantes mais empregados são os naftenatos ou octoatos de cobalto, chumbo, manganês, cálcio e zinco.

- **Antissedimentantes** - reduzem a tendência de sedimentação dos pigmentos, impedindo, assim, que se forme um sedimento duro e compacto no fundo do recipiente durante o período de estocagem da tinta.

- **Antinata ou antipele** - esse fenômeno costuma ocorrer nas tintas cujo mecanismo de formação da película é por oxidação e pode ser detectado na abertura da lata de tinta, quando se observa uma película ou pele cobrindo a sua superfície. Os aditivos empregados para evitar a formação de pele possuem características antioxidantes, sendo os mais comuns à base de cetoximas, por exemplo, metiletilcetoxima.

- **Plastificantes** - compostos incorporados às formulações das tintas com o objetivo de melhorar ou conferir flexibilidade adequada às películas. Os plastificantes mais comuns são os óleos vegetais não secativos, como o óleo de mamona, os ftalatos, (como o dibutil e o dioctil), os fosfatos (como o tricresil e o trifenil) e os hidrocarbonetos clorados (como a parafina clorada).

- **Nivelantes** - conferem às películas melhores características de nivelamento ou espalhamento, principalmente na aplicação por meio de trincha, em que há redução das marcas deixadas por suas cerdas.

- **Antiespumantes** - evitam a formação de espuma, tanto na fabricação como a aplicação das tintas, sendo os mais empregados à base de silicones.

- **Agentes tixotrópicos** - utilizados principalmente nas tintas de alta espessura, a fim de que possam ser aplicadas na espessura correta, evitando-se escorrimento em superfícies verticais. Entre esses agentes estão silicatos orgânicos e amidas de baixo peso molecular.

- **Antifungos** - são empregados para prevenir a deterioração por fungos e/ou bactérias da tinta dentro da embalagem ou da película aplicada. Os aditivos mais comuns são os sais orgânicos de mercúrio, como, por exemplo, acetato ou propionato de fenilmercúrio e fenóis clorados em geral.

4.4 Tintas Base Água e Base Solvente

A indústria de tintas para revestimentos utiliza grande número de matérias-primas e produz uma elevada gama de produtos, em função da grande variedade de produtos/superfícies em que são aplicadas, formas de aplicação e especificidade de desempenho. De modo geral, a tinta pode ser considerada uma mistura estável com uma parte sólida (que forma a película aderente à superfície a ser pintada) em um componente volátil (água ou solventes orgânicos). Uma terceira parte, denominada aditivo, embora representando pequena porcentagem da composição, é responsável pela obtenção de propriedades importantes tanto nas tintas quanto no revestimento.

Nas etapas de fabricação das tintas predominam as operações físicas (mistura, dispersão, completagem, filtração e envase), sendo que as conversões químicas acontecem na produção dos componentes (matérias-primas) da tinta e na secagem do filme após aplicação. As fábricas de tintas recebem, normalmente, as matérias-primas (veículos, solventes, pigmentos – já discutidos) em condições de efetuar as misturas, de acordo com a formulação desejada. As etapas de fabricação de uma tinta podem ser resumidas da seguinte forma:

- pesagem das matérias-primas de acordo com a formulação;
- pré-mistura para formação de pastas do veículo e pigmento (dispersão);
- moagem da pré-mistura em moinhos, em especial moinhos de areia;
- completagem da tinta (consiste na adição e no ajuste dos constituintes, especialmente solvente, até a proporção desejada);
- acertos finais, como acréscimo de aditivos, acertos de cores e outros necessários para definição do produto final.

Para execução destas operações, uma fábrica de tintas é, em geral, constituída de tanques de armazenagem de matérias-primas, tanques de mistura, moinhos para dispersão de pigmentos no veículo (moinhos de areia; os de rolos e bola são eventualmente usados), tanques de completagem e ajustes finais e unidade de enlatamento e embalagem.

Nas tintas cujo solvente é água, temos, primeiramente, a pesagem das matérias-primas, seguida pela dispersão dos sólidos que a compõem nos moinhos específicos. Após, há a completagem, ou seja, a adição da matéria-prima que não havia entrado na massa de moagem. Os acertos finais são os ajustes realizados nos parâmetros pré-estabelecidos pelo formulador, tais como cor, viscosidade, pH, brilho, densidade e poder de cobertura. A Figura 4.4a mostra de forma esquemática a sequência de operação na produção de tintas à base de água.

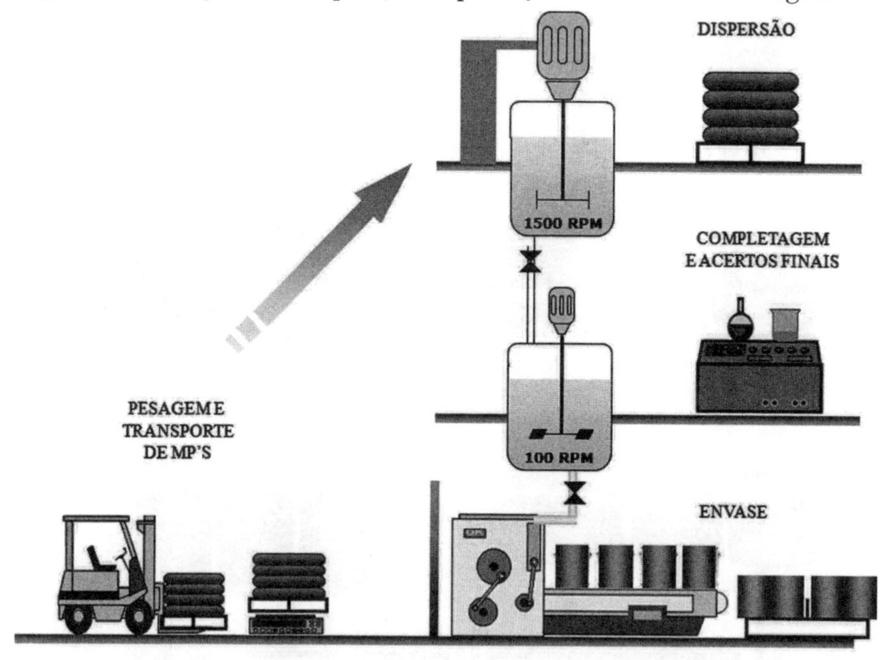

Figura 4.4a - Esquema simplificado das operações da tinta à base de água

Se a tinta for à base de solvente orgânico, o processo normalmente é mais oneroso, necessitando de uma etapa de pré-dispersão, antes da dispersão propriamente dita. As figuras 4.4b e 4.4c ilustram o processo de produção da tinta à base de solvente.

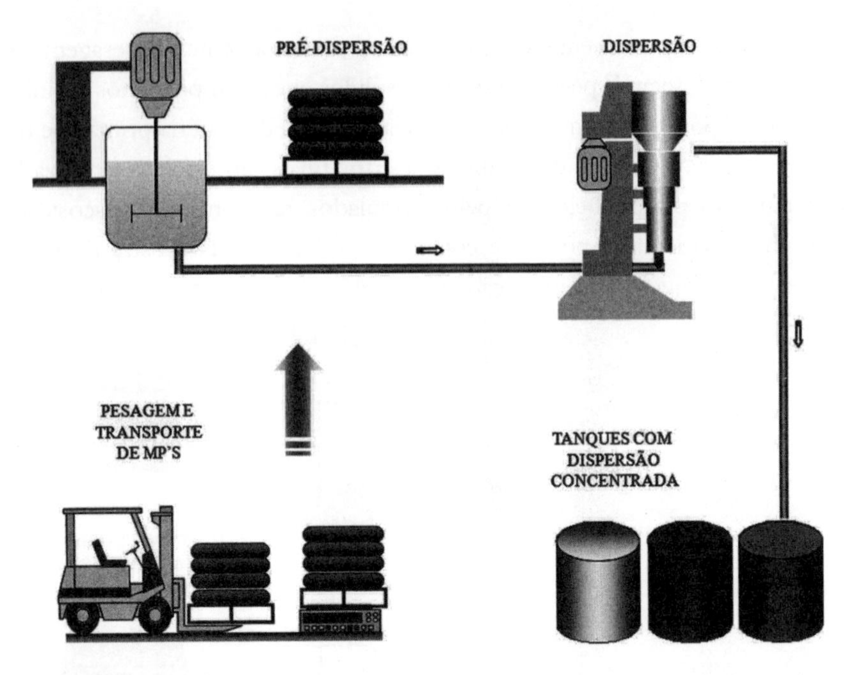

Figura 4.4b – Esquema de produção de concentrados em tintas de base olvente

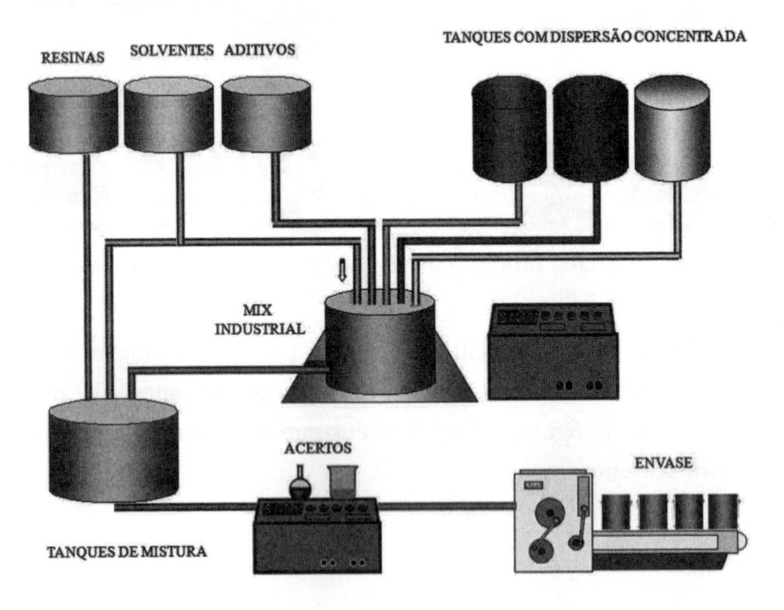

Figura 4.4c – Esquema simplificado do preparo da tinta de base solvente – misturas, ajustes e envase

4.5 Métodos de Pintura

Uma etapa importante na utilização de tintas refere-se a como elas serão aplicadas sobre um determinado substrato. Os métodos para a aplicação de uma tinta sobre uma superfície são basicamente imersão, aspersão, trincha, rolo e aplicação eletrostática de revestimentos à base de pós.

Muitos dos problemas decorrentes da formação da película protetora são causados pela aplicação incorreta da tinta, ainda que possam ocorrer situações em que a formulação apresenta problemas. Uma sucinta descrição sobre cada um dos métodos de pintura é apresentada a seguir.

4.5.1 Imersão

A imersão simples é o processo em que se mergulha a peça a ser revestida em um "banho" de uma tinta contida em um recipiente. Normalmente, esse recipiente possui uma região para recuperação da tinta que escoa da peça, após sua retirada do "banho". Tal processo oferece uma série de vantagens, como economia, por minimização de perdas (apesar da evaporação, que, entretanto, só desperdiça solvente); fácil operação; utilização mínima de operadores e equipamentos; aproveitamento de pessoal não especializado e qualificado; a peça fica completamente recoberta, não havendo pontos falhos sem aplicação de tinta. As desvantagens são espessura irregular, pois, quando a peça é retirada do banho, a tinta escorre pela superfície e, consequentemente, as partes superiores sempre terão menor espessura que as partes inferiores; tendência a apresentar escorrimentos, principalmente nos pontos onde existam furos, depressões ou ressaltos na peça, prejudicando o aspecto estético; baixa espessura de película (salvo em casos especiais) etc.

Um caso particular da imersão é a **pintura eletroforética**. Embora apresente o mesmo princípio de uma imersão simples, as tintas usadas possuem formulação especial, que permite sua polarização. Usando esta propriedade, a peça é ligada a retificadores e estabelece-se, entre a peça e a tinta onde ela está mergulhada, uma diferença de potencial, de modo a que a tinta seja atraída pela peça (que, obviamente, tem que ser metálica). Dessa forma, toda a peça fica recoberta com uma camada uniforme e aderente de tinta, com espessura na faixa de 20 µm – 40 µm. O excesso de tinta, não aderida, é removido por posterior lavagem, sendo que, após, a peça é introduzida em estufa para formação da película por ativação térmica.

Tanto para a imersão simples quanto para a eletroforética, deve-se manter o banho em constante agitação, para que os sólidos (principalmente pigmentos) fiquem em suspensão. Daí a necessidade de tais tintas possuírem baixo teor de pigmentação, que facilita a suspensão. A imersão é usada tanto em pequenas peças como em carrocerias de automóveis, nas quais é aplicada principalmente a pintura eletroforética.

4.5.2 Aspersão

É o processo em que se usa o auxílio de equipamentos especiais e ar comprimido, para forçar a tinta a passar por finos orifícios nos quais encontra-se um forte jato de ar. Chocando-se com o filete de tinta, o ar atomiza as partículas, que são, então, lançadas sobre a superfície que se deseja revestir. Neste processo, obtêm-se películas com ótimo aspecto estético, porém, são necessários aplicadores treinados. A aplicação por aspersão é particularmente recomendada para locais onde não haja vento, pois isto acarreta grandes perdas de tinta. É também recomendado para grandes superfícies planas.

A aspersão pode ser simples, a quente ou eletrostática. Na aspersão simples, a tinta é aplicada apenas com o uso dos equipamentos convencionais, tais como pistola, compressor, mangueiras e reservatório de tinta. Há casos em que a aspersão é conduzida a quente, com a tinta aquecida antes de sua aplicação. A finalidade é aplicar produtos com maior viscosidade, que possam fornecer películas mais espessas, devido ao fato de ser a viscosidade uma variável inversamente proporcional à temperatura (exceto casos específicos). Dessa forma, obtém-se uma tinta com viscosidade conveniente para aplicação, sem necessidade de diluição.

Na aspersão eletrostática, estabelece-se, entre a tinta e a peça, uma diferença de potencial (ddp), que faz com que as partículas do revestimento sejam atraídas para a superfície, permitindo melhor aproveitamento da tinta e revestimento completo da peça.

4.5.3 Trincha ou Pincel

Em equipamentos industriais de médio porte e situados ao ar livre, o uso de trincha é bastante generalizado, devido à não-exigência de grande preparo profissional por parte do aplicador, como é o caso da aplicação à pistola. Além disso, é um método de aplicação bastante eficiente na pintura de tubulações de pequeno diâmetro em locais sujeitos a muito vento, para cordões de solda, cantos vivos, arestas, bem como para ambientes com pouca ventilação. Como desvantagem, apresenta baixo rendimento. O acabamento obtido tem aspecto grosseiro, não recomendado para serviços que exijam grandes efeitos estéticos. A película obtida é razoavelmente espessa, e seu rendimento é bem mais baixo que o da aspersão.

4.5.4 Rolo

Para superfícies planas e de áreas relativamente grandes, o rolo é recomendado, pois apresenta bom rendimento. O acabamento obtido é pior que o da aspersão e melhor que o da trincha. A desvantagem deste método é a dificuldade de se controlar a espessura da película. Em geral, não se consegue obter em uma demão espessuras elevadas como às vezes se deseja.

4.5.5 Pintura Eletrostática à Base de Pós

As tintas em pó são aplicadas por meio de pistolas eletrostáticas. As partículas de tinta, carregadas negativamente, são atraídas para a peça metálica, carregada positivamente, por eletrodeposição, e depois são submetidas a um forno com temperatura que varia de 160°C a 250°C; este processo garante uma superfície uniforme, com brilho, melhor proteção e maior durabilidade. A pintura eletrostática à base de pós é ecologicamente correta por não utilizar solventes, desta forma não produz odores e vapores, preservando o meio ambiente e o profissional envolvido no processo de pintura. Porém, deve ser cuidadosamente aplicada, de modo que não se respire o pó produzido pela pistola.

4.6 Princípios de Formação da Película

Apresentados e discutidos os métodos de aplicação de tintas, vamos, então, compreender como ocorre a formação da película protetora sobre o substrato. A etapa de formação de uma película de tinta é extremamente importante e depende fundamentalmente de dois fatores antagônicos: coesão entre os constituintes do revestimento e adesão do revestimento ao substrato, ainda que isso pareça paradoxal. Dessa forma, caso a coesão entre os diversos constituintes seja máxima, a adesão será nula. Assim, para que uma tinta esteja bem formulada, é necessário obter-se grande aderência, sem prejuízo da sua coesão molecular, para resultar em películas resistentes e flexíveis.

As forças coesivas e adesivas podem apresentar-se, distintamente, como mecânicas e moleculares. Partindo da pressuposição de que as superfícies a serem revestidas não possuam áreas de repelência, o revestimento penetra nas suas irregularidades e endurece, formando um elo que permite boa aderência da tinta ao substrato, sendo essa uma força de adesão puramente mecânica.

As interações existentes entre o substrato e a película protetora são devidas a forças intermoleculares eletrostáticas e de Van der Waals. Todos os metais, por exemplo, são cobertos por uma película de óxido de maior ou menor espessura. Essas películas podem variar desde ácido-resistentes, aderentes e transparentes nos metais preciosos, passando por películas de óxido de alta resistência à tensão como no alumínio, às películas de óxido solúveis em água como nos metais alcalinos. Portanto, a adesão deve ocorrer entre uma película de revestimento e uma película de óxido, e se pressupõe que ocorre por meio de grupos polares. Essa interação é do tipo eletrostático. Com a gradual evaporação do sistema solvente, num revestimento de superfície, as moléculas se aproximam (o fenômeno é traduzido por aumento gradual de viscosidade) e, quanto mais próximas e ordenadas se acomodarem, tanto maior será a interação presente entre elas. Assim , temos interações de Van der Waals.

4.6.1 Mecanismos de Formação da Película

Entende-se como mecanismo de formação da película a forma pela qual um filme úmido de tinta se converte num filme sólido com as propriedades desejadas. A formação da película pode ocorrer por diversos mecanismos filmógenos: evaporação do solvente, oxidação, ativação térmica, polimerização, hidrólise, coalescência e fusão térmica. Um breve resumo de cada mecanismo é apresentado a seguir.

4.6.1.1 Evaporação de Solventes

Na formação do filme protetor por evaporação do solvente, utilizam-se produtos já polimerizados e solubilizados com auxílio de solventes. Quando a solução é aplicada em uma superfície, os solventes se evaporam, deixando sobre esta superfície uma película sólida, adesiva e contínua, desde que haja equilíbrio entre as forças adesivas e coesivas. Como veículos típicos desse mecanismo, têm-se as resinas acrílica, vinílica e borracha clorada, por exemplo. As tintas, cujo mecanismo de formação da película é pela simples evaporação de solventes, apresentam algumas vantagens, como o fato de serem monocomponentes e apresentarem boa aderência entre demãos (o intervalo máximo para repintura não é crítico). Como desvantagem, apresentam fraca resistência a solventes.

4.6.1.2 Oxidação

Neste tipo de mecanismo, a formação da película ocorre pela evaporação dos solventes e da reação da resina com o oxigênio do ar, através das duplas ligações existentes nas moléculas dos óleos vegetais normalmente empregados, como os desidratados de linhaça, tungue, soja, oiticica, coco e mamona. Como se observa, neste mecanismo o veículo fixo contém óleos vegetais e, portanto, duplas ligações.

4.6.1.3 Ativação Térmica

Existem resinas nas quais a polimerização se processa com auxílio de energia de ativação, geralmente térmica. Aplica-se um pré-polímero, dissolvido em solventes apropriados, sobre um substrato, seguido de aquecimento: ocorre polimerização por condensação e formação de película. Resinas desse tipo são fenólicas, epóxi-fenólicas, alquídicas-melaminas, silicones etc.

4.6.1.4 Polimerização à Temperatura Ambiente – Condensação

As tintas cujas películas são formadas por este mecanismo, são normalmente fornecidas em dois ou mais componentes, como a resina e o **agente de cura ou endurecedor,** que também é uma resina. No momento do uso, os componentes são misturados em proporções adequadas e principiam, então, a reagir quimicamente entre si. A cura completa da película, em geral, ocorre dentro de sete a dez dias. As tintas cujas resinas formam a película por este mecanismo são as epoxídicas e as poliuretânicas, sendo os endurecedores mais usuais as poliaminas e poliamidas para as primeiras e os poliisocianatos para as segundas.

4.6.1.5 Hidrólise

A formação da película ocorre pela reação da resina da tinta com a umidade do ar. Existem certas resinas uretânicas, utilizadas na fabricação de tintas de poliuretano monocomponente, que reagem com a umidade do ar para formar a película.

4.6.1.6 Coalescência

Nesse caso, as partículas de resina, geralmente de forma esférica, ficam dispersas no solvente (na realidade, dispersante). Com a evaporação do solvente, as partículas aglomeram-se e formam películas coesas e, geralmente, bastante plásticas. As resinas mais importantes dessa classe são a emulsão aquosa de acetato de polivinila (PVA) e as emulsões acrílicas.

4.6.1.7 Solvente como Fator de Formação da Película

Os mais importantes revestimentos dessa classe são os poliésteres. Esses são polímeros de condensação entre um ácido dicarboxílico e um glicol. O éster assim formado pode ser entrecruzado por um solvente não saturado como o monômero estireno, por exemplo. O entrecruzamento processa-se pelo mecanismo do radical livre, usando peróxidos orgânicos e naftenato de cobalto como iniciadores.

4.6.1.8 Fusão Térmica ou com Aquecimento

Este tipo de formação de película ocorre com as resinas empregadas na fabricação das tintas em pó. As resinas mais empregadas atualmente são epóxi, poliéster e epóxi-poliéster (híbrida). As tintas em pó são aplicadas por meio de pistolas eletrostáticas. As partículas de tinta, carregadas negativamente, são atraídas para a peça metálica. Após ser totalmente recoberta, a peça é levada para uma estufa a aproximadamente 230°C, dentro da qual ocorre a fusão do pó com parte do substrato e a consequente formação da película. Em geral obtêm-se películas com excelentes propriedades mecânicas, anticorrosivas e estéticas.

4.7 Mecanismos Básicos de Proteção

Os mecanismos de proteção anticorrosiva existentes por uma tinta ou sistema de pintura são definidos tomando-se o aço como substrato de referência. Nesse sentido, existem basicamente três mecanismos de proteção: barreira, inibição (passivação anódica) e eletroquímico (proteção catódica).

4.7.1 Barreira

Consiste na colocação, entre o substrato e o meio corrosivo, de uma película, a mais impermeável possível, introduzindo-se no sistema substrato-meio corrosivo uma altíssima resistência, que diminui a corrente de corrosão a níveis desprezíveis. Sabe-se, porém, como exemplificado na tabela 4.5.1a, que todas as películas são parcialmente permeáveis. Desse modo, com o tempo, o eletrólito alcança a base, e o processo corrosivo tem início.

Tabela 4.5.1a – Difusão de cloreto de sódio em películas de tintas (mg/cm²/ano)

Veículo	NaCl
Resina alquídica	0,04
Resina fenólica	0,004
Resina polivinil-butiral	0,002
Poliestireno	0,132

Neste tipo de mecanismo, a eficiência da proteção depende da espessura do revestimento e da resistência das tintas ao meio corrosivo.

4.7.2 Inibição - Passivação Anódica

Neste tipo de mecanismo, as tintas de fundo contêm determinados pigmentos inibidores que dão origem à formação de uma camada passiva sobre a superfície do metal, impedindo a sua passagem para a forma iônica, isto é, impedindo que sofra corrosão. Os pigmentos mais comuns são o zarcão, os cromatos de zinco e os fosfatos de zinco. A passivação conferida pelo cromato de zinco é atribuída à sua solubilidade, limitada em água, na qual ocorre a liberação de íon cromato (CrO_4^{2-}), que é excelente inibidor anódico, já a passivação conferida pelo zarcão deve-se às suas características básicas ou alcalinas, que protegem o ferro.

4.7.3 Eletroquímica - Proteção Catódica

Sabe-se que, para proteger catodicamente um metal, a ele deveser ligado outro, que lhe seja anódico, sendo o circuito completado pela presença do eletrólito. Como, industrialmente, o metal que mais se procura proteger é o ferro (aço), pode-se supor que tintas formuladas com altos teores de zinco, alumínio ou magnésio conferem proteção catódica a esse material. Na prática, entretanto, apenas o zinco se mostra eficaz, quando disperso em resina, geralmente epóxi, ou em silicatos inorgânicos ou orgânicos.

As tintas **ricas em zinco** são assim chamadas devido aos elevados teores desse metal nas películas secas das mesmas. Um alto teor de zinco metálico na película seca possibilita a continuidade elétrica entre as partículas de zinco e o aço, bem como proporciona a proteção desejada, pois quanto maior o teor de zinco, melhor a proteção anticorrosiva. Por outro lado, se a quantidade de zinco for excessiva, a tinta pode não ter a coesão adequada. As tintas ricas em zinco, além da proteção por barreira, conferem também proteção catódica. Admite-se, ainda, a formação de sais básicos de zinco, pouco solúveis, como carbonato de zinco, que tendem a bloquear os poros do revestimento.

Tópico Especial 4 - Operações Unitárias: Misturadores

A principal etapa de fabricação de uma tinta está na correta mistura e dispersão dos componentes que fazem parte da sua formulação em um solvente adequado. Assim, uma fábrica de tintas, a grosso modo, pode ser vista como uma grande fábrica de misturas. Boa parte dos componentes de uma tinta (resinas, solventes, pigmentos etc.) é adquirida pronta, de modo que a produção da tinta dar-se-á por determinada combinação desses componentes, o que requer uma mistura perfeita entre eles.

A seguir, veremos quais os princípios envolvidos na operação unitária de mistura e agitação de sistemas líquido-líquido, sólido-líquido e sólido-sólido.

4.8 Agitação e Mistura Líq-Líq e Sólido-Líq.

Entende-se por agitação a operação de produzir movimentos mais ou menos regulares no interior de um fluido. Quando se trata de uma só substância, a operação é de agitação propriamente dita; para duas ou mais substâncias (miscíveis ou imiscíveis entre si) tem-se, então, uma mistura. A maioria das operações nas indústrias químicas, farmacêuticas, alimentícias, entre outras, requer agitação do produto para cumprir uma das seguintes finalidades: mistura de líquidos, formação de dispersões, transmissão de calor ou distribuição uniforme da temperatura e redução das dimensões de aglomerados de partículas.

A agitação pode ser feita por impelidores de fluxo, como a recirculação por bombas, por impulsores de escoamento axial, radial ou rotativos lentos. Os impulsores axiais, como as hélices navais (figura 4.8a) e as turbinas de pás retas inclinadas (figura 4.8b), possuem pás que fazem um ângulo menor que 90° com o plano de rotação do impulsor. Os impulsores de escoamento radial, como as turbinas de palhetas planas ou curvas (figuras 4.8c e 4.8d), têm suas pás paralelas ao eixo de rotação. Os impulsores rotativos lentos, como as âncoras (figura 4.8e), são particularmente usados para obter-se melhor transferência de calor em fluidos de alta consistência e evitar que esses fluidos fiquem estagnados perto das paredes do tanque de agitação, fato que ocorreria perante agitadores de hélice ou palhetas.

Figura 4.8a – Hélice de mistura (Fonte: Perry)

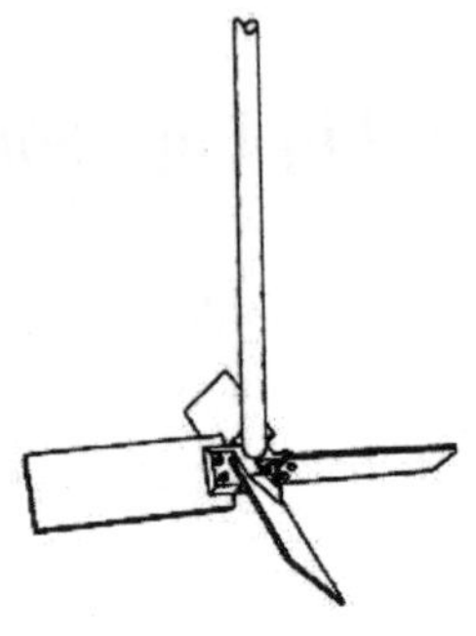

Figura 4.8b – Turbina de palhetas inclinadas (Fonte: Perry)

Figura 4.8c – Turbina de palhetas planas (Fonte: Micro-Giant Co)

Figura 4.8d – Turbina de palhetas curvas (Fonte: Perry)

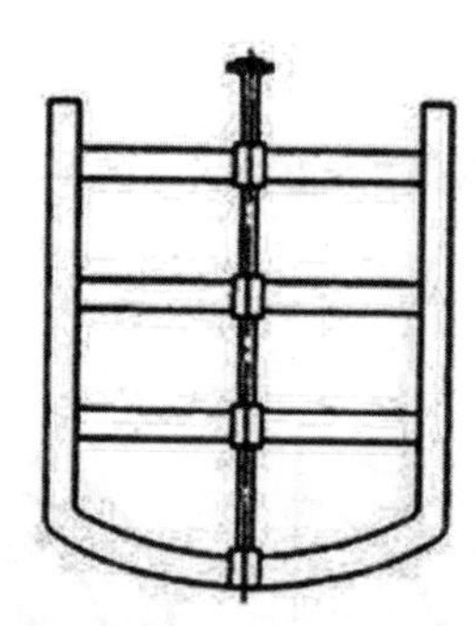

Figura 4.8e – Impulsor em âncora (Fonte: Perry)

A agitação e mistura, nos casos típicos, ocorre em um tanque cilíndrico, pela ação de lâminas que giram acopladas a um eixo-árvore coincidente com o eixo vertical do tanque. O agitador-misturador pode operar em base contínua ou descontínua. Na operação contínua, os materiais a serem misturados são adicionados continuamente ao tanque e a mistura é removida também de forma contínua. O tanque pode possuir chicanas ou quebra-ondas, que são chapas metálicas montadas verticalmente nas paredes (figura 4.8f). As chicanas promovem maior ação de mistura e quebram o redemoinho (vórtice) formado pelos agitadores. Na ausência das chicanas, com o agitador centrado e a velocidades elevadas, forma-se um redemoinho, em virtude da ação da força centrífuga sobre o líquido (figura 4.8g).

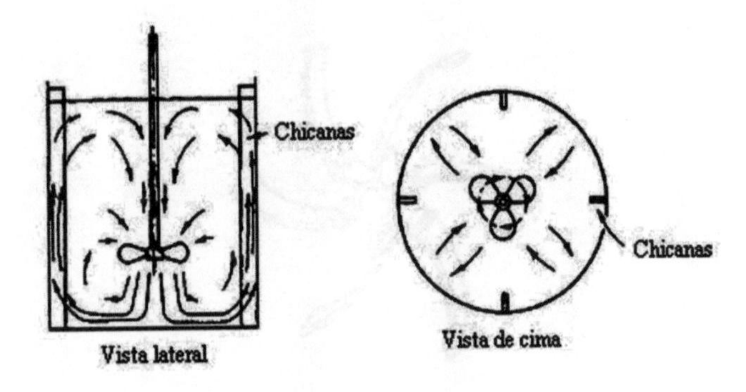

Figura 4.8f – Modo de escoamento típico em tanque com chicanas (Adaptado: Perry)

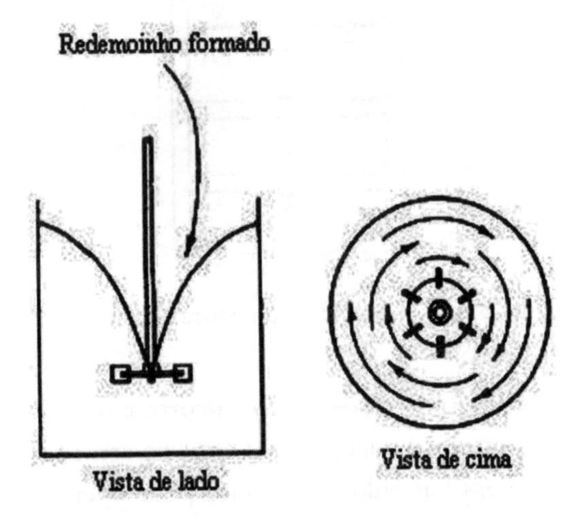

Figura 4.8g – Modo típico de escoamento com impulsores em tanque sem chicanas (Adaptado: Perry)

Nos tanques em que não há chicanas, pode-se minimizar a formação do vórtice pela montagem excêntrica do agitador (figura 4.8h)

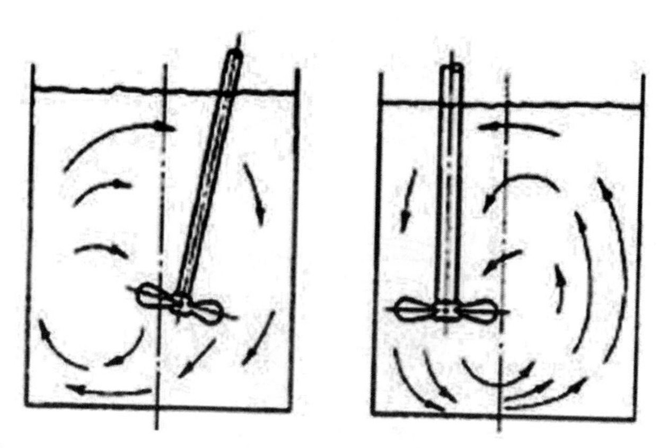

Figura 4.8h – Tipo de escoamento com um agitador em posição inclinada e excêntrica, sem chicanas (Fonte: Perry)

A movimentação do fluido pelos agitadores em um tanque é regida por três componentes básicos: um **componente radial**, atuando na direção perpendicular ao eixo-árvore; um **componente longitudinal**, atuando paralelamente ao eixo-árvore, e uma **componente de rotação**, que atua na direção tangencial ao círculo de rotação do eixo-árvore. Tanto o componente radial como o longitudinal contribuem efetivamente para a mistura, o que não acontece com o tangencial, que produz um escoamento laminar praticamente impedindo a movimentação longitudinal. O resultado é que o conteúdo do tanque somente gira, sem produzir quase nenhuma ação de mistura. O componente tangencial pode, ainda, dar lugar à formação de um vórtice na superfície do líquido, que será cada vez mais profundo à medida que aumenta a rotação do agitador. Quando o vórtice alcança a zona de sucção da hélice, a potência transferida ao fluido diminui subitamente, por conta do arraste de ar para o interior do produto.

Para a mistura de pastas e materiais viscosos, há misturadores mais robustos e eficazes, cujos exemplos são: o misturador de fita helicoidal (figura 4.8i), o misturador-amassador de braço duplo (figura 4.8j) e o misturador de cone e parafuso (figura 4.8k).

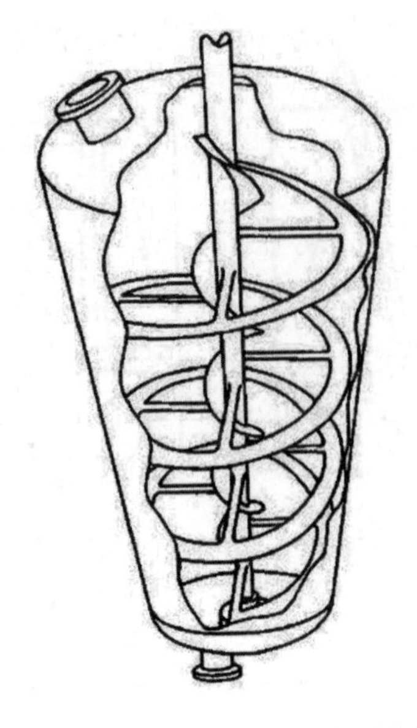

Figura 4.8i – Misturador de fita helicoidal (Fonte: Perry)

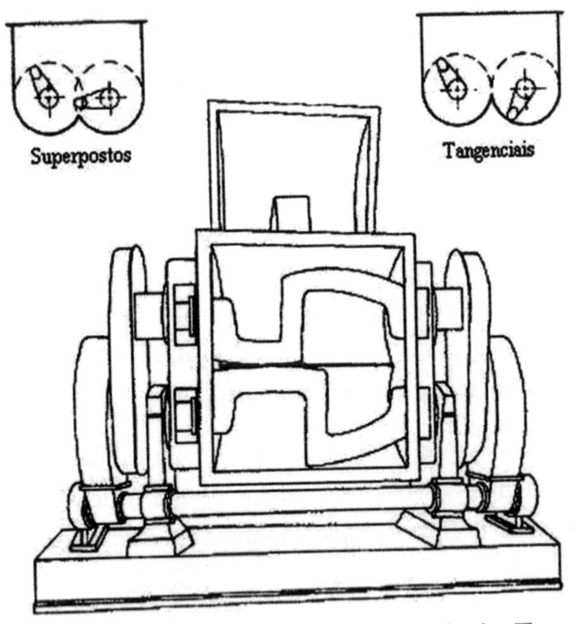

Figura 4.8j – Misturador-amassador de braço duplo (Fonte: Perry)

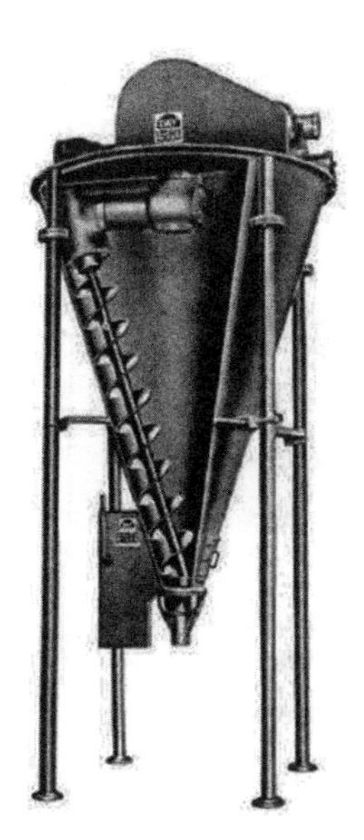

Figura 4.8k – Misturador de cone e parafuso (Fonte: Perry)

4.9 Agitação e Mistura Sólido-Sólido

A agitação e mistura de dois sólidos, realizada a seco, é normalmente feita em bateladas, para garantir uma perfeita homogeneização do material. Os moinhos, que serão apresentados no capítulo 5, prestam-se muito bem à mistura de sólidos. Há ainda outros equipamentos, como o tambor rotativo (figura 4.9a) e o misturador de impacto (figura 4.9b), utilizados para sólidos muito finos, o misturador em V (figura 4.9c) e o misturador de cone duplo (figura 4.9d).

Figura 4.9a – Misturador de tambor (Fonte: Gomide)

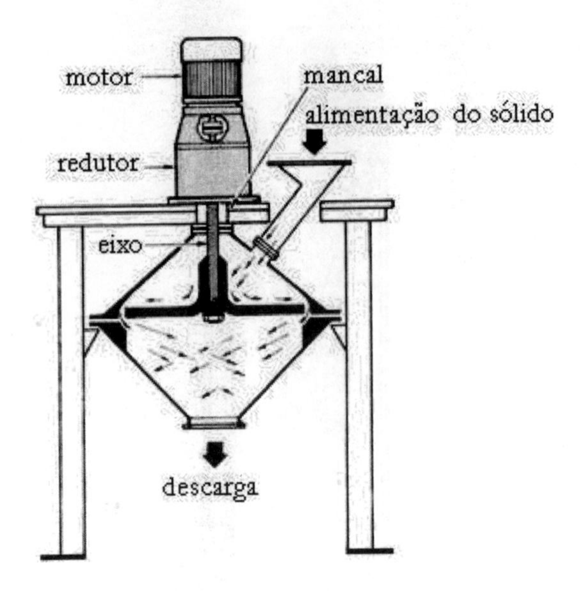

Figura 4.9b – Misturador de impacto (Fonte: Gomide)

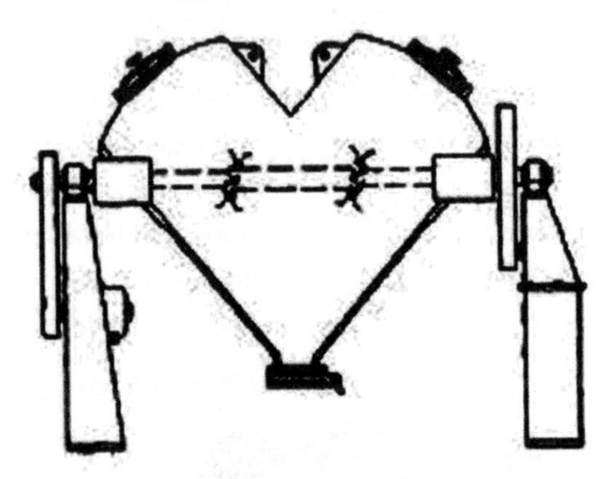

Figura 4.9c – Misturador em V (Fonte: Perry)

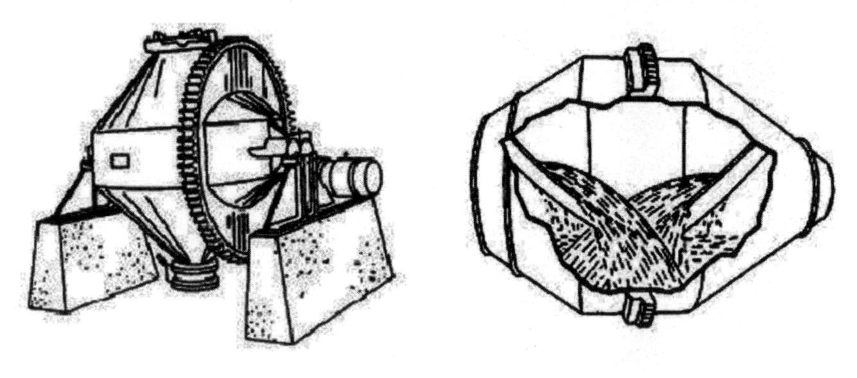

Figura 4.9d – Misturador de duplo cone (Fonte: McCabe e Perry)

Outro tipo de misturador de sólidos que merece uma breve descrição neste capítulo é o Banbury (figura 4.9e), que possui dois rolos paralelos montados numa estrutura pesada, com possibilidade de regulagem precisa da pressão e da distância entre eles. É particularmente adequado para mistura rápida de pós e grânulos com líquidos, para a dissolução de resinas ou de sólidos em líquidos ou para a remoção de material de pastas a vácuo. É utilizado na preparação de pastas de borracha para produção de pneus, por exemplo.

Figura 4.9e – Misturador Banbury (Fonte: Perry)

SIDERURGIA

A extração de minérios

O processo siderúrgico

A utilização de sucata

O refino: obtendo aço

Conformação mecânica do ferro

Capítulo 5 - Siderurgia

5.1 Introdução

Na superfície da Terra há uma imensa variedade de substâncias, formadas ao longo de milhares de anos pela natureza não viva. Essas substâncias são chamadas de minerais. Grande parte dos minerais contém metais em sua composição química. Às vezes, de acordo com a composição química e da abundância do mineral, é possível a extração desses metais.

As rochas que contêm grande quantidade de um elemento químico livre ou combinado com outro elemento são chamadas de minério. Uma rocha é considerada minério quando tem importância econômica, o que depende da concentração e da viabilidade de extração de uma substância de interesse. Os diversos minérios existentes não se encontram uniformemente disseminados pela crosta, havendo regiões mais ricas em um mineral do que outras. Exemplos de minérios importantes podem ser vistos na tabela 5.1a.

Tabela 5.1a – Principais minérios de alguns metais

Metal	Fórmula Molecular	Nome do mineral
Minério de Ferro	Fe_2O_3	Hematita
	$Fe_2O_3.3H_2O$	Limonita
	Fe_3O_4	Magnetita
	$FeCO_3$	Siderita
	FeS_2	Pirita
Minério de cobre	Cu	Nativo
	Cu_2S	Calcocita
	$CuFeS_2$	Calcopirita
	Cu_2O	Cuprita
Minério de prata	Ag	Nativo
	AgCl	Clorargita
Minério de zinco	Zns	Blenda
Minério de alumínio	$Al_2O_3.H_2O$	Bauxita

Poucos metais podem ser encontrados livres na natureza na forma de substância simples (ouro, platina, prata), em virtude de sua baixa reatividade. No entanto, a maioria dos metais existe na forma de compostos e estão misturados a outras substâncias, como é o caso do ferro, cuja obtenção será discutida neste capítulo.

As maiores jazidas de minério de ferro do mundo localizam-se na Austrália, no Brasil, nos Estados Unidos, na Rússia, na França e na Inglaterra No Brasil, as maiores jazidas encontram-se em Minas Gerais, Mato Grosso do Sul, Pará, Amapá e Bahia. O principal minério de ferro encontrado no Brasil é a hematita (8% das reservas mundiais), com 50% a 70% de ferro na sua composição, considerado de boa qualidade devido aos baixos índices de fósforo e enxofre que contém.

A siderurgia - indústria do ferro – forma com as indústrias do carvão e do cimento a base da estrutura econômica de uma nação. Quase tudo em nossa vida depende da siderurgia, fornecedora da matéria-prima que movimenta praticamente todas as grandes indústrias: fabricação de ferramentas de trabalho, máquinas e ferramentas agrícolas, construção naval, tecelagem, produtos químicos, material elétrico, material bélico etc. Pode-se dizer que o padrão de vida de um povo ou seu grau de progresso e riqueza são avaliados pelo consumo de produtos siderúrgicos.

O aço – principal produto da indústria siderúrgica – é uma das ligas metálicas mais usadas atualmente. Possui inúmeras aplicações e serve de base para a produção de outras ligas. Por isso, vamos discutir neste capítulo como é produzido nas usinas siderúrgicas.

5.2 Breve Histórico

Não há um registro preciso de quando o homem começou a produzir ferro pela redução de seus minérios. De fato, diversos povos em diferentes localidades dominavam essas técnicas, sendo que alguns não registravam isso por meio da escrita. As referências escritas mais antigas sugerem que o ferro foi empregado na Índia e na China por volta de 2.000 a.C. Entretanto, não é possível determinar se o ferro foi reduzido pelo homem. A redução deliberada dos óxidos de ferro entre 1.350 a.C. e 1.100 a.C. é citada em regiões geograficamente extensas no mundo antigo.

Os povos antigos só dispunham de três fontes de ferro: ferro de meteoritos, ferro nativo (telúrico) e os minérios ferrosos reduzidos pelo homem. As duas primeiras fontes são muito raras e indicam que a maioria dos artefatos antigos foi produzida pela extração do ferro a partir dos minérios ferrosos.

É um fato conhecido há muitos séculos que os minérios de ferro misturados com carvão sob temperaturas elevadas são reduzidos para ferro metálico. Os processos mais antigos eram conduzidos em diversas variedades de fornos, alguns que recebiam um suprimento natural de ar e outros equipados com sopradores (foles) para a obtenção de temperaturas maiores. Eis aí os primórdios da siderurgia como ciência.

A produção de ferro começou a ser significativa no começo do século 14, quando a altura dos fornos foi aumentada e as condições de sopro, aperfeiçoadas. Assim, a temperatura de combustão nas partes baixas do forno aumentou o suficiente para que o ferro pudesse absorver quantidades crescentes de carbono. O ferro carburado funde a uma temperatura mais baixa e, por sua vez, dissolve o carbono. Na parte baixa do alto-forno, obtinha-se um metal líquido (anteriormente, o ferro apresentava-se em forma pastosa). Entretanto, o ferro com maior teor de carbono se tornava duro e quebradiço e não podia ser soldado nem forjado. A descarburização tornou-se, então, etapa de refino do ferro obtido nos altos-fornos desta época. Surgia a fundição.

Com a fundição, a indústria siderúrgica foi impulsionada a partir da segunda metade do século 15. Começava a produção de ferro pelo "refino" do ferro-gusa. A força motriz da água permitiu aperfeiçoar os martelos hidráulicos utilizados nas forjas e a utilização de cilindros laminadores.

A siderurgia moderna conservou dos séculos passados apenas os princípios básicos. Durante os anos 60, enormes usinas integradas foram criadas. Os processos e equipamentos mudaram muito: preparação das cargas de alto-forno, aciarias a oxigênio com convertedores e fornos elétricos, lingotamento contínuo e laminadores contínuos com velocidades cada vez maiores. Os dispositivos de controle e automação garantem, hoje, em todas as etapas, a regularidade e a qualidade de produção. Por outro lado, o consumo de energia por tonelada de aço produzido diminuiu sensivelmente.

A operação da maioria das instalações é automatizada: ela é acompanhada e controlada a partir de uma sala de comandos.

5.3 Matérias-Primas e o seu Preparo

Para a obtenção moderna do ferro, são necessárias três matérias-primas principais: o minério de ferro, o carvão e o calcário. O minério de ferro é a matéria-prima para a obtenção do elemento ferro, o carvão atua de três formas: como combustível, como redutor do minério de ferro e como fornecedor de carbono para a liga, e o calcário atua como material fundente, gerador da escória. A seguir, uma breve descrição de como são preparadas estas matérias-primas para obtenção do ferro.

5.3.1 Preparação do Minério de Ferro

A preparação do minério de ferro tem por objetivos a obtenção de um mineral concentrado em ferro (60% a 69% de Fe) e a criação de porosidade que permita a passagem dos gases redutores, já que os sólidos finos do mineral dificultam e diminuem a velocidade da entrada de ar no processo para realizar a combustão.

Portanto, a aglomeração do mineral visa melhorar a permeabilidade da carga no alto-fomo, reduzir o consumo de carvão e acelerar o processo de redução. A aglomeração permite, também, que a quantidade de finos emitida, lançada pelo alto-forno no sistema de recuperação de resíduos seja reduzida. Os processos de aglomeração normalmente empregados são a sinterização e a pelotização, que é uma aglutinação dos finos do minério.

O processo de sinterização consiste na adição de um fundente (finos de calcário e coque) aos finos do mineral e fundição do conjunto em um forno a 1500°C. Após o resfriamento e britagem, obtém-se o chamado sínter, que são partículas sólidas porosas de dimensão média superior a 5 mm.

5.3.2 Preparação do Carvão

O carvão utilizado nos processos siderúrgicos é o mineral, que, por não possuir resistência suficiente para suportar as cargas do alto-forno, necessita de uma etapa prévia de coqueificação. Na coqueria, , o carvão sofre destilação na ausência de ar, com liberação de substâncias voláteis por 18 horas a uma temperatura de 1300°C. O produto resultante é o coque metalúrgico, poroso, composto basicamente por carbono, com elevada resistência mecânica e alto ponto de fusão. Os finos deste processo são enviados para a sinterização. O coque participa com mais da metade do custo total do processo de alto-forno.

5.3.3 Preparação do Calcário

O calcário é simplesmente moído e peneirado para ser utilizado no alto-forno.

5.4 Processo Siderúrgico

5.4.1 Redução do Ferro

Os metais possuem, de um modo geral, alta tendência a doar elétrons. Assim, eles frequentemente são encontrados em seus minérios com número de oxidação positivo e, para que se possa obter o metal a partir do minério, é necessário que ele sofra uma REDUÇÃO.

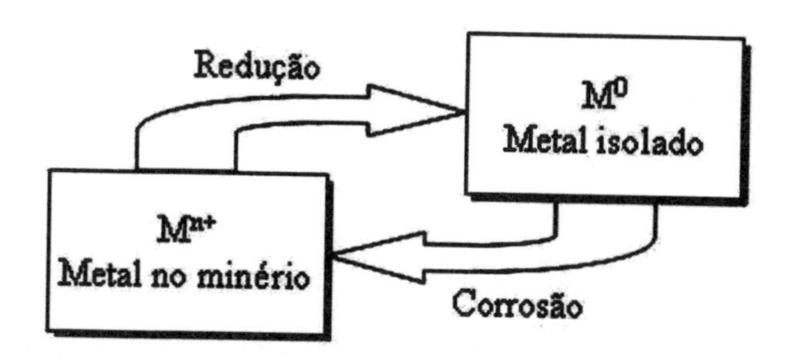

Perceba que a redução trata-se exatamente do contrário da corrosão, um processo natural que tende a oxidar os metais. Assim, para que se obtenha o metal ferro, é necessário que haja uma redução do nox do metal. A redução do minério de ferro em larga escala ocorre em um alto-forno (figura 5.4a), nome dado ao equipamento onde também ocorrem a redução e a fusão do ferro. O alto-forno é uma estrutura cilíndrica de grande altura (superior a 30 metros), constituído por três partes principais: o cadinho, a rampa e a cuba – revestidos internamente por materiais refratários. O cadinho é a parte inferior, onde se acumulam o metal fundido e a escória resultantes das reações em seu interior. Na região da rampa ocorre a injeção de ar aquecido (pelas ventaneiras) responsável pela combustão do carvão. No topo da cuba o alto-forno é carregado com minério de ferro na forma de sínter, coque e um material fundente que, em geral, é o calcário, por meio de carrinhos, de elevador inclinado ou por ponte rolante.

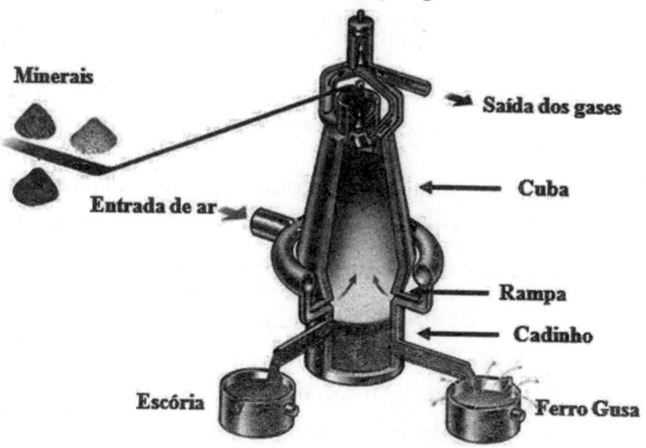

Figura 5.4a – Representação esquemática de um alto-forno

Para otimizar o processo de fusão da hematita, utiliza-se o fundente, isto é, uma substância que reage com as impurezas (ganga) do minério, produzindo compostos de fácil separação (escória) e permitindo que se obtenha uma mistura de ponto de fusão mais baixo. (O ponto de fusão da hematita é da ordem de 1560ºC, mas com o fundente, a temperatura de fusão cai para 1200°C-1300ºC).

Na produção de ferro, o calcário ($CaCO_3$) atua como fundente da hematita. O calcário decompõe-se pela ação do calor em óxido de cálcio e gás carbônico.

$$CaCO_3 + \text{calor} \rightarrow CaO + CO_2$$

Como a maior parte do calcário é dolomítico ou seja, contém carbonato de magnésio na sua composição, teremos também a seguinte decomposição:

$$MgCO_3 + \text{calor} \rightarrow MgO + CO_2$$

Ao mesmo tempo em que atua como fundente do minério, o calcário é responsável pela formação da escória de alto-forno. A escória é formada a 1200°C, pela combinação de CaO e/ou MgO do calcário ($CaCO_3.MgCO_3$ – calcário dolomítico) com a ganga (impurezas) do minério e as cinzas de carvão. O óxido de cálcio reage, por exemplo, com o dióxido de silício (SiO_2), uma das principais impurezas da hematita, que se apresenta na forma de areia, produzindo o metassilicato de cálcio, $CaSiO_3$, (escória).

$$CaO + SiO_2 \rightarrow CaSiO_3$$

As demais impurezas citadas incorporam, então, a escória obtida no alto-forno, que é usada na fabricação de adubos, cimentos ou tijolos.

O coque, por sua vez, é utilizado para promover a redução da hematita, isto é, a transformação do cátion ferro 3+ em ferro metálico, Fe. Inicialmente, o coque, em presença de excesso de oxigênio fornecido pelo ar, produz gás carbônico.

$$C_{(coque)} + O_2 \rightarrow CO_2$$

O gás carbônico, por sua vez, reage com o coque, que é constantemente adicionado ao alto-forno, produzindo gás monóxido de carbono.

$$CO_2 + C_{(coque)} \rightarrow 2CO$$

O monóxido de carbono formado reduzirá o ferro da hematita de acordo com as seguintes etapas:

$$3Fe_2O_3 + CO \rightarrow 2Fe_3O_4 + CO_2$$

$$Fe_3O_4 + CO \rightarrow 3FeO + CO_2$$

$$FeO + CO \rightarrow Fe + CO_2$$

Na região de temperaturas mais altas da rampa ocorrem as últimas reações fundamentais:

$$3Fe + C \rightarrow Fe_3C$$

$$3Fe + 2CO \rightarrow Fe_3C + CO_2$$

É formado, portanto, o chamado ferro-gusa (Fe_3C), ao qual se encontram incorporados alguns elementos como o manganês, o silício, o fósforo e o enxofre contidos em pequenas quantidades na matéria-prima.

Após o processo de redução, o alto-forno libera o ferro-gusa em uma panela de transporte ou carro torpedo (figura 5.4b) para que seja encaminhado para o refino.

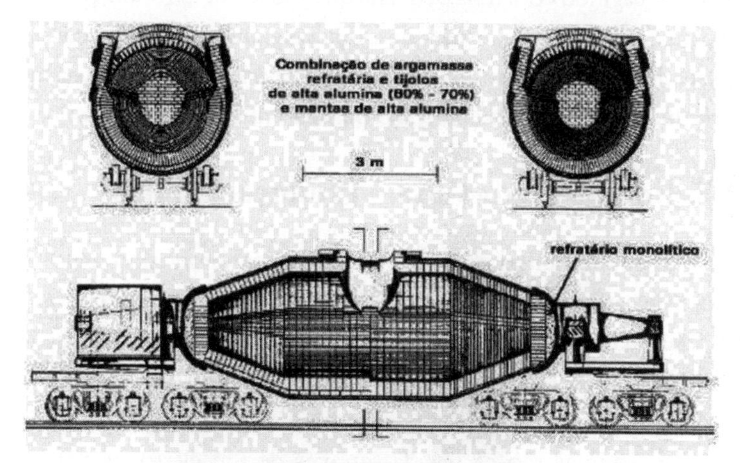

Figura 5.4b – Aspecto geral de um carro torpedo

Pela parte superior do alto-forno, recolhe-se uma mistura dos seguintes gases: 60%-65% de nitrogênio, 35%-40% de monóxido de carbono, gás carbônico, hidrogênio etc. Essa mistura gasosa sai à temperatura de 250°C e seu calor é aproveitado para aquecer o gás insuflado no alto-forno. Além disso, o monóxido de carbono retirado é queimado em caldeiras recuperadoras de calor. O ferro-gusa obtido contém teor de carbono entre 2% e 5% em massa. Para produzir o aço, cujo teor de carbono varia de 0,5% a 1,7%, o ferro-gusa é tratado em fornos especiais de refino (forno elétrico ou conversores).

É interessante ressaltar que, nos processos primitivos da siderurgia empregados até a Idade Média, e em muitos países até recentemente, os minérios de ferro eram transformados diretamente em aço ou em ferro doce (não havia preparação intermediária do ferro-gusa). Isso ocorria porque a temperatura nos fornos não ultrapassava 1200°C/1300°C e, assim, o ferro não era obtido em fusão, mas apenas com consistência pastosa. Foi no início do século 14 que o processo se modificou devido à obtenção do ferro-gusa. Aumentando-se a altura dos fornos, denominados "altos-fornos", conseguiu-se elevar a temperatura da mistura de minério de ferro e carvão acima de 1500°C, de modo a obter a fusão do ferro que, reagindo com uma pequena quantidade de carbono, produzia a gusa. Dessa forma, os processos usuais de siderurgia atualmente são ditos indiretos, por não se obter diretamente aço a partir do minério, mas sim a gusa, que depois é descarbonizada, formando então aço ou ferro doce.

5.4.2 Refino do Ferro-Gusa – Produção do Aço

Como discutido anteriormente, o ferro-gusa produzido pelo alto-forno possui teor de carbono entre 2% e 5%, além de outras impurezas, como enxofre e fósforo, na sua composição. Assim, para que tenhamos aço, faz-se necessário um refino do metal nos conversores ou fornos elétricos. O ferro-gusa e as sucatas de aço constituem as matérias-primas utilizadas para a produção do aço. Estas matérias-primas são carregadas através de um eletroímã para dentro de recipientes conhecidos como cestões (figura 5.4c).

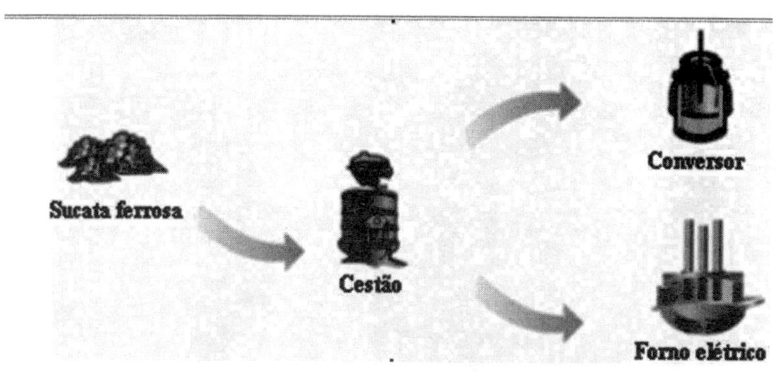

Figura 5.4c – Utilização da sucata ferrosa para produção do aço

Dos cestões, os materiais ferrosos são encaminhados para os conversores ou fornos elétricos, para refino. Para transformar a gusa em aço, é necessário que ela passe por um processo de oxidação parcial – combinação do ferro e das impurezas com o oxigênio – até que a concentração de carbono e de impurezas reduza-se a valores desejados.

Em 1847, o inglês Henry Bessemer (na verdade, francês residente na Inglaterra) e o americano William Kelly tiveram a idéia de injetar ar sob pressão a fim de que ele atravessasse a gusa. Esse processo permitiu a produção de aço em grandes quantidades. Os fornos que usam esse princípio, ou seja, a injeção de ar ou oxigênio diretamente na gusa líquida, são chamados "conversores" e são de vários tipos. A seguir, veremos como ocorre a produção do aço nestes equipamentos.

5.4.2.1 Conversores Bessemer e Thomas

O conversor Bessemer (figura 5.4d) é um grande forno em forma de pera, revestido internamente com sílica numa grossa camada de refratário. Seu fundo é substituível e cheio de orifícios, por onde entra o ar sob pressão. É um forno basculante que não precisa de combustível. A alta temperatura é alcançada e mantida devido às reações químicas que acontecem quando o oxigênio do ar injetado entra em contato com o carbono da gusa líquida.

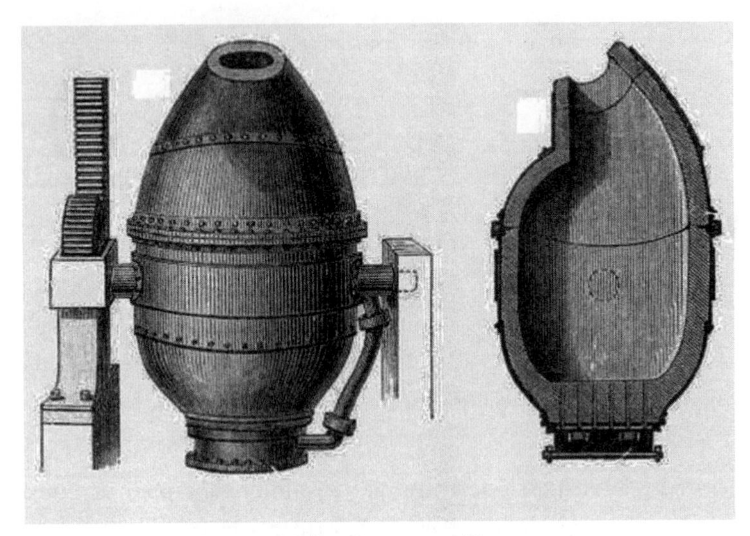

Figura 5.4d – Conversor Bessemer

Neste processo, há a combinação do oxigênio com o ferro (FeO), que, por sua vez, combina-se com o silício, o manganês e o carbono, eliminando as impurezas sob a forma de escória e gás carbônico.

$$2Fe + O_2 \rightarrow 2FeO$$

$$2FeO + Si \rightarrow SiO_2 + 2Fe$$

$$FeO + Mn \rightarrow MnO + Fe$$

$$FeO + C \rightarrow Fe + CO$$

Os minérios normalmente contêm Si ou P como impurezas, que são oxidados a SiO_2 e P_4O_{10}. Um teor de fósforo superior a 0,05% produz um aço de baixa resistência à tração e bastante quebradiço. O processo Bessemer não remove o fósforo. Assim, pode ser utilizado a partir de ferro gusa com baixo ou nenhum teor de fósforo. Além disso, o fósforo danifica o revestimento interno do conversor e este só pode ser substituído desativando temporariamente o conversor.

$$P_4O_{10} + 6Fe + 3O_2 \rightarrow 2Fe_3(PO_4)_2$$

$$Fe_3(PO_4)_2 + 2Fe_3C + 3Fe \rightarrow 2Fe_3P + 6FeO + 2CO$$

$$FeO + SiO_2 \text{ (revestimento do forno)} \rightarrow FeSiO_3$$

Em alguns países, minérios de ferro ricos em fósforo são usados como matéria-prima na fabricação do aço. Nesse caso, o "processo Bessemer básico" (também conhecido como processo Thomas e Gilchrist, patenteado por S. G. Thomas em 1879) substitui o processo Bessemer normal. Há duas diferenças entre esses processos:

1) O conversor Thomas é revestido com um material básico, tal como dolomita ou calcário calcinados. Esse material é mais resistente à reação com escória de fosfato de ferro, o que aumenta a vida útil do equipamento.

2) Calcário ($CaCO_3$), ou cal (CaO) são adicionados como formadores de escória. Esses compostos são básicos e reagem com o P_4O_{10}, formando uma escória básica de $Ca_3(PO_4)_2$, que remove o fósforo do aço. A escória básica é um subproduto valioso que, após ser pulverizado, é comercializado como fertilizante do grupo dos fosfatos.

5.4.2.2 Conversor Ld (Linz-Donawitz)

O processo de conversão LD foi idealizado em 1948 por Durrer (Suíça). Plantas em escala piloto foram testadas nas cidades de Linz e Donawitz, daí o nome LD. Foi comercializado em 1952 pela Voest de Linz. A figura 5.4e apresenta uma representação esquemática de uma aciaria LD, indicando a localização relativa dos equipamentos.

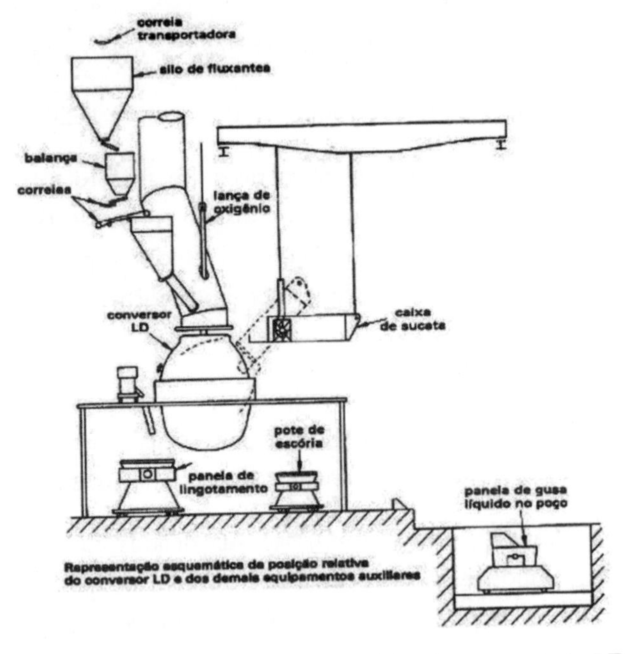

Figura 5.4e – Representação esquemática de uma aciaria LD

O conversor LD utiliza o princípio de injeção de oxigênio puro, que é soprado sob pressão na superfície da gusa líquida. Essa injeção é feita pela parte de cima do conversor, por meio de uma lança metálica.

Esse tipo de conversor é constituído de uma carcaça cilíndrica de aço resistente ao calor, revestido internamente por materiais refratários de dolomita ou magnesita. O oxigênio é dirigido para a superfície do gusa líquido e essa região é chamada de zona de impacto.

Na zona de impacto (figura 5.4f), a reação de oxidação é muito intensa e a temperatura chega a atingir de 2500°C a 3000°C. Isso provoca uma grande agitação do banho, o que acelera a oxidação na gusa líquida. Nesse conversor, a contaminação do aço por nitrogênio é muito pequena, porque é usado oxigênio puro. Esse é um fator importante para os aços que passarão por processos de soldagem, por exemplo, pois esse tipo de contaminação causa defeitos na solda.

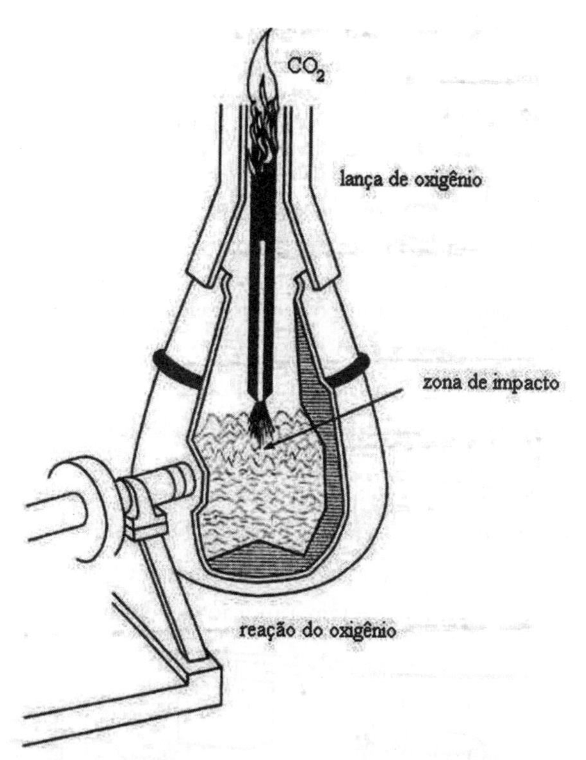

Figura 5.4f – Zona de impacto no conversor LD

O uso de conversores tem uma série de vantagens: alta capacidade de produção, dimensões relativamente pequenas, simplicidade de operação e o fato de as altas temperaturas não serem geradas pela queima de combustível, mas pelo calor desprendido no processo de oxidação dos elementos que constituem a carga da gusa líquida.

Por outro lado, as desvantagens são: perda de metal por queima, dificuldade de controlar o processo com respeito à quantidade de carbono, presença de considerável quantidade de óxido de ferro e gases, que devem ser removidos durante o vazamento.

5.4.2.3 Fornos Elétricos

Os fornos elétricos são basicamente de dois tipos: a arco elétrico (figura 5.4g) e de indução (figura 5.4h). A carga de um forno a arco é constituída de sucata e fundente. Nos fornos de revestimento ácido a carga deve ter mínimas quantidades de fósforo e enxofre. Nos fornos de revestimento básico, a carga deve ter quantidades bem pequenas de silício.

Durante o processo, algumas reações químicas acontecem: a oxidação, na qual se oxidam as impurezas e o carbono, a desoxidação, ou retirada dos óxidos com a ajuda de agentes desoxidantes, e a dessulfuração, quando o enxofre é retirado. É um processo que permite o controle preciso da quantidade de carbono presente no aço.

Para a produção de aço, a sucata, que deve ser de boa qualidade, é colocada dentro do forno à medida que a carga é fundida. Depois que a fusão se completa e que a temperatura desejada é atingida, adiciona-se cálcio, silício ou alumínio, que são elementos desoxidantes e têm a função de retirar os óxidos do metal.

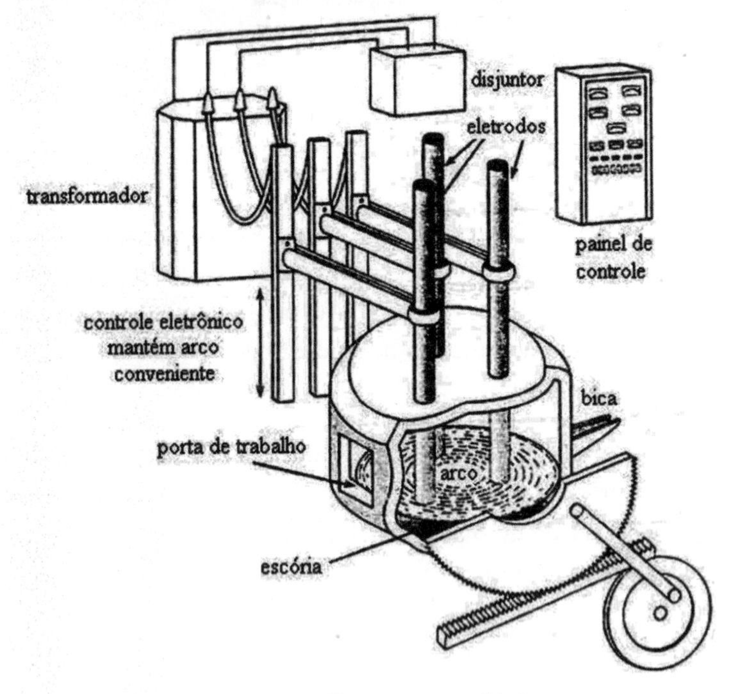

Figura 5.4g – Forno a arco elétrico

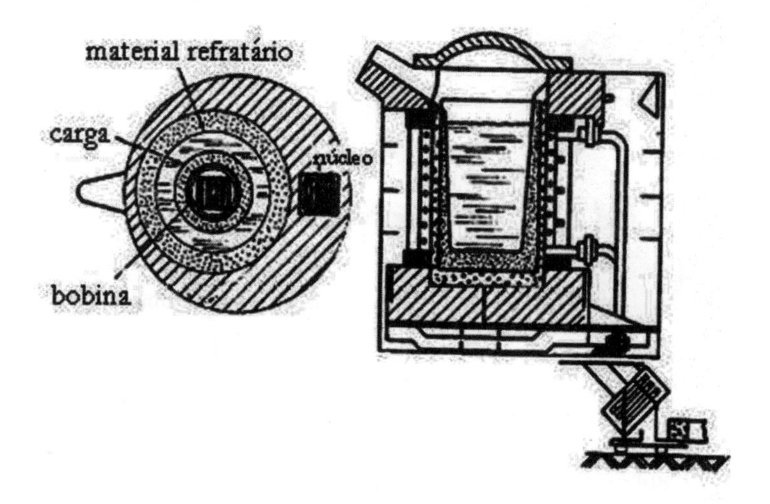

Figura 5.4h – Vista superior e corte lateral de um forno de indução

As vantagens da produção de aço nos fornos elétricos são: maior flexibilidade de operação; temperaturas mais altas; controle mais rigoroso da composição do aço; melhor aproveitamento térmico; ausência de problemas de combustão, por não existir chama oxidante; e processamento da sucata. Por outro lado, as principais desvantagens são o custo operacional (custo da energia elétrica) e a baixa capacidade de produção dos fornos. O aço produzido nos fornos elétricos pode ser transformado em chapas, tarugos, perfis laminados e peças fundidas.

Pelo que vimos até agora, o modo de fabricação do aço depende da matéria-prima disponível: gusa líquida pede fornos com injeção de ar; sucata pede fornos elétricos. O tipo de aço obtido após a fabricação também depende desses processos: fornos a ar produzem aços-carbono comuns; fornos elétricos produzem aço de melhor qualidade, cuja composição química pode ser mais rigorosamente controlada.

Quando necessário, o aço passa por um refino secundário realizado no forno panela, com o objetivo de ajustar sua composição e temperatura Depois de ser refinado, é transportado ao lingotamento contínuo, onde é vazado em um distribuidor que o leva a diversos veios. Em cada veio, passa por moldes de resfriamento para solidificar-se na forma de tarugos, que são cortados em pedaços convenientes para a laminação. Um resumo desse processo está na figura 5.4i.

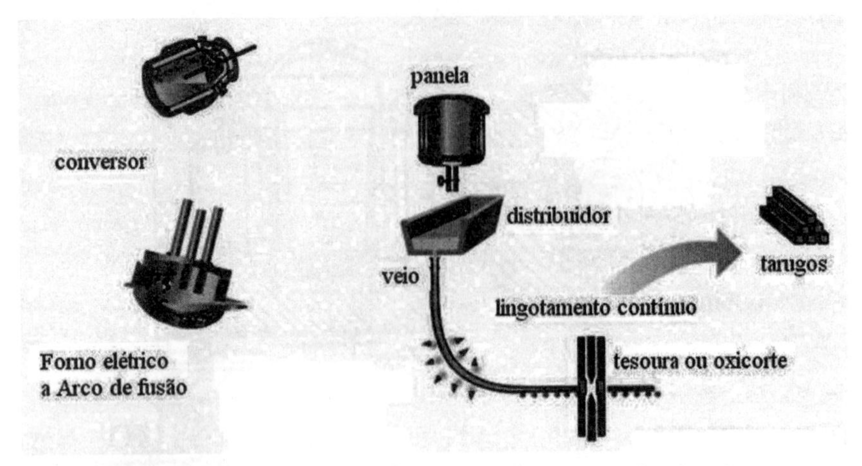

Figura 5.4i – Obtenção de tarugos de aço para laminação

Todas as informações referentes aos conversores e fornos elétricos são apresentadas de forma resumida na tabela 5.1b.

Tabela 5.1b – Resumo da aplicação de conversores e fornos

Tipo de forno	Combustível	Tipo de carga	Capacidade de carga	Vantagens	Desvantagens
Conversor Bessemer	Injeção de ar comprimido	Gusa líquida	10 ton a 40 ton	Ciclo curto de processamento (10 a 20 minutos)	Impossibilidade de controle do teor de carbono. Elevado teor de óxido de ferro e nitrogênio no aço. Gera poeira composta por óxido de ferro, gases e escória.
Conversor Thomas	Injeção de ar comprimido	Gusa líquida, fundente.	Em torno de 50 ton	Alta capacidade de produção. Permite usar gusa com alto teor de fósforo.	A gusa deve ter baixo teor de silício e enxofre. Elevado teor de óxido de ferro e nitrogênio no aço. Gera poeira composta por óxido de ferro, gases e escória.

Conversor LD	Injeção de oxigênio puro sob alta pressão.	Gusa líquida, fundente.	100 ton	Mínima contaminação por nitrogênio.	Gera poeira composta por óxido de ferro, gases e escória.
Forno a arco elétrico	Calor gerado pelo arco elétrico.	Sucata de aço + gusa, minério de ferro, fundente.	40 ton a 70 ton	Temperaturas mais altas. Rigoroso controle da composição química. Bom aproveitamento térmico.	Pequena capacidade do forno e alto custo operacional.
Forno de indução	Calor gerado por corrente induzida dentro da própria carga.	Sucata de aço.	Em torno de 8ton.	Fusão rápida. Exclusão de gases. Alta eficiência.	Pequena capacidade dos fornos. Custo operacional.

5.5 Conformação Mecânica

O aço produzido por uma indústria siderúrgica é moldado de diversas formas, por meio de conformações mecânicas, sendo que cada processos depende da aplicação específica do produto final obtido, por exemplo, para a produção de pregos, fios de aço para concreto armado, dentre outras. Os processos de conformação mecânica básicos são a laminação a quente e a trefilação.

5.5.1 Laminação a Quente

No processo de laminação a quente, as barras produzidas nas lingoteiras são reaquecidas a 1200°C e submetidas a esforços de compressão. O aço, que nesta temperatura adquire cor rubra, é forçado a passar pelos trens de laminação, que, em geral, são divididos em três categorias: trens debastadores, trens intermediários e trens acabadores. A passagem do aço por estes trens implica reduções paulatinas na seção transversal da barra, formando fios e chapas de aço (figura 5.5a).

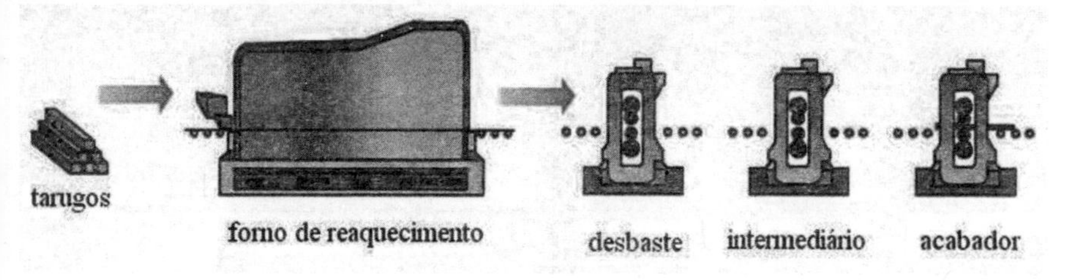

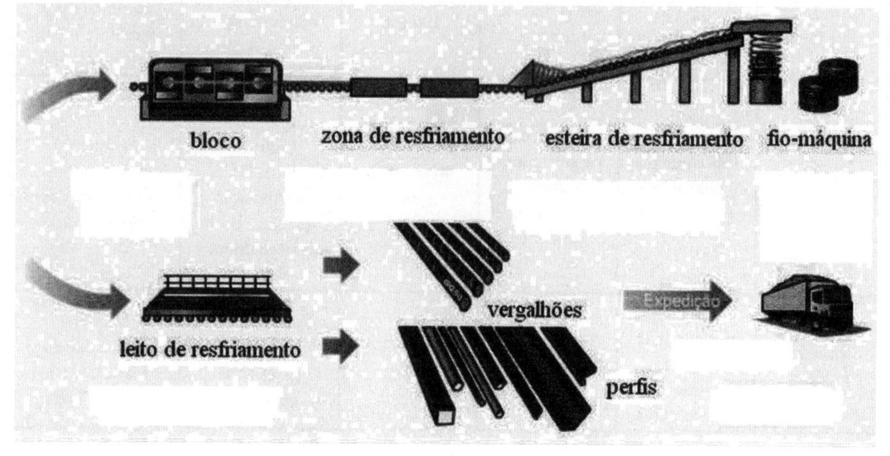

Figura 5.5a – Esquema de obtenção de fios e chapas de aço

Ao final da laminação a quente, o produto final é resfriado em contato com o meio ambiente, o que provoca oxidação superficial da barra e cria uma camada de óxido chamada de carepa de laminação, que protege o produto contra a corrosão atmosférica.

5.5.2 Trefilação

Na etapa de trefilação (figura 5.5b), os rolos de fios de aço são submetidos a uma deformação a frio a partir do estiramento do aço. Antes disso, entretanto, é necessária a decapagem dos fios provenientes dos laminadores a quente para remover a carepa de laminação. A decapagem é feita em banhos de ácido clorídrico, seguidos de banhos com água e, finalmente, de um banho de cal para neutralizar o ácido remanescente. Os fios de aço já decapados são forçados a passar através de vários anéis com diâmetro de entrada maior do que o de saída (fieiras).

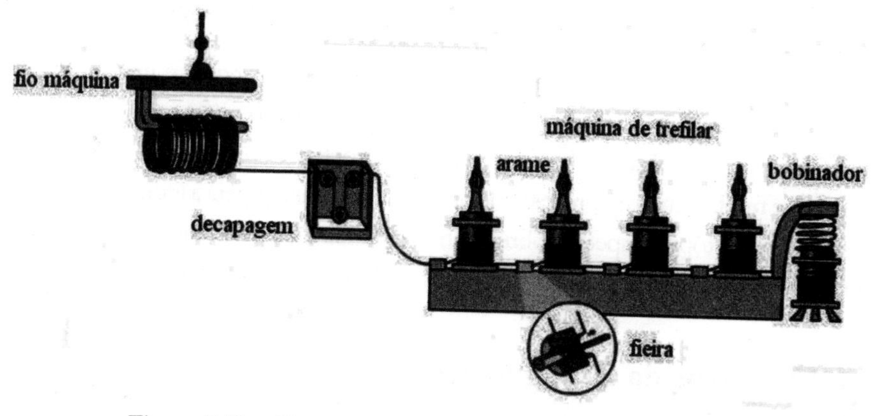

Figura 5.5b – Esquema simplificado da trefilação do aço

O resultado é a deformação microestrutural do aço, com alongamento dos fios e aumento da dureza (o que requer recozimento para aumentar a ductibilidade do material). Ao final do processo de trefilação, os fios são recobertos com óleo para serem protegidos da corrosão, já que não possuem mais a carepa de laminação. O produto acumulado na forma de fios pode ser utilizado para a produção de pregos e arames, entre outros (figura 5.5c).

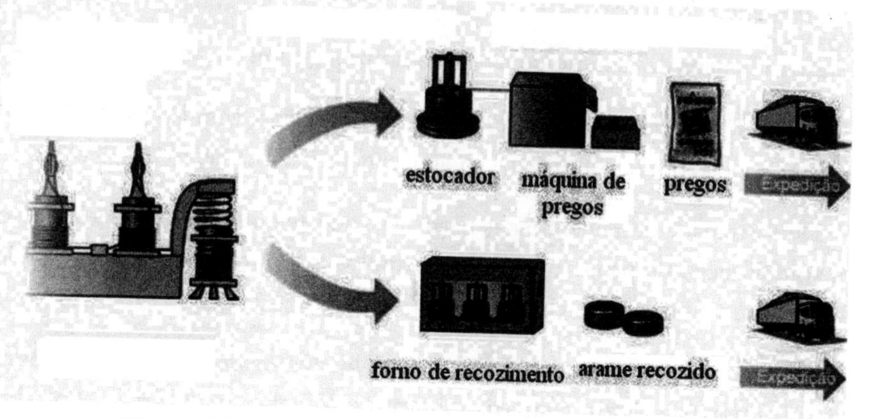

Figura 5.5c – Produtos obtidos a partir de fios de aço

Tópico Especial 5 - Operações Unitárias: Britagem e Moagem

A quebra de partículas sólidas maiores em partículas menores é uma operação industrial importante. Vimos que, para obtenção de ferro e aço, é necessário o beneficiamento de calcário e hematita a partir de rochas. A presença de britadores e moinhos é fundamental no processo de obtenção de minerais para a indústria química. Assim, neste 5º tópico especial sobre operações unitárias, vamos compreender como funcionam alguns destes gigantes moedores: os britadores e moinhos.

5.6 Objetivos da Britagem e da Moagem

A utilização de britadores e moinhos visa, muitas vezes, apenas à obtenção de blocos de dimensões trabalháveis. Porém, na grande maioria dos casos o objetivo é aumentar a área externa (superfície de contato), de modo a tornar mais rápido o processamento do sólido. Constituem exemplos a moagem de cristais para facilitar a sua dissolução, o britamento e a moagem de combustíveis sólidos antes da queima, a moagem do cimento para facilitar a pega, o corte da madeira antes do cozimento na produção de celulose e a moagem de oleaginosas para acelerar a extração por solventes.

As vantagens da redução de tamanho no processamento são:

Aumento da relação superfície/volume, aumentando, com isso, a eficiência de operações posteriores, como extração, aquecimento, resfriamento, desidratação etc.

Uniformidade do tamanho das partículas, que auxilia na homogeneização ou na solubilização de produtos em pó (exemplos: sopas desidratadas, preparados para bolos, achocolatados etc.).

Frequentemente, a moagem tem como objetivo promover a mistura íntima de dois ou mais sólidos, como na fabricação de tintas imobiliárias. O produto será tanto mais uniforme quanto menor for o tamanho das partículas a serem misturadas. Por isso, quando um alto índice de homogeneização é requerido, a moagem fina do material é indispensável.

A trituração ou moagem pode ser considerada muito ineficaz do ponto de vista energético. Somente uma pequena parte da energia é empregada realmente para a ruptura ou fragmentação do sólido. A maior parte dirige-se para a deformação desse sólido e a criação de novas linhas de sensibilidade que podem produzir a ruptura sucessiva dos fragmentos. O resto da energia é dissipado em forma de calor.

Em um processo de moagem, é possível operar a seco e a úmido. Geralmente, a operação a úmido economiza cerca de 25% de energia. Além disso, o controle do pó é bem mais perfeito na operação a úmido e a própria classificação do material na saída do moinho torna-se mais simples. Contudo, há operações, como a moagem do cimento e da cal, que só podem ser conduzidas a seco. Em contraposição, a moagem a úmido é quase sempre imperiosa em muitos processos. Quando é levada a dimensões extremamente pequenas, por exemplo, forças de atração podem causar aglomeração de partículas e o único recurso é mover o sólido em suspensão no líquido.

A moagem pode ser realizada em bateladas ou em operação contínua. Neste último caso, pode-se operar em circuito aberto ou fechado.

Circuito aberto: o material é alimentado ao moinho e passa apenas uma vez pela máquina, sendo retirado do circuito após a moagem (figura 5.6a).

A → **Moinho** → P

Figura 5.6a – Operação em circuito aberto contínuo

Circuito fechado: o material passa por um separador, onde os finos constituem o produto e os grossos retornam para reciclagem (figuras 5.6b e 5.6c).

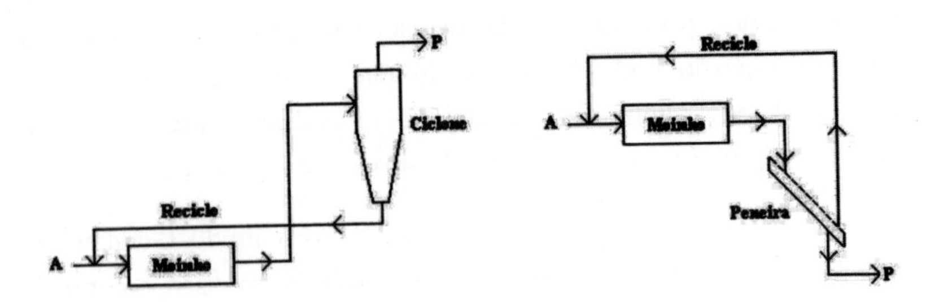

Figura 5.6b – Operação em circuito fechado com operação a seco

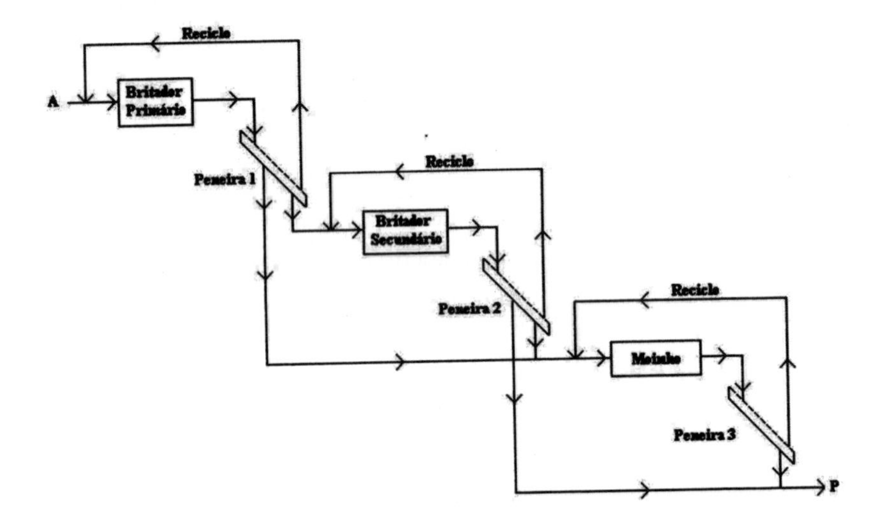

Figura 5.6c – Operação em circuito fechado a seco com três estágios

5.7 Mecanismos de Fragmentação

Tendo em vista a enorme variedade estrutural dos materiais sólidos processados na indústria, bem como os inúmeros graus de finura desejados, é fácil concluir que o mecanismo de fragmentação não pode ser único. Os sólidos podem sofrer redução de tamanho por vários processos, porém, apenas quatro são utilizados industrialmente: **compressão, impacto, atrito e corte.**

5.8 Equipamentos empregados na Fragmentação

A diferenciação entre britadores e moinhos dá-se principalmente pelo tamanho das partículas do produto obtido. As máquinas que efetuam a fragmentação de sólidos grosseiros são chamadas britadores, enquanto as que dão produtos de menor tamanho são moinhos. A tabela 5.8a apresenta as dimensões comumente empregadas na classificação de britadores e moinhos, de acordo com o tamanho do sólido processado (alimentação e saída).

Tabela 5.8a: critérios de classificação de britadores e moinhos

Equipamentos	Alimentação	Produto
Britadores primários	10 cm a 1,5 m	0,5 cm a 5 cm
Britadores secundários	0,5 cm a 5 cm	0,1 cm a 0,5 cm
Moinhos finos	0,2 cm a 0,5 cm	200 mesh

Uma grande variedade de equipamentos para redução de sólidos é oferecida pelos fabricantes tradicionais do ramo. Os modelos diferem pelos detalhes construtivos e todos apresentam vantagens a desvantagens em cada situação particular, de modo que a seleção do tipo apropriado requer muito cuidado e julgamento. Dentre os fatores que dificultam a escolha do equipamento e também sua classificação, podemos citar:

- a multiplicidade de materiais a serem fragmentados;
- a variedade de características desejadas nos produtos;
- as limitações teóricas do assunto;
- a liberdade de nomenclatura. Moagem, por exemplo, tornou-se um termo quase universal para descrever a redução de tamanho, muito embora isto não seja correto;
- as condições particulares de cada indústria.

Descreveremos a seguir alguns tipos de britadores e moinhos utilizados pela indústria química.

5.9 Britadores Primários

5.9.1 Britador de Mandíbulas

Apresenta como partes mais importantes duas mandíbulas de aço, sendo uma fixa e uma móvel, colocadas no interior de uma carcaça de aço, ferro ou aço-manganês. A mandíbula móvel, também chamada queixo, bascula em torno de um eixo. A outra extremidade da mandíbula fica numa biela presa a um excêntrico existente no cubo da polia motora. À medida que a polia gira, o excêntrico movimenta a biela em sobe e desce, o que provoca um movimento de vaivém da mandíbula móvel. As articulações entre as placas e a mandíbula são mantidas por meio de um tirante, que pressiona uma mola quando a mandíbula móvel aproxima-se da fixa.

A britagem nesse equipamento ocorre essencialmente por compressão, em que o material britado desce somente por gravidade, sem ser arrastado pelas mandíbulas. Dessa forma, o atrito sobre as mandíbulas é minimizado, aumentando sua vida útil. A principal aplicação dos britadores de mandíbula (figuras 5.9a e 5.9b) é o britamento primário de materiais duros e abrasivos em sistema descontínuo.

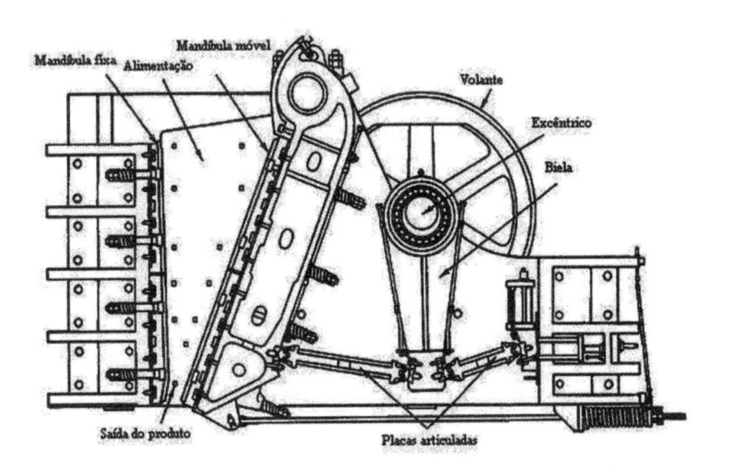

Figura 5.9a – Britador de mandíbulas tipo Blake (Fonte: Perry)

Figura 5.9b – Britador de mandíbulas tipo Blake (Fonte: Metso Minerals)

5.9.2 Britador Giratório

Este britador (figuras 5.9c e 5.9d) opera por compressão e atrito em sistema contínuo de processamento. É constituído de um corpo cônico de carga, seguido de outro de descarga. No interior há um eixo com uma cabeça cônica de britamento. À medida que a carga gira, um excêntrico faz com que a cabeça cônica de britamento aproxime-se e afaste-se alternadamente do corpo do britador.

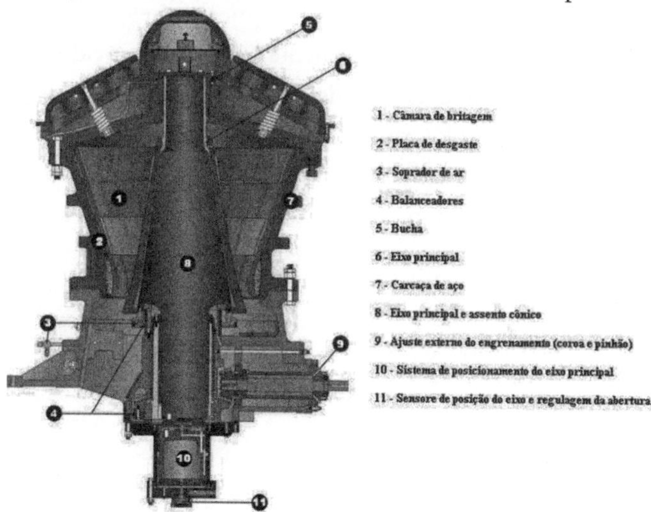

Figura 5.9c – Britador giratório (Fonte: Metso Minerals)

Figura 5.9d – Britador giratório (Fonte: Metso Minerals)

5.10 Britadores Secundários

5.10.1 Britador de Rolos

O britador de rolos pode ter um único rolo ou dois rolos. No modelo de dois rolos horizontais (figura 5.10a), estes giram à mesma velocidade em sentidos contrários, sendo que um pode girar livremente e o outro é movido por uma polia motora. Os tamanhos da alimentação e do produto são controlados pelo espaço de separação entre os dois rolos, que é regulável e mantido constante por meio de um conjunto de molas resistentes, mas que cedem quando acidentalmente um material inquebrável é alimentado entre os rolos. A superfície dos rolos também pode ser estriada ou dentada (figuras 5.10b e 5.10c).

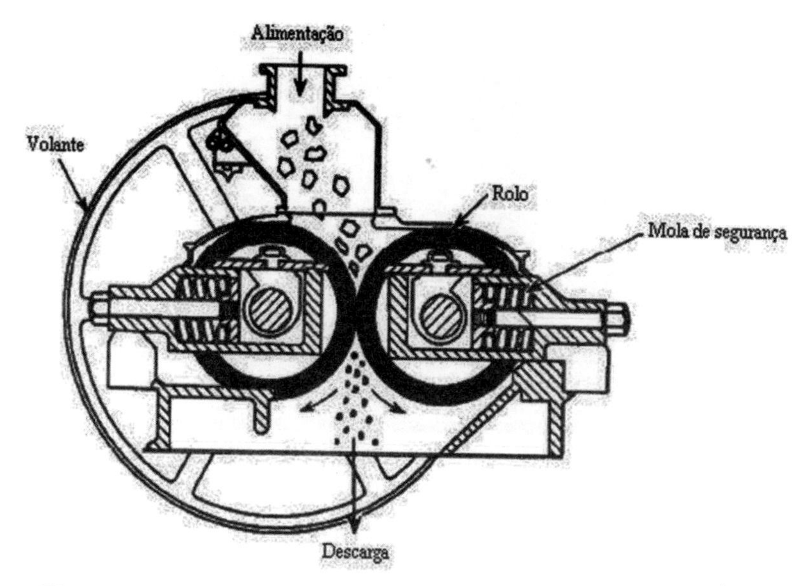

Figura 5.10a – Britador de dois rolos lisos (Adaptado de: McCabe)

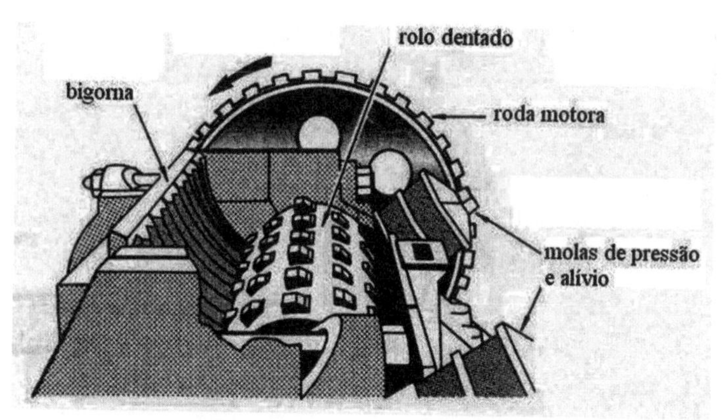

Figura 5.10b – Britador de rolo único dentado (Fonte: Perry)

Figura 5.10c – Britador de rolo dentado, vista superior da parte interna

O britador de rolo dentado presta-se ao britamento de sólidos laminados como calcário, dolomita, fosfato, cimento e xisto.

5.10.2 Britador de Barras ou Gaiolas

É utilizado principalmente como desintegrador de materiais sem muita resistência mecânica e que podem ser úmidos e pegajosos para serem britados em outros tipos de máquinas. Usa-se para carvão, calcário, fertilizantes e materiais fibrosos.

O sólido é alimentado pela parte superior e atravessa as gaiolas, que giram em alta velocidade. A fratura do material ocorre por impactos múltiplos com as barras. O produto sai pela parte inferior da máquina (figura 5.10d).

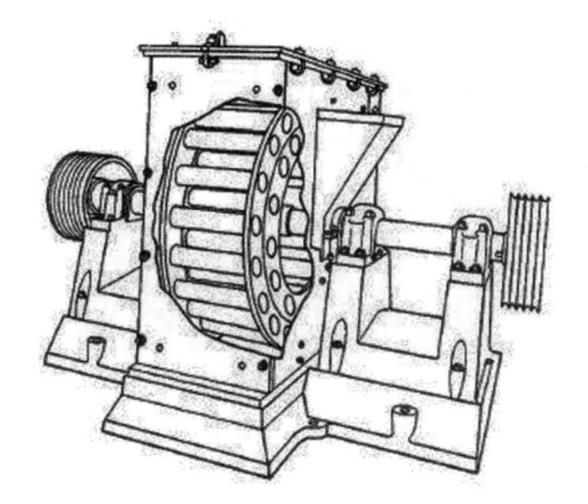

Figura 5.10d – Britador de barras ou gaiolas (Fonte: Gomide)

5.11 Moinhos

5.11.1 Moinho de Bolas

Em sua forma mais simples, o moinho de bolas comum consta de um tambor cilíndrico rotativo que, em operação, é parcialmente preenchido de bolas (figuras 5.11a e 5.11b). O material a ser moído é alimentado no tambor e, à medida que este gira, as bolas são levantadas até certo ponto, para depois caírem diretamente sobre ele. As bolas podem ser de aço, porcelana, pedra, ferro ou qualquer outro material conveniente.

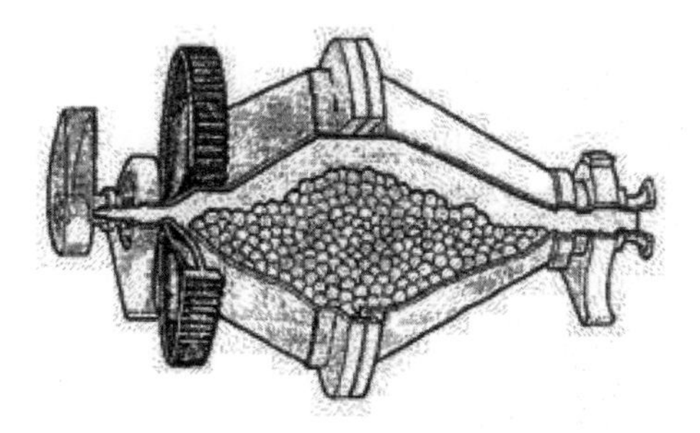

Figura 5.11a – Corte em perfil de um moinho de bolas

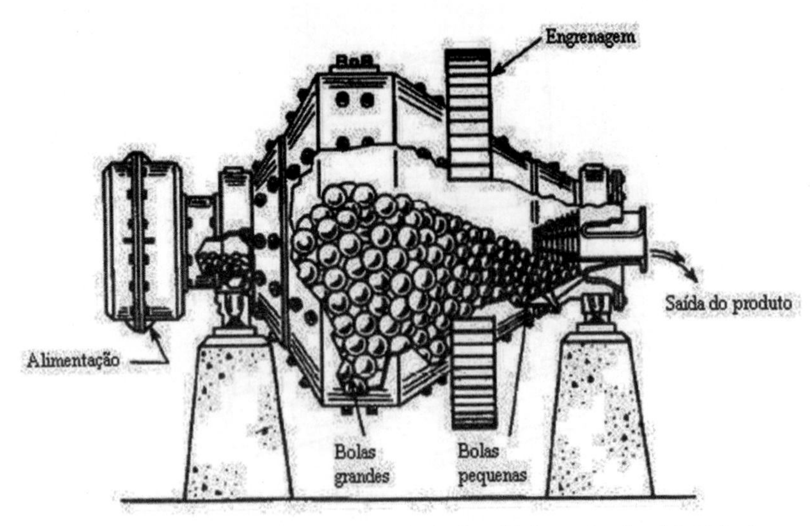

Figura 5.11b – Moinho cônico de bolas (Adaptado de: McCabe)

5.11.2 Moinho de martelos

Opera principalmente por impacto, prestando-se a fragmentar materiais frágeis não abrasivos; utilizado igualmente para materiais fibrosos, como milho, soja e café, pois uma parte da ação da fragmentação é por corte. Os maiores servem para trabalhos pesados, como britamento de carvão, calcário, barita, cal, xisto e osso em pedaços de 20 cm até 50 cm (são considerados britadores também).

Um rotor gira em alta velocidade no interior de uma carcaça. Neste rotor, há determinado número de martelos periféricos que basculam em torno do seu ponto de fixação. Em operação normal, os martelos são orientados radialmente pela força centrífuga, porém, se um material inquebrável for alimentado ao britador, eles desviam-se de sua posição radial para evitar a quebra. O produto sai pelo fundo, onde há barras que formam uma grelha (figura 5.11c).

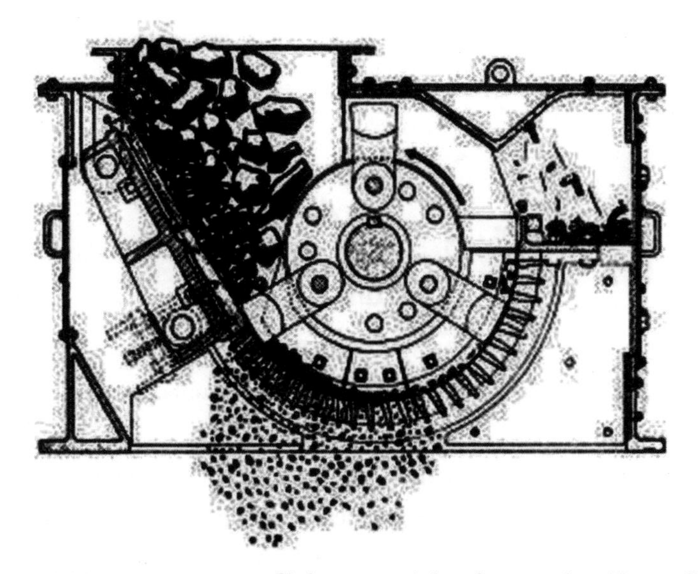

Figura 5.11c – corte em perfil de um moinho de martelos (Fonte: Perry)

2º Tópico Especial 5 - Operações Unitárias: Peneiramento

O peneiramento constitui uma parte fundamental dos processos de britagem, pois, após a diminuição da dimensão de um sólido, é quase sempre necessária sua classificação. Essa classificação é necessária para que tenhamos frações com determinadas dimensões (especificadas de acordo com o produto) e homogêneas. Em diversos setores industriais como o de cimentos e cerâmicos, corantes e pigmentos, alimentos, fármacos e muitos outros, o controle da distribuição granulométrica é crítico. A técnica mais empregada para medida dessas distribuições é o peneiramento. A seguir, há uma breve descrição da operação de peneiramento na indústria química.

5.12 Peneiramento (tamisação)

Peneiramento é a separação das partículas de materiais granulares através de uma superfície perfurada (figura 5.12a). A necessidade de separar sólidos tem a duas finalidades: 1ª) Dividir o sólido granular em frações homogêneas; e 2ª) Obter frações com partículas de mesmo tamanho. Quando o objetivo é o segundo, o peneiramento é a operação mais econômica.

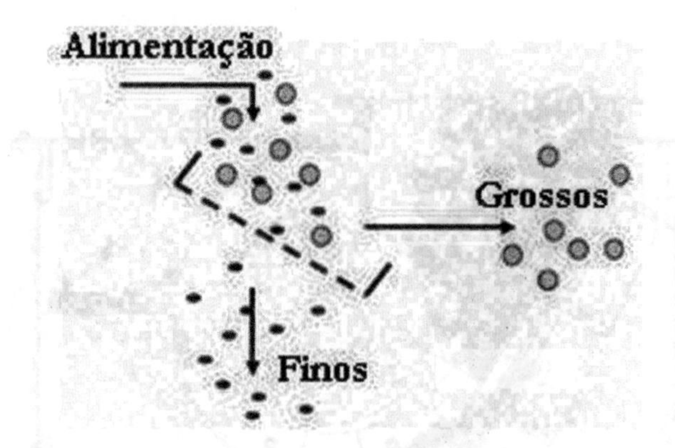

Figura 5.12a – Princípio de operação de uma peneira

Observe, na figura 5.12ª, que o sólido alimentado é movimentado sobre a peneira; as partículas que passam pelas aberturas constituem o material fino e as que ficam retidas constituem o material grosso. A abertura da peneira chama-se diâmetro de corte (Dc).

Quando temos uma peneira que separa apenas duas frações, elas são ditas não classificadas, porque só uma das medidas extremas de cada fração é conhecida: a de maior partícula da fração fina e a de menor partícula da fração grossa. Com mais peneiras será possível obter frações classificadas, cada uma das quais satisfazendo especificações de tamanho máximo e mínimo das partículas, de modo que teremos uma classificação granulométrica.

5.12.1 Análise Granulométrica

Para as operações que envolvem sistemas sólidos granulares, é necessário caracterizar as partículas sólidas, com relação à forma, ao tamanho, à densidade etc. Uma amostra de um sistema particulado conterá partículas de diferentes tamanhos. Assim, é possível observar ou medir as distribuições associadas a cada uma das seguintes quantidades:

1- Número de partículas;

2- Massa total da amostra;

3- Volume total da amostra;

4- Área superficial de todas as partículas;

5- Tamanho/soma dos tamanhos individuais.

Em operações que envolvem fragmentação de sólidos, como a moagem, a análise granulométrica é essencial para determinar o sucesso da operação. Tanto as especificações da granulometria desejada como o cálculo da energia necessária para realizar uma operação de fragmentação requerem a definição do que se entende por tamanho das partículas do material. A determinação de outras características do produto moído também exige o conhecimento prévio da granulometria e geometria das partículas que o constituem.

Distinguem-se pelo tamanho, cinco tipos de sólidos particulados:

- Pós: partículas de 1 mm até 0,5 mm;
- Sólidos granulares: de 0,5 mm a 10 mm;
- Blocos pequenos: partículas de 1 a 5 cm;
- Blocos médios: partículas de 5 até 15 cm;
- Blocos grandes: partículas maiores que 15 cm.

5.12.2 Análise de Peneira

Uma das técnicas mais simples e diretas para a determinação da distribuição de tamanho de uma amostra de partículas é a análise de peneiras padronizadas, com malhas precisas, formando uma série com abertura de malhas cada vez mais finas. As peneiras selecionadas são empilhadas e colocadas sobre um vibrador, e a amostra é colocada na peneira superior, a mais aberta. As peneiras ficam encaixadas sobre uma panela destinada a recolher a parcela de partículas mais finas, que passam por todas as malhas das peneiras. Após certo tempo, previamente determinado, o material retido em cada uma das peneiras do sistema é retirado e pesado. As peneiras mais utilizadas para a determinação da distribuição de tamanho são as da série Tyler (figura 5.12b).

Figura 5.12b – Peneiras da série Tyler (Fonte: Bertel)

O peneiramento série Tyler consta de 14 peneiras e tem como base uma peneira de 200 malhas por polegada linear (200 mesh), feita com fio de arame de 0,053 mm de espessura, o que dá uma abertura livre de 0,074 mm. As demais peneiras são: 150, 100, 65, 48, 35, 28, 20, 14, 10, 8, 6, 4 e 3 mesh. Mesh é o número de malhas por polegada linear. Na tabela 5.12a há uma comparação das dimensões de saída das peneiras Tyler e ASTM em relação ao número de mesh, diâmetro do fio e área livre.

Tabela 5.12a – Dimensão de saídas das peneiras padrão série ASTM e Tyler

ASTM E-18.58T				W.S. Tyler Standard			
a (µm)	d (mm)	m (mesh)	α (%)	a (µm)	d (mm)	m (mesh)	α (%)
5660	1.680	3.5	59.4	5613	2.651	3.5	59.7
4760	1.540	4	67.0	4699	1.651	4	54.8
4000	1.370	5	56.5	3962	1.118	5	60.8
3360	1.230	6	53.6	3327	0.914	6	61.5
2830	1.100	7	51.8	2794	0.831	7	59.4
2380	1.000	8	49.5	2362	0.813	8	55.4
2000	0.900	10	47.5	1981	0.838	9	49.4
1680	0.810	12	45.5	1651	0.889	10	42.2
1410	0.725	14	43.8	1397	0.711	12	44.0
1190	0.650	16	41.8	1168	0.635	14	42.0
1000	0.580	18	40.1	991	0.597	16	38.9
840	0.510	20	38.6	833	0.437	20	43.0
710	0.450	25	37.4	701	0.358	24	43.8
590	0.390	30	36.2	589	0.318	28	42.2
500	0.340	35	35.4	495	0.300	32	38.8
420	0.290	40	35.0	417	0.310	35	32.9
350	0.247	45	34.4	351	0.254	42	33.7
297	0.215	50	33.6	295	0.234	48	31.1
250	0.180	60	33.8	246	0.178	60	33.7
210	0.152	70	33.7	208	0.183	65	28.3
177	0.131	80	33.0	175	0.142	80	30.5
149	0.110	100	33.1	147	0.107	100	33.5
125	0.091	120	33.5	124	0.097	115	31.5
105	0.076	140	33.7	104	0.066	150	37.4
88	0.064	170	33.5	89	0.061	170	35.2
74	0.053	200	33.8	74	0.053	200	33.9
63	0.044	230	34.2	61	0.041	250	35.8
53	0.037	270	34.6	53	0.041	270	31.8
44	0.030	325	35.4	43	0.036	325	29.6
37	0.025	400	35.6	38	0.025	400	36.4

Legenda:
a = Abertura
d = Diâmetro do fio
m = Número de malhas por polegada linear
α = Área livre

Fonte: Braskem

5.12.3 Equipamentos Utilizados

As superfícies das quais a indústria lança mão servem para separar materiais de dimensões que variam entre 20 cm e 50 µm, mas, comumente, o limite inferior é da ordem de 100 µm a 150 µm, porque abaixo deste valor há métodos mais indicados para fazer a separação.

As peneiras podem ser feitas de qualquer metal, como ferro, latão, inox ou arame galvanizado, de seda ou plástico. Outras vezes, empregam-se placas perfuradas, sendo comum o uso de grelhas fixadas em estruturas metálicas reforçadas para realizar peneiramentos grosseiros. Podem ser quadradas, retangulares, circulares ou tubulares e sua classificação pode ser feita do seguinte modo: estacionárias, rotativas, agitadas e vibratórias, conforme abordaremos a seguir.

- Peneiras estacionárias

São as mais simples, mais robustas e econômicas das peneiras, porém são quase que exclusivamente empregadas para sólidos grosseiros, às vezes maiores do que 5 cm de diâmetro. Operam descontinuamente e entopem com muita facilidade. Tipos representativos são as telas inclinadas com 1 cm a 10 cm de diâmetro, alimentadas manualmente e que servem para separar agregados na construção civil. As grelhas robustas empregadas para separar os finos das cargas de britadores também são estacionárias. São constituídas de uma série de barras paralelas, que são mantidas em posição por meio de espaçadores. As barras são separadas de 1 cm a 5 cm e têm de 7 cm a 10 cm de largura, por mais ou menos 3 m de comprimento (figura 5.12c).

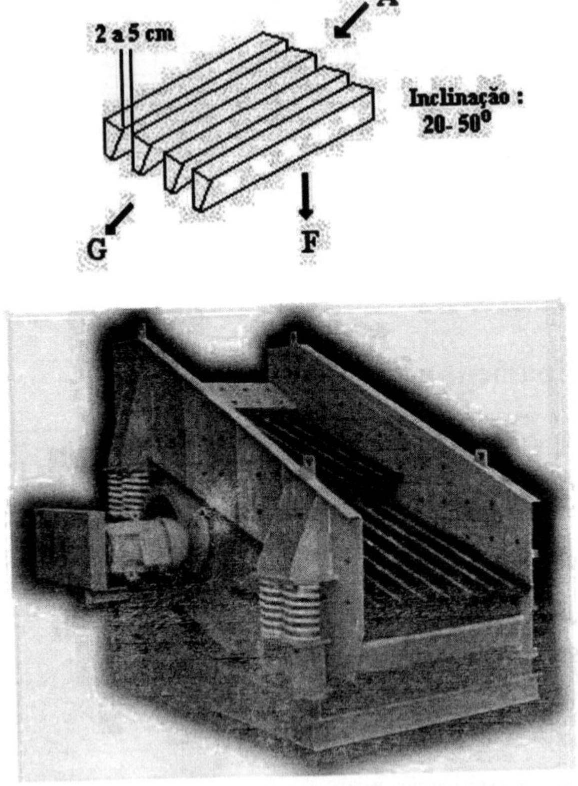

Figuras 5.12c – Peneiras estacionárias (Fontes: UFSC e Gomide)

- Peneiras rotativas

O tipo mais comum é o tambor rotativo (figura 5.12d), de emprego corrente nas pedreiras para realizar a classificação do pedrisco e das conhecidas pedras 1, 2, 3 e 4 da construção civil. É um cilindro longo, inclinado de 5° a 10° em relação à horizontal e que gira a baixa velocidade em torno de um eixo. A superfície lateral do cilindro é uma placa metálica perfurada ou uma tela, com aberturas de tamanhos progressivamente maiores na direção da saída. Isto permite separar as várias frações do material. Os comprimentos padrões variam de 4 m a 10 m.

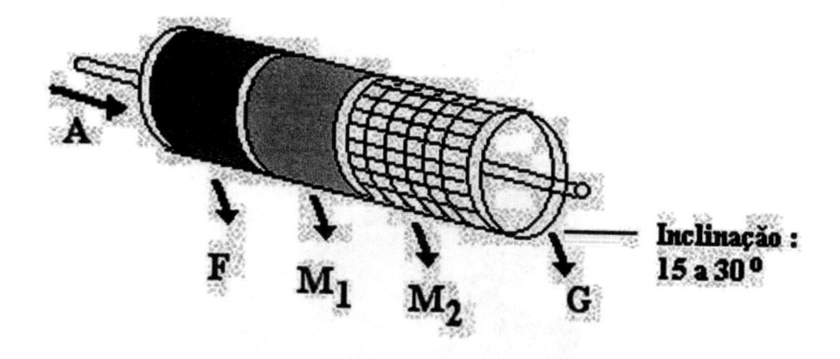

Figura 5.12d – Arranjo que separa finos, médios e grossos (Fonte: UFSC)

- Peneiras agitadas

Neste tipo de peneira (figuras 5.12e e 5.12f), a agitação provoca a movimentação das partículas sobre a superfície de peneiramento. Embora possam ser horizontais, geralmente são inclinadas, de modo que o material é transportado durante o peneiramento. A eficiência é relativamente alta, para materiais de granulometria superior a 1 cm, mas é baixa para materiais finos, principalmente quando alta capacidade é requerida. A agitação é provocada por excêntricos que permitem regular a frequência e a amplitude, de modo a se conseguir experimentalmente a melhor combinação destas variáveis. O excêntrico pode funcionar em plano vertical ou horizontal.

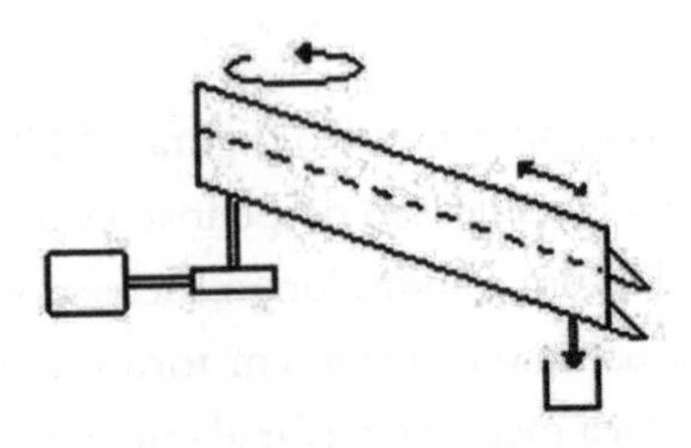

Figuras 5.12e – Peneiras agitadas (Fontes: UFSC e Gomide)

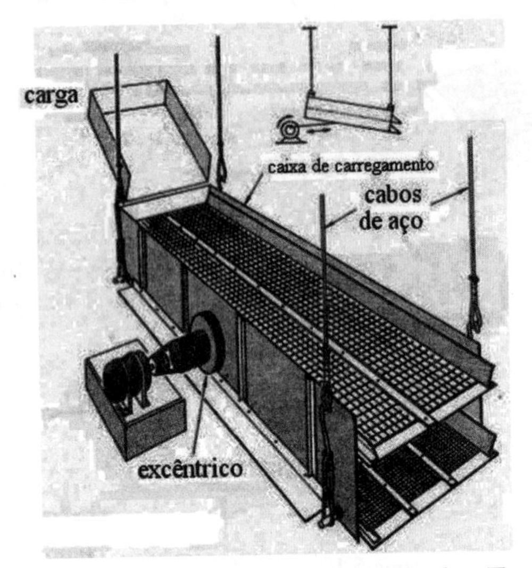

Figuras 5.12f - Outros modelos de peneiras agitadas (Fonte: Gomide)

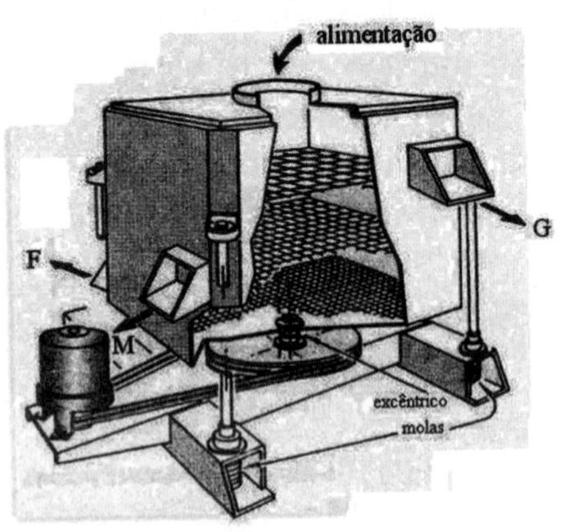

Figuras 5.12f - Outros modelos de peneiras agitadas (Fonte: Gomide)

- Peneiras vibratórias

São de alta capacidade e eficiência, especialmente para material fino, quando todas as anteriores apresentam especialmente problemas sérios de entupimento. Há dois tipos gerais: com estrutura vibrada ou com tela vibrada. Nas primeiras, a estrutura é submetida a vibração mecânica por meio de excêntricos ou eixos desbalanceados, ou vibração eletromagnética com solenóides. A diferença mais importante entre as peneiras agitadas e as vibratórias reside na frequência e na amplitude de vibração: as peneiras vibratórias têm menor amplitude de movimento e maior frequência de agitação do que as agitadas. São ligeiramente inclinadas na horizontal (figura 5.12g). As malhas utilizadas na indústria química estão entre 35 mesh, para peneiramento a úmido, até 225 mesh, em casos específicos.

Figuras 5.12g – Peneiras vibratórias (Fontes: Metso Minerals e Gomide)

O CIMENTO

O cimento é um material crucial para a construção civil. Sem ele, não teríamos como erguer as grandes construções necessárias às cidades: casas, prédios residenciais e comerciais, usinas hidrelétricas, pontes e rodovias.

Desde quando o homem utiliza o cimento?

O que é cimento e como ele é fabricado?

Existem tipos diferentes de cimento?

É isso que você descobrirá neste capítulo.

Para erguer grandes construções como a Hidrelétrica de Itaipu, o prédio mais alto do mundo, o Burj Dubai, ou o estádio do Maracanã, é necessário muito cimento, mão-de-obra e tecnologia.

Capítulo 6 - Fabricação do cimento

6.1 Introdução

A palavra CIMENTO é originada do latim CAEMENTU, que designava, na velha Roma, uma espécie de pedra natural de rochedos. A origem do cimento remonta a cerca de 4.500 anos. Diversas misturas de substâncias foram usadas desde a Antiguidade nas construções de templos e palácios. As grandes obras gregas e romanas, como o Panteão e o Coliseu, foram construídas com o uso de solos de origem vulcânica (pozolânico), que possuíam propriedades de endurecimento sob a ação da água.

O grande passo no desenvolvimento do cimento foi dado em 1756 pelo inglês John Smeaton, que conseguiu obter um produto de alta resistência por meio de calcinação de calcários moles e argilosos. Em 1818, o francês Vicat obteve resultados semelhantes aos de Smeaton, pela mistura de componentes argilosos e calcários, sendo considerado o inventor do cimento artificial. Em 1824, o construtor inglês Joseph Aspdin queimou conjuntamente pedras calcárias e argila, transformando-as num pó fino. Percebeu que obtinha uma mistura que, após secar, tornava-se tão dura quanto as pedras empregadas nas construções. A mistura não se dissolvia em água e foi patenteada pelo construtor no mesmo ano, com o nome de Cimento Portland, que recebeu esse nome por apresentar cor e propriedades de durabilidade e solidez semelhantes às rochas da ilha britânica de Portland.

6.2 Matérias-Primas

As principais matérias-primas que compõem o cimento são calcário, argila e gesso. O **calcário** é constituído basicamente de carbonato de cálcio ($CaCO_3$), que, dependendo de sua origem geológica, pode conter várias impurezas, tais como magnésio, silício, alumínio ou ferro. A **argila** é constituída por silicatos complexos que contêm alumínio e ferro como cátions principais, além de potássio, magnésio, sódio, cálcio e titânio, entre outros. A argila fornece óxidos de alumínio, ferro e silício à pasta do cimento, de modo que se pode utilizar bauxita, minério de ferro e areia, respectivamente, para corrigir os teores dos componentes necessários. O **gesso** é o produto de adição final no processo de fabricação do cimento, a fim de regular o tempo de pega (endurecimento) por ocasião das reações de hidratação que ocorrem nesta fase. É constituído basicamente por sulfato de cálcio ($CaSO_4$), que pode ser anidro, di-hidratado ou penta-hidratado. Utiliza-se também o gesso proveniente da indústria de ácido fosfórico a partir da apatita ($Ca_5(PO_4)_3(OH, F, Cl)$).

6.3 Processos de Fabricação

Dois métodos ainda são utilizados para a fabricação de cimento: processo seco e processo úmido; este último, todavia, em menor número. Nos dois métodos, as matérias-primas anteriormente citadas são extraídas das jazidas e britadas para adquirirem dimensões trabalháveis. Os dois métodos produzem um produto intermediário, chamado clínquer, e o cimento final é idêntico nos dois casos.

O **processo úmido** foi o originalmente utilizado no início da fabricação industrial de cimento e é caracterizado pela simplicidade da instalação e da operação dos moinhos e fornos utilizados. Além disso, consegue-se uma excelente mistura com menor emissão de pó, em sistemas bem primitivos de despoeiramento. Uma mistura das matérias-primas é moída com a adição de aproximadamente 40% de água e entra no forno rotativo sob a forma de polpa. É um processo pouco utilizado porque consome muita energia para eliminar a água utilizada. As suas principais vantagens são o melhor manuseio e transporte das matérias-primas e menor desgaste dos moinhos. Já o processo seco tem a vantagem determinante de economizar combustível, já que não tem água para evaporar no forno. Comparativamente, um forno de via úmida consome cerca de 1250 kcal por quilo de clínquer, contra 750 kcal de um forno por via seca.

No **processo seco,** a mistura de matérias-primas é moída, a seco, e alimenta o forno em forma de pó. A umidade da mistura do moinho é retirada pelo aproveitamento dos gases quentes do forno. O forno de um processo por via seca é mais curto que o de via úmida, a homogeneização é mais difícil e, como produzem muita poeira, as instalações requerem equipamentos de despoeiramento muito mais complexos. A seguir, apresentamos uma descrição mais detalhada do processo a seco.

6.3.1 Produção do Cimento por Via Seca

Industrialmente, o cimento é fabricado por via seca; seus principais insumos são calcário e argila, além de uma pequena quantidade de compostos que contêm ferro. As matérias-primas são extraídas das minas, britadas e misturadas em determinadas proporções.

A mistura contendo 90% de calcário e 10% de argila, aproximadamente, chamada de farinha crua, passa por moagem em moinho de bolas, rolos ou barras, onde se processa o início da mistura das matérias-primas e, ao mesmo tempo, sua pulverização. A mistura crua é homogeneizada em silos verticais de grande porte, por meio de processos pneumáticos e por gravidade. Dos silos de homogeneização, a farinha é introduzida em um forno, depois de passar por pré-aquecedores (equipamentos que aproveitam o calor dos gases provenientes do forno e promovem o aquecimento do material). O forno é rotativo, apresenta uma ligeira inclinação (5° a 10°) e tem dimensões de 60 m a 200 m de comprimento e de 2 m a 6 m de diâmetro (figura 6.3a). No forno rotativo, a mistura é calcinada à temperatura de 1450°C, que resulta em um material designado clínquer (figura 6.3b). Ao sair do forno, o clínquer é resfriado e armazenado em silos.

Figura 6.3a – Forno rotativo para produção do clínquer
(Fonte: Cimenteira Itambé)

Figura 6.3b – Aspecto do clínquer

Finalmente, o clínquer é reduzido a pó por meio da moagem (moinho de cimento), juntamente com gesso e outros aditivos. O gesso, como já dissemos, tem a função de retardar o endurecimento do clínquer, pois este processo seria muito rápido quando a água fosse adicionada ao clínquer puro. Junto com o clínquer, adições de gesso, escória de ferro, pozolana e o próprio calcário compõem os diversos tipos de cimento. Essas substâncias são estocadas separadamente, antes de entrarem no moinho de cimento. O cimento produzido é armazenado em silos e, depois, ensacado. A figura 6.3c apresenta de forma esquemática as etapas da fabricação de cimento.

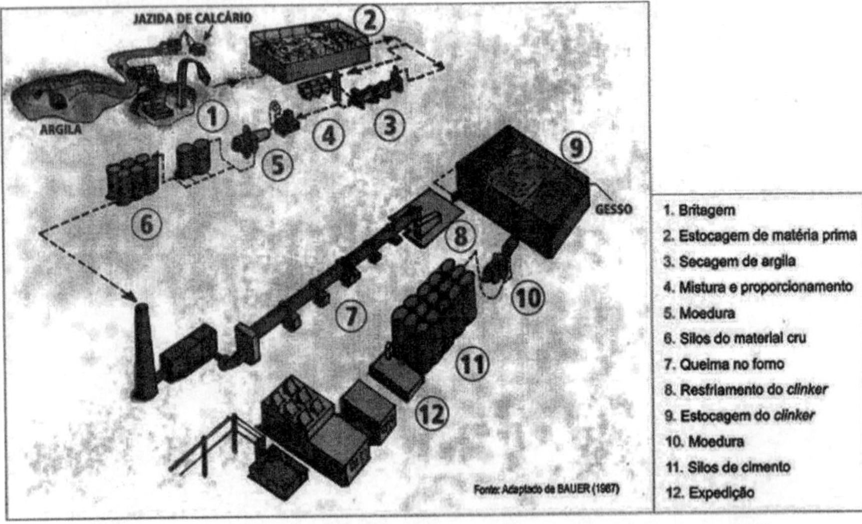

Figura 6.3c – Esquema simplificado da produção de cimento

6.3.1.1 Reações do Processo de Clinquerização

Durante a queima das matérias-primas no forno rotativo, ocorrem várias reações para a formação do clínquer, entre as quais destacam-se a evaporação da água livre, a decomposição dos carbonatos (de magnésio e cálcio), a desidroxilação das argilas e a formação dos silicatos de cálcio (di, tri e tetracálcico), ferro e alumínio.

Observe como essas reações ocorrem de forma sucinta:

- **Evaporação da água livre**

Ocorre em temperaturas abaixo de 100°C.

$$H_2O \text{ líquida} + \text{energia} \rightarrow H_2O \text{ vapor}$$

- **Decomposição do carbonato de magnésio**

O calcário ($CaCO_3$) utilizado apresenta carbonato de magnésio na sua composição, e por isso é chamado de calcário dolomítico. A decomposição do carbonato de magnésio em MgO e CO_2 tem início a 340°C, porém, à medida que o teor de cálcio aumenta, também se eleva a temperatura de decomposição.

$$MgCO_3 \text{ (sólido)} + \text{energia} \rightarrow MgO \text{ (sólido)} + CO_2 \text{ (gasoso)}$$

O MgO liberado vai dissolver-se na fase líquida (fundida) formada durante a queima e, em parte, originará soluções sólidas com as fases mais importantes do clínquer.

- **Decomposição do carbonato de cálcio**

Esta reação tem início em temperatura acima de 805°C, sendo 894°C a temperatura crítica de dissociação do carbonato de cálcio puro a 1 atm de pressão.

$$CaCO_3 \text{ (sólido)} + \text{energia} \rightarrow CaO \text{ (sólido)} + CO_2 \text{ (gás)}$$

Esta reação de descarbonatação é uma das principais para obtenção do clínquer, devido ao grande consumo de energia necessário à sua realização e à influência sobre a velocidade de deslocamento de material no forno. Nos fornos com pré-calcinadores, cerca de 94% da descarbonatação ocorre no pré-calcinador, e o restante no forno. É imprescindível que a descarbonatação esteja completa para que o material penetre na zona de alta temperatura no forno (zona de clinquerização).

- **Desidroxilação das argilas**

As primeiras reações de formação do clínquer iniciam-se em 550°C, com a desidroxilação da fração argilosa da farinha (crua). A argila perde a água combinada, dando origem a silicatos de alumínio e ferro altamente reativos com o óxido de cálcio (Cão), que é liberado pela decomposição do calcário.

A reação entre os óxidos liberados da argila e o calcário é lenta e, a princípio, os compostos formados contêm pouco CaO fixado. Com o aumento da temperatura, a velocidade da reação aumenta e os compostos enriquecem em CaO.

- **Formação do silicato dicálcico ($2CaO.SiO_2$)**

A formação do $2CaO.SiO_2$ tem início em temperatura de 900°C, em que sílica livre e CaO reagem lentamente. Na presença de ferro e alumínio esta reação é acelerada.

$$2CaO + SiO_2 + \text{energia } (1200°C) \rightarrow 2CaO.SiO_2 = \text{silicato dicálcico}$$

- **Formação do silicato tricálcico ($3CaO.SiO_2$)**

O silicato tricálcico inicia sua formação entre 1200°C e 1400°C. Os produtos de reação são $3CaO.SiO_2$, $2CaO.SiO_2$, $3CaO.Al_2O_3$ e $4CaO.Al_2O_3.Fe_2O_3$ e o restante de CaO não combinado.

$$2CaO.SiO_2 + CaO + \text{energia } (1200 \text{ a } 1450°C) \rightarrow 3CaO.SiO_2$$

6.4 Características do Cimento

O cimento tem várias aplicações, como formar o concreto (ao ser misturado com areia e brita) ou revestir e "colar" superfícies de diferentes materiais, como já se sabe. De acordo com a variação da porcentagem de seus componentes habituais ou da adição de novos componentes, o cimento pode adquirir diversas características, tais como endurecimento rápido e resistência aos álcalis, por exemplo.

O cimento produzido pelas cimenteiras é tecnicamente conhecido como Portland, , que apresenta em sua composição uma mistura de silicato tricálcico ($3CaO.SiO_2$), aluminato tricálcico ($3CaO.Al_2O_3$) e silicato dicálcico ($2CaO.SiO_2$), em diversas proporções, com pequenas quantidades de compostos de magnésio e ferro. Os percentuais aproximados de cada componente podem ser observados na tabela 6.4a.

Tabela 6.4a – Composição do Cimento Portland, segundo a ABCP[1].

Fórmula molecular	Nome e sigla	Percentual no cimento
$3CaO.SiO_2$	Silicato tricálcico (C_3S)	18% a 66%
$2CaO.SiO_2$	Silicato dicálcico (C_2S)	11% a 53%
$3CaO.Al_2O_3$	Aluminato tricálcico (C_3A)	5% a 20%
$4CaO.Fe_2O_3.Al_2O_3$	Ferro aluminato tetracálcico (C_4AF)	4% a 14%

6.5 Aditivos do Cimento

O cimento, quando produzido, pode ter modificada sua composição mediante a adição de alguns componentes a fim de lhe conferir alguma propriedade peculiar, como aumento da resistência, tempo de pega etc. Entre os aditivos mais comuns utilizados na fabricação do cimento, estão os seguintes: gesso, fíler calcário, pozolanas e escórias de alto-forno.

6.5.1 Gesso

A gipsita, sulfato de cálcio di-hidratado, é comumente chamada de gesso. É adicionada na moagem final do cimento, com a finalidade de regular o tempo de pega (endurecimento)e permitir que o cimento permaneça trabalhável por pelo menos uma hora, conforme a ABNT. Sem a adição de gipsita, o cimento tem início de pega em aproximadamente quinze minutos, o que tornaria difícil a sua utilização em concretos.

1 Associação Brasileira do Cimento Portland.

6.5.2 Fíler Calcário

A adição de calcário finamente moído é efetuada para diminuir a porcentagem de vazios, melhorar a trabalhabilidade, o acabamento, e até elevar a resistência inicial do cimento.

6.5.3 Pozolana

As pozolanas, ou materiais pozolânicos, são rochas vulcânicas ou matérias orgânicas fossilizadas que contêm sílica, encontradas na natureza. Os materiais pozolânicos também podem ser obtidos a partir da queima de certos tipos de argilas em elevadas temperaturas (550°C-900°C), de derivados da queima de carvão mineral nas indústrias termoelétricas (cinzas volantes), dentre outros. A adição de pozolana propicia ao cimento maior resistência a meios agressivos como esgotos, água do mar, solos sulfurosos e agregados reativos. Diminui também o calor de hidratação, permeabilidade, segregação de agregados e proporciona maior trabalhabilidade e estabilidade de volume, tornando o cimento pozolânico adequado a aplicações que exijam baixo calor de hidratação, como concretagens de grandes volumes.

6.5.4 Escória de alto-forno

A escória de alto-forno é subproduto da produção de ferro em alto-forno, obtida sob forma granulada por resfriamento brusco. As escórias possuem propriedade de ligante hidráulico muito resistente, isto é, reagem com água, desenvolvendo características aglomerantes muito semelhantes às do clínquer, que proporcionam ao cimento a melhoria de algumas propriedades, como maior durabilidade e maior resistência final.

A figura 6.5a apresenta um fluxograma de produção do Cimento Portland com seus aditivos a partir da farinha crua.

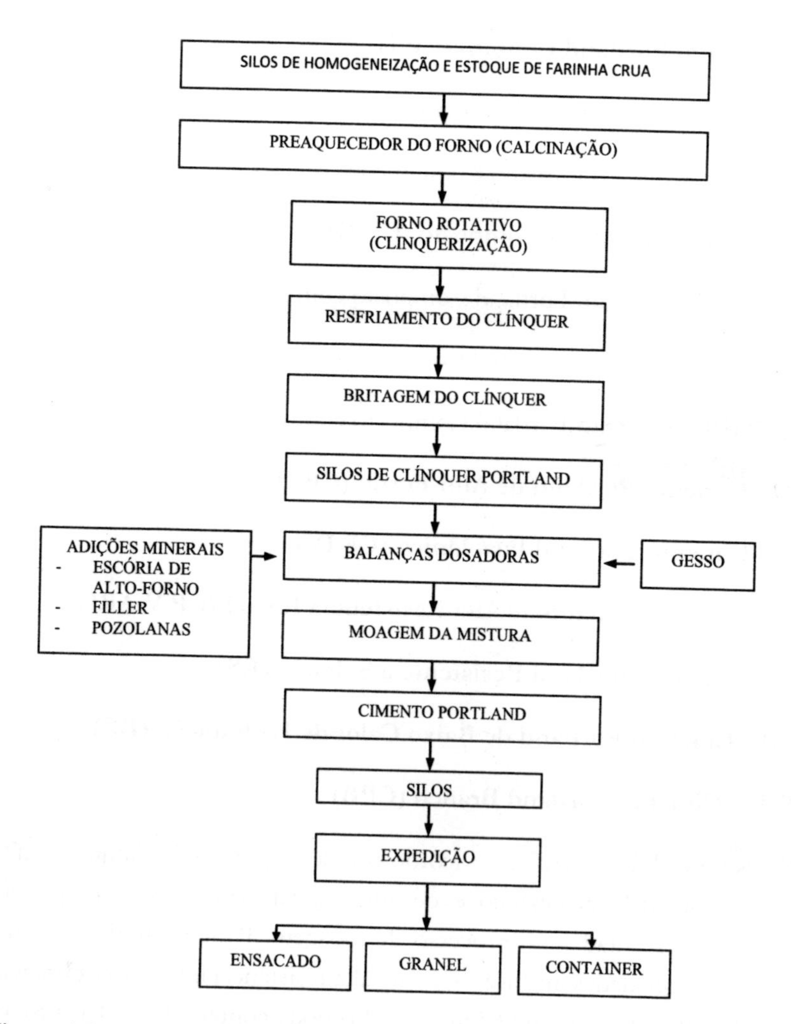

Figura 6.5a – Produção do Cimento Portland a partir da farinha crua

6.6 Tipos de Cimento

Segundo a Associação Brasileira de Cimento Portland (ABCP), o mercado nacional dispõe de oito diferentes tipos de cimento, que atendem aos mais variados tipos de obras. São eles:

I - Cimento Portland Comum (CP I)

a. CP I - Cimento Portland Comum

b. CP I-S - Cimento Portland Comum com Adição

II - Cimento Portland Composto (CP II)

a. CP II-E - Cimento Portland Composto com Escória

b. CP II-Z - Cimento Portland Composto com Pozolana

c. CP II-F - Cimento Portland Composto com Fíler

III - Cimento Portland de Alto-Forno (CP III)

IV - Cimento Portland Pozolânico (CP IV)

V - Cimento Portland de Alta Resistência Inicial (CP V-ARI)

VI - Cimento Portland Resistente a Sulfatos (RS)

VII - Cimento Portland de Baixo Calor de Hidratação (BC)

VIII - Cimento Portland Branco (CPB)

Esses tipos diferenciam-se de acordo com a proporção de clínquer e sulfatos de cálcio, material carbonático e de adições, tais como escórias, pozolanas e calcário, acrescentadas no processo de moagem. Podem diferir também em função de propriedades intrínsecas, como alta resistência inicial, a cor branca etc. O próprio Cimento Portland Comum (CP I) pode conter adição (CP I-S), neste caso, de 1% a 5% de material pozolânico, escória ou fíler calcário e o restante de clínquer. O Cimento Portland Composto (CP II-E, CP II-Z e CP II-F) tem adições de escória, pozolana e fíler, respectivamente, mas em proporções um pouco maiores que no CP I-S. Já o Cimento Portland de Alto-Forno (CP III) e o Cimento Portland Pozolânico (CP IV) contam com proporções maiores de adições: escória, de 35% a 70% (CP III), e pozolana, de 15% a 50% (CP IV).

6.7 Coprocessamento de Resíduos Industriais

Coprocessamento é a queima de resíduos industriais e de passivos ambientais em fornos usados para fazer cimento. Das 47 fábricas integradas (com fornos) instaladas no Brasil, 36 estão licenciadas para coprocessar resíduos. Essas 36 fábricas representam mais de 80% da produção nacional de clínquer.

O Brasil gera cerca de 2,7 milhões de toneladas de resíduos perigosos de diversos segmentos da indústria (siderúrgica, petroquímica, automobilística, de alumínio, tintas, embalagens, papel e pneumáticos) por ano, das quais coprocessa, anualmente, cerca de 800 mil toneladas. Somente em 2006, foram eliminadas em fornos de cimento aproximadamente 100 mil toneladas de pneus velhos, correspondentes a cerca de 20 milhões de unidades, segundo o Sindicato Nacional da Indústria de Cimento.

O coprocessamento oferece diversas vantagens:

- Eliminação definitiva, de forma ambientalmente correta e segura, de resíduos perigosos e passivos ambientais;
- Preservação de recursos energéticos não renováveis pela substituição do combustível convencional e pela incorporação na massa do produto, em substituição à parte de matérias-primas que compõem a fabricação do cimento, sem alteração de suas características e atendendo às normas internacionais de qualidade;
- Contribuição à saúde pública, por exemplo, no combate aos focos de dengue (com a destruição de pneus velhos).

A queima de resíduos em fornos de cimento é amplamente explorada nos Estados Unidos, na Europa, e está em expansão na América Latina. A Noruega, por exemplo, usa o coprocessamento como método oficial de destruição de esíduos perigosos do país. O setor cimenteiro nacional possui uma capacidade crescente de queima que pode chegar a até 1,5 milhão de toneladas de resíduos liminados anualmente.

6.7.1 Consumo de Energéticos na Produção de cimento

Os níveis médios de consumo específico de energia térmica e elétrica na indústria do cimento brasileira encontram-se, respectivamente, em 825 kcal por quilo de clínquer e 107 kWh por tonelada de cimento. Esses valores encontram-se abaixo daqueles apresentados pelos EUA e principais produtores da União Européia, e demonstram a eficiência energética da indústria nacional.

6.7.2 Emissão de Gás Carbônico

O controle das emissões de CO_2, um dos principais gases causadores do efeito estufa, representa um dos maiores desafios do setor na área de meio ambiente. A indústria do cimento contribui com aproximadamente 5% das emissões antrópicas de gás carbônico do mundo.

Os esforços da indústria nacional têm resultado em progressos significativos, mediante a adoção de processos de produção mais eficientes e com menor consumo energético. Ao mesmo tempo, a utilização de adições misturadas ao clínquer, como a escória de alto-forno, também contribuiu para a redução das emissões de CO_2 por tonelada de cimento, uma vez que este poluente se forma durante a produção do clínquer. Com isso, o Brasil atingiu atualmente um fator de emissão de aproximadamente 610 kg CO_2/ton cimento, bem abaixo de países como a Espanha (698 kg CO_2/ton cimento), Inglaterra (839 kg CO_2/ton cimento) e China (848 kg CO_2/ton cimento).

Tópico Especial 6 - Operações Unitárias: Operações de Transporte de Sólidos

O transporte de materiais na indústria é assunto de três operações unitárias distintas: o transporte de sólidos, o bombeamento de líquidos e a movimentação de gases. Neste tópico especial, vamos discutir exclusivamente como ocorre o transporte de sólidos granulares em regime contínuo, operação muito importante para a indústria de cimento, por exemplo.

Embora haja preferência, na indústria química, pelo transporte de sólidos em sistemas fluidizados, restam ainda muitos casos em que isto é impraticável, por causa da granulometria grosseira do sólido ou da abrasão exagerada que ocorre nos dutos. Nestas situações, recorre-se aos dispositivos mecânicos considerados neste capítulo.

6.8 Transporte de sólidos granulares

O transporte de sólidos tem sua importância calcada nos seguintes fatores, principalmente econômicos:

1. A grande influência do transporte de sólidos na economia global de muitos processos. Em alguns, o seu custo chega a atingir 80% do custo total de operação;

2. O encarecimento contínuo da mão-de-obra, que forçaas empresas cada vez mais a substituírem o homem pela máquina, ou de um tipo de máquina por outra mais moderna que requeira menos mão-de-obra;

3. A necessidade do transporte de sólidos em qualquer escala, nos mais diversos tipos de indústria;

4. A grande variedade de sólidos a transportar;

5. A variabilidade das condições de transporte, da capacidade, do espaço disponível e a economia do processo.

Duas classes gerais de equipamentos de transporte de sólidos podem ser identificadas: 1º) aqueles cuja posição permanece fixa durante o transporte, embora possuam partes móveis; 2º) as que se movimentam com o sólido, como vagonetes, empilhadeiras, caminhões e guinchos. Apenas os equipamentos do primeiro tipo serão discutidos, por serem mais apropriados ao transporte contínuo de sólidos na indústria química.

Os dispositivos utilizados, denominados "transportadores", podem ser classificados de acordo com o tipo de ação que desenvolvem, distinguindo-se cinco tipos gerais: carregadores, arrastadores, elevadores, alimentadores e pneumáticos. Uma breve descrição de cada um desses tipos de transportadores é feita a seguir.

6.8.1 Dispositivos Carregadores

São destinados a carregar continuamente os sólidos de um ponto a outro da indústria. Nesta classe de equipamento, o transporte é realizado sobre superfícies ou dentro de tubos. Outras vezes o sólido é suspenso em cabos ou correntes. Os tipos tradicionais são correia ou esteira (figura 6.8a), caçamba (figuras 6.8b e 6.8c) e vibratório (figura 6.8d).

Figura 6.8a – Transportador de correia

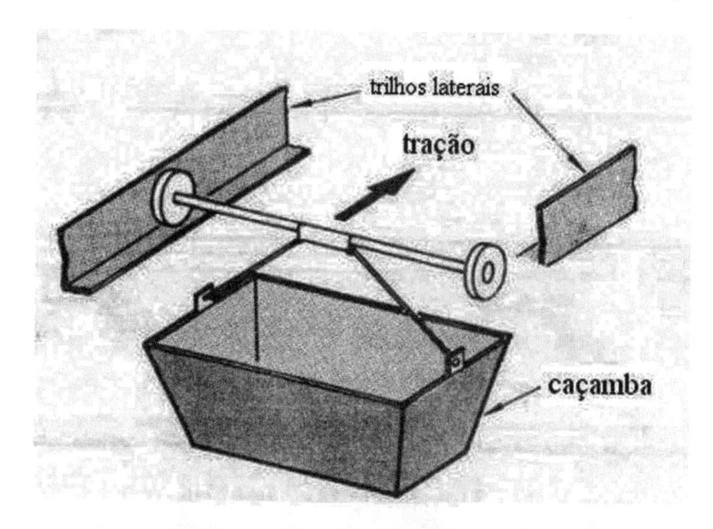

Figura 6.8b – Transportador de caçambas (Fonte: Gomide)

Figura 6.8c – Transportador elevador de caçambas

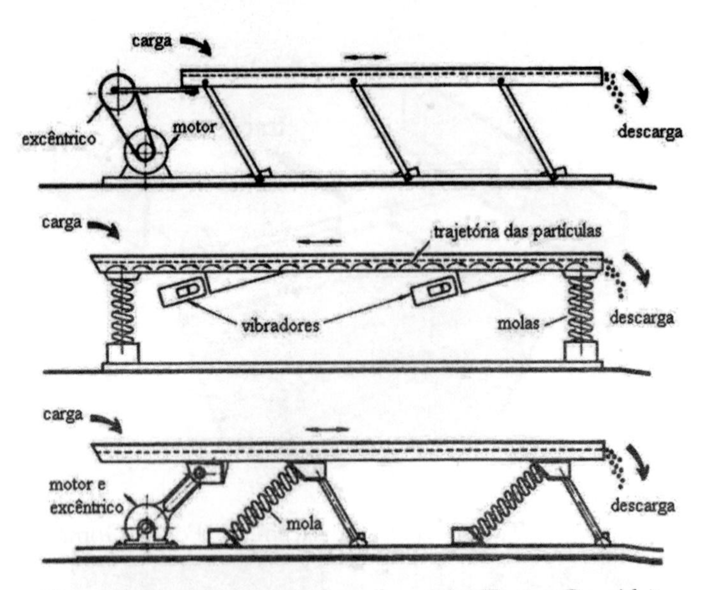

Figura 6.8d – Transportador vibratório (Fonte: Gomide)

6.8.2 Dispositivos Arrastadores

Nos transportadores deste tipo, o sólido é arrastado em calhas ou dutos. De modo geral, os dispositivos arrastadores são de menor custo inicial em relação aos carregadores. Além disso, aplicam-se bem ao transporte inclinado (podem chegar a 45º). Em contraposição, o custo de manutenção é mais elevado, em virtude de maior desgaste sofrido pelo equipamento. Ainda assim, em muitas situações o emprego de dispositivos arrastadores é recomendável na indústria, por atender melhor às condições particulares da aplicação envolvida ou às propriedades dos materiais transportados. Os dois transportadores mais importantes desta classe são o de calha e o helicoidal.

O transportador de calha (figura 6.8e) é o mais simples e barato dos transportadores de sólidos, aplicando-se a uma grande variedade de materiais e situações. Em virtude do custo de manutenção elevado e da grande energia consumida, este transportador aplica-se de preferência ao transporte inclinado curto, pois adapta-se melhor ao transporte inclinado do que ao de correias. É formado por uma calha de madeira ou de aço, no interior da qual movimentam-se raspadeiras que arrastam consigo o sólido a transportar.

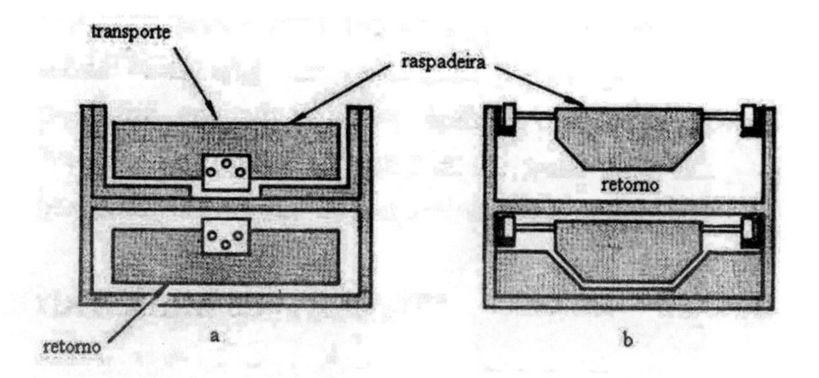

Figura 6.8e – Transportador de calha (Fonte: Gomide)

O transportador helicoidal (figuras 6.8f e 6.8g) é um tipo versátil para pequenas distâncias, e serve para realizar simultaneamente outros tipos de operação como mistura, lavagem, cristalização, resfriamento ou secagem. Há vários tipos de helicóide, conforme apresentado na figura 6.8h.

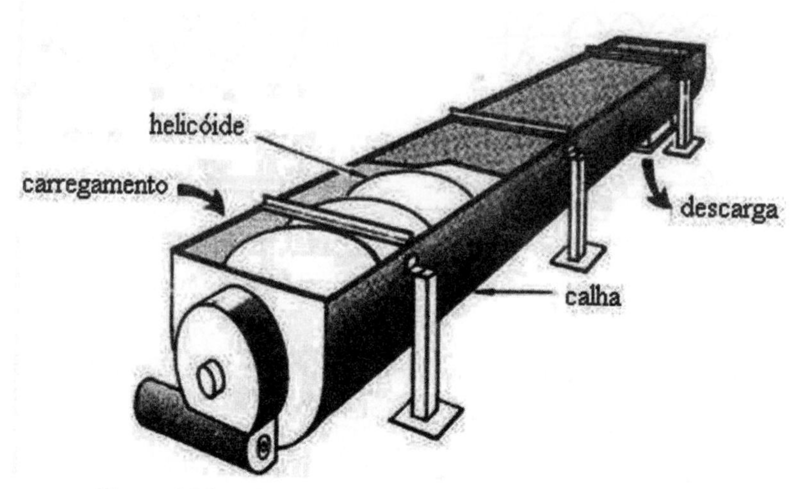

Figura 6.8f – Transportador helicoidal (Fonte: Gomide)

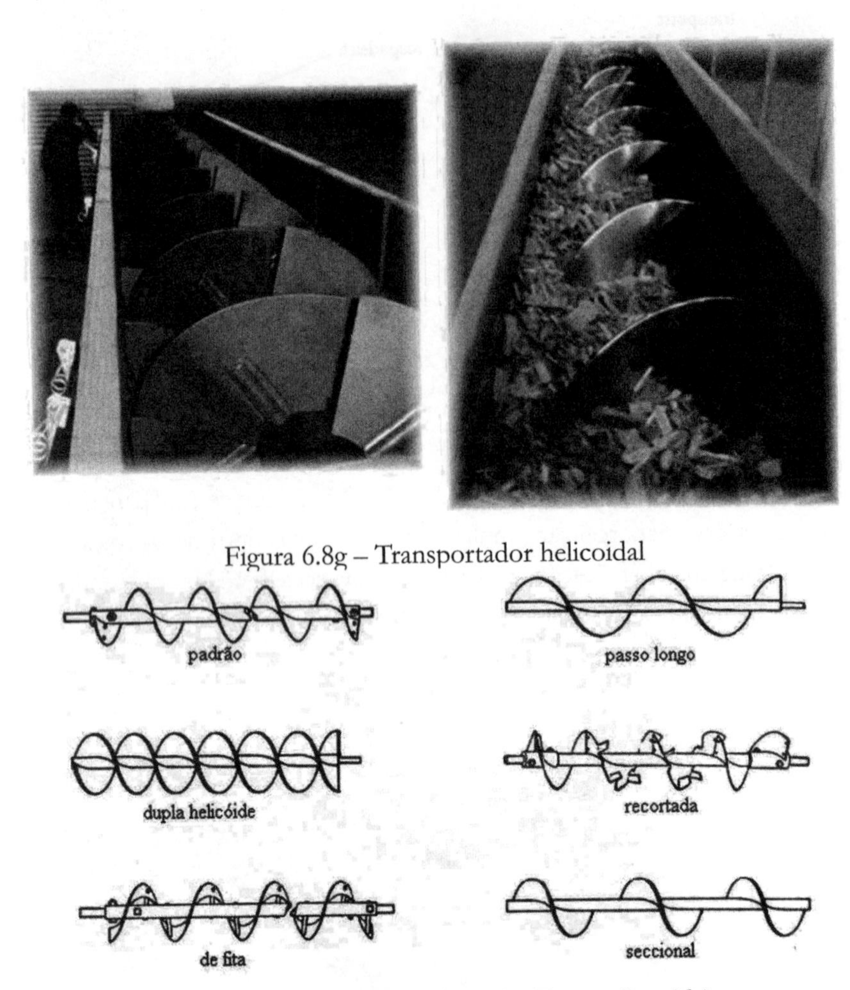

Figura 6.8g – Transportador helicoidal

Figura 6.8h – Tipos de helicóide (Fonte: Gomide)

As vantagens apresentadas, que tornam o transportador helicoidal tão empregado na indústria química, são as seguintes:

- Pode ser aberto ou fechado;

- Trabalha em qualquer posição ou inclinação;

- Pode ser carregado ou descarregado em diversos pontos;

- Pode transportar em direções opostas de um ponto de carga central;

- Permite lavar, cristalizar, aquecer, resfriar ou secar ao mesmo tempo em que o transporte é feito;

- Ocupa pouco espaço e não requer espaço para retorno.

6.8.3 Dispositivos Elevadores

Alguns transportadores das classes anteriores, entre os quais o de correia, o helicoidal e o de calha, podem ser utilizados como dispositivos de elevação, desde que o desnível seja pequeno comparado com a distância horizontal de transporte. Para grandes inclinações ou transporte na vertical, um dispositivo elevador deverá ser empregado. São importantes os seguintes elevadores: helicoidais, de canecas e pneumáticos. Na figura 6.8i podemos observar um elevador de canecas de escoamento contínuo.

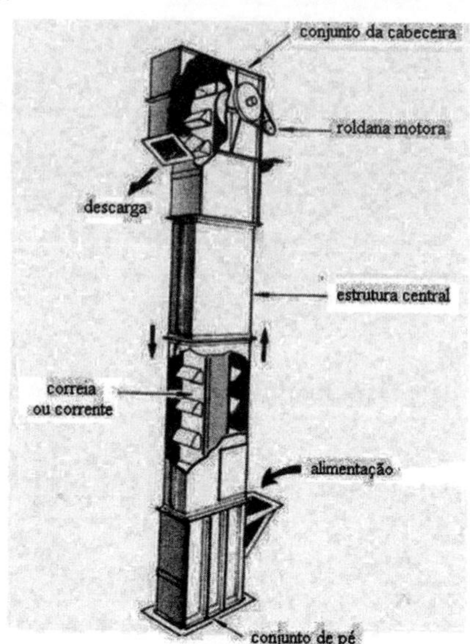

Figura 6.8i – Elevador de canecas (Fonte: Gomide)

As canecas são fixadas sobre correntes que se movimentam entre uma polia ou roda dentada motora superior e outra que gira livremente. Movimentam-se geralmente no interior de caixas de madeira ou de aço.

6.8.4 Dispositivos Alimentadores

Os sólidos a processar ou transportar em regime permanente devem ser retirados de depósitos e alimentados em vazão constante no transportador ou no processo em que vão ser utilizados, por meio de um dispositivo alimentador.

A alimentação de sólidos em vazão constante (seja volumétrica ou em massa) é sempre um problema industrial difícil de resolver, em virtude da variabilidade das características dos materiais envolvidos. Certos sólidos granulares escoam facilmente, quando outros são aderentes; alguns são bem uniformes e outros são heterogêneos, pastosos ou abrasivos. Devido a isso, há uma grande variedade de alimentadores encontrados na indústria. Como exemplos destes dispositivos, temos a válvula de gaveta manual (figura 6.8j) e a válvula rotativa (figura 6.8k).

Figura 6.8j – Válvula de gaveta manual para descarga de silos (Fonte: Gomide)

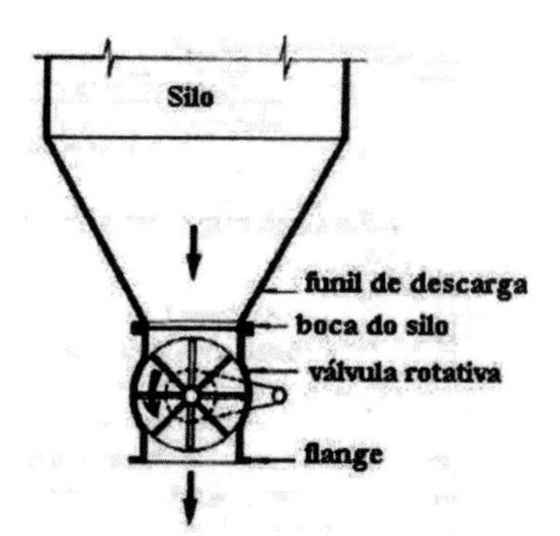

Figura 6.8k – Válvula rotativa comum (Adaptado de: Gomide)

6.8.5 Dispositivos Pneumáticos

Um dispositivo de largo emprego na movimentação e elevação de sólidos na indústria química é o transportador pneumático. O alcance de transporte pode variar desde alguns poucos metros até longas distâncias, situação para a qual são particularmente recomendados. A aplicação típica é para materiais finos (diâmetros acima de 100 μm até 1 cm), que em outros transportadores seriam perdidos por arraste, e para longas distâncias (centenas de metros).

O princípio básico é a fluidização do sólido com um fluido que geralmente é o ar ou um gás inerte. A mistura sólido-fluido assim formada escoa pelo interior dos dutos do sistema. Há dois sistemas em uso: direto, quando o sólido passa através do ventilador, e indireto, quando o ventilador provoca escoamento do gás de arraste, mas o sólido não passa pelo ventilador. O sistema direto (figura 6.8l) é o mais utilizado, por ser um pouco mais simples, mas não se aplica quando o sólido pode danificar o ventilador ou sofrer, ele próprio, quebra ou desgaste excessivos.

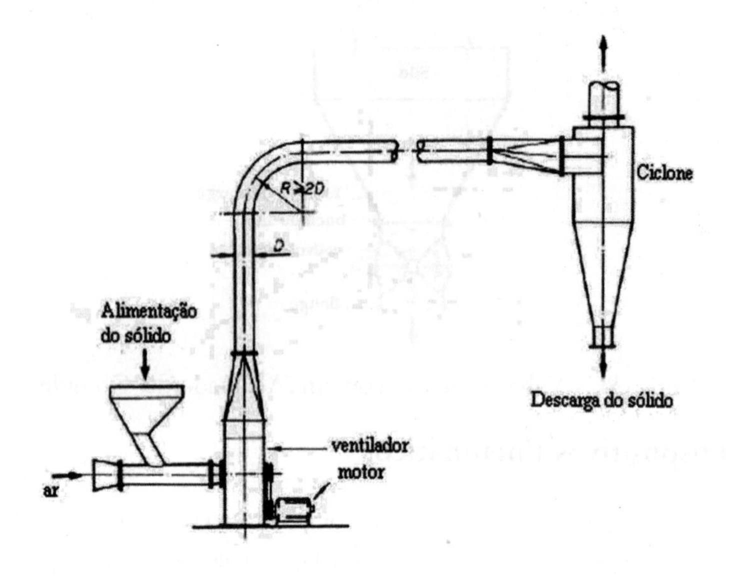

Figura 6.8l – Sistema direto de transporte pneumático (Adaptado de: Gomide)

O sistema indireto (figura 6.8m) é utilizado sempre que o sólido puder danificar o ventilador.

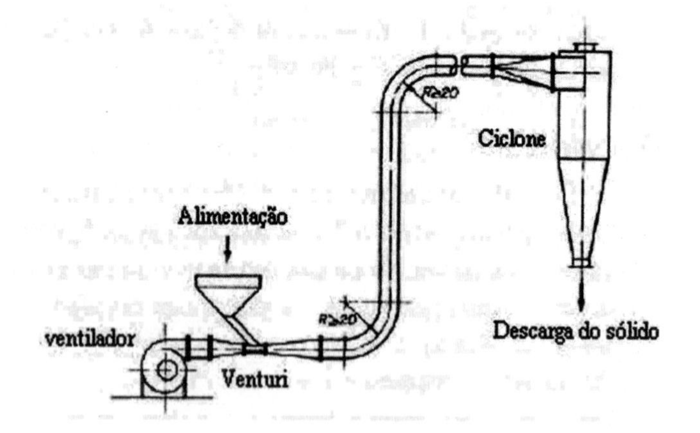

Figura 6.8m – Sistema indireto de transporte pneumático com Venturi (Adaptado de: Gomide)

Com o rápido crescimento da informática nos anos 90, chegou-se a imaginar que o armazenamento de informações nos computadores iria diminuir o consumo de papel nas décadas seguintes. Triste engano, ou não, o que se observou foi um aumento vertiginoso no consumo de papel, ao contrário do que muita gente pensava.

Se seguir a atual tendência, muito papel ainda deve ser fabricado.

Mas qual a origem do papel?

Como ele é fabricado?

Você já viu este símbolo em alguma embalagem de papel?

Sabe o que ele significa?

Nas próximas páginas, você encontrará as respostas para essas questões.

Capítulo 7 - Celulose e Papel

7.1 Breve Histórico

Desde os tempos mais remotos, e com a finalidade de representar objetos inanimados ou em movimento, o homem vem desenhando nas superfícies dos mais diferentes materiais. A pedra, em que os egípcios relatavam episódios importantes há mais de 6.500 anos, foi provavelmente o primeiro suporte para a escrita. Três mil anos mais tarde, os babilônicos criaram a tábua de argila. Entre eles, a educação era obrigatória, quase todo mundo escrevia e não era nem um pouco prático fazê-lo em monolitos. Os antigos gregos e romanos preferiam gravar a escrita em chapas metálicas, até que os egípcios inventaram o papiro, material feito de tiras extraídas dos caules de uma planta muito abundante nas margens do rio Nilo.

No século 2º, o papiro fazia tanto sucesso entre gregos e romanos, que os mandatários do Egito decidiram proibir sua exportação, temendo a escassez do produto. Isso disparou a corrida atrás de outros materiais e não tardou, na cidade de Pérgamo, na Antiga Grécia (hoje, Turquia), para que se encontrasse o pergaminho, obtido da parte interna da pele do carneiro. Grosso e resistente, o pergaminho era ideal para os pontiagudos instrumentos de escrita dos ocidentais, que cavavam sulcos na superfície suporte, os quais eram, depois, pacientemente preenchidos com tinta. O pergaminho, entretanto, não era liso e macio o bastante para resolver o problema dos chineses, que praticavam a caligrafia com o delicado pincel de pêlo, inventado por eles ainda no ano 250 a.C. — só lhes restava, assim, a solução nem um pouco econômica de escrever em tecidos como a seda. E tecido, naqueles tempos antigos, podia sair tão caro quanto uma pedra preciosa.

Provavelmente, o papel já existia na China desde o século 2º a.C., como indicam os restos encontrados em uma tumba, na província de Shensi. Mas o fato é que somente no ano 105 a.C. o oficial da corte T'sai Lun anunciou ao imperador a sua invenção. Tratava-se, afinal, de um material muito mais barato do que a seda, preparado sobre uma tela de pano esticada por uma armação de bambu. Nessa superfície, vertia-se uma mistura aquosa de fibras maceradas de redes de pescar e cascas de árvores.

Aproximadamente no ano de 750 d.C., dois artesãos da China foram aprisionados pelos árabes, e a liberdade só lhes seria devolvida com a condição: de que eles ensinassem a fabricar o papel, que assim iniciou sua viagem pelo mundo. No século 10, foram construídos moinhos papeleiros em Córdoba, na Espanha. Os demais países da Europa, fervorosamente cristãos, demoraram a aceitar o produto oferecido pelos árabes, usando como desculpa a fragilidade do papel em comparação ao pergaminho. Para diminuir essa desvantagem, os italianos da cidade de Fabriano começaram a fabricar papéis, por volta de 1268, à base de fibras de algodão e de linho, além de cola — substância que, ao envolver as fibras, tornava-as mais resistentes às penas metálicas com que escreviam os europeus.

O algodão demorou a ser substituído. Somente em 1719 o entomologista René de Réaumur (1683-1757) sugeriu trocá-lo pela madeira. Ele observou vespas construindo ninhos com uma pasta feita a partir da mastigação de minúsculos pedaços de troncos. Sob lentes de aumento, a obra das vespas e a dos artesãos papeleiros eram muito parecidas. A idéia de Réaumur foi mal recebida, por questão estética: a celulose extraída da madeira dava origem a uma pasta de cor parda. Até o final do século 18, escrever em uma folha branca era um verdadeiro luxo – era difícil conseguir qualquer pedaço de pano e essas folhas, particularmente, só podiam ser obtidas de tecidos igualmente alvos.

Em 1744, porém, uma descoberta iria impulsionar a fabricação do papel com a celulose de árvores: o químico sueco Karl Scheele (1742-1786) isolou a molécula do cloro e revelou seus efeitos alvejantes. Ou seja, daí em diante, era possível produzir papel branco com qualquer madeira, que se tornou a protagonista do processo.

7.2 Matéria-prima principal: a madeira

A fabricação de papel tem como principais matérias-primas as fibras vegetais. A fonte de fibras mais usada para compor a pasta celulósica é a madeira. Existem dois tipos de madeiras amplamente empregadas: as gimnospermas ou coníferas (madeiras moles), como o pinheiro, por exemplo, e as angiospermas ou folhosas (madeiras duras), como o eucalipto. A principal diferença entre estes dois tipos de madeira está no comprimento da fibra, sendo nas coníferas maior do que 2 mm e nas folhosas maior do que 0,65 mm.

$$\text{Celulose de coníferas}\begin{cases}\text{Comprimento}: \pm 3\text{ mm a }5\text{ mm}\\ \text{Diâmetro}: \ 20\mu\text{m a }50\mu\text{m}\\ \text{Espessura da parede primária}: \ 3\mu\text{m a }5\mu\text{m}\end{cases}$$

- São fibras longas – têm maior valor de mercado e são mais escassas;
- Conferem maior resistência mecânica – são próprias para papéis de embalagens;
- Menor rendimento (± 48%).

$$\text{Celulose de folhosas}\begin{cases}\text{Comprimento}: \pm 0{,}8\text{ mm a }1{,}5\text{ mm}\\ \text{Diâmetro}: 20\mu\text{m a }50\mu\text{m}\\ \text{Espessura da parede primária}: 3\mu\text{m a }5\mu\text{m}\end{cases}$$

- São fibras curtas;
- Maior rendimento (> 50%);
- Mais macias;
- Maior opacidade (filme mais fechado);
- Menor resistência mecânica – são próprias para papéis de impressão e escrita.

No Brasil, devido às condições climáticas favoráveis (clima tropical e semitropical), a produtividade das florestas de pínus e eucalipto é bastante alta, a qual associada a desenvolvimentos biotecnológicos, atinge os maiores níveis mundiais de produtividade. A capacidade de produção do eucalipto ultrapassa $75m^3$/ha/ano em algumas regiões, enquanto nos EUA, por exemplo, a produtividade é de 5 a $15m^3$/ha/ano, apenas.

Figura 7.2a – Floresta de pínus (Fonte: Cocelpa)

Contudo, se não for realizado um manejo adequado das plantações de pínus e eucaliptos, associado a estudos avançados sobre o impacto dessas culturas para o solo, rapidamente esgotaremos nossas florestas.

No Brasil, o controle do manejo florestal é realizado por várias instituições, dentre as quais destacam-se o Conselho Brasileiro de Manejo Florestal – FSC Brasil, que tem como principal objetivo promover o manejo e a certificação florestal no território brasileiro, que é uma ferramenta voluntária que atesta a origem da matéria-prima florestal em um produto e garante que a empresa ou comunidade maneja suas florestas de acordo com padrões ambientalmente corretos, socialmente justos e economicamente viáveis, segundo informações do próprio órgão.

Quando determinada empresa participa do programa da FSC Brasil e está certificada, seus produtos recebem o selo FSC (figura 7.2b), indicador de que a madeira utilizada na sua produção tem manejo florestal.

Figura 7.2b – Selo da FSC

Segundo a organização não governamental WWF Brasil, o Brasil é hoje o país com maior área de florestas certificadas. São mais de 3 milhões de hectares de florestas certificadas, desde o Amazonas até o Rio Grande do Sul.

Portanto, preste atenção se os produtos que você compra têm esse selo.

7.2.1 Composição Química da Madeira

Muitos compostos estão presentes na estrutura celular do vegetal que compõe a madeira. Para entendimento do processo de fabricação do papel, é importante citar a presença da celulose, da hemicelulose e da lignina.

A **celulose** é um polímero linear (figura 7.2c) de glicose de alto peso molecular, formado de ligações beta-1,4 glicosídicas, insolúvel em água, de incolor a branco, sendo o principal componente da parede celular da biomassa vegetal (representa cerca de 50% do peso do vegetal).

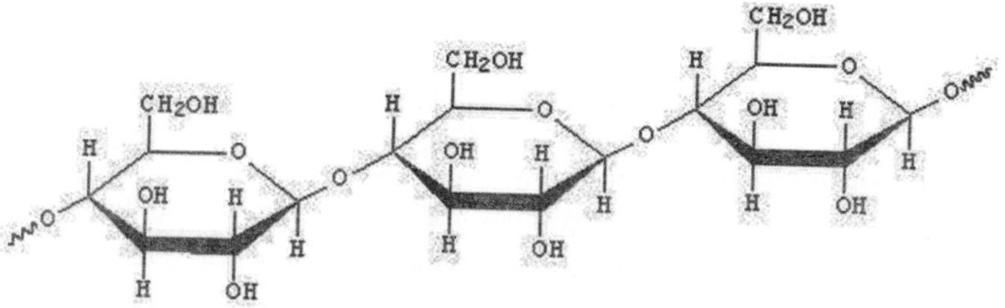

Figura 7.2c – Estrutura polimérica da celulose

A hemicelulose refere-se a uma mistura de polímeros polissacarídeos de baixo peso molecular, que estão intimamente associados com a celulose no tecido das plantas (representa cerca de 20% do peso do vegetal). Estes polissacarídeos incluem substâncias pécticas e diversos açúcares, tais como: D-xilose, D-manose, D- glicose, D-galactose etc.

A **lignina,** por sua vez, é constituída por polímeros amorfos de composição complexa e não totalmente caracterizada. Apresenta grupos fenólicos na sua estrutura e cor variável entre esbranquiçada e marrom. É considerada o ligante que mantém as fibras unidas na estrutura da madeira, isto é, a lignina confere firmeza e rigidez ao conjunto de fibras de celulose. É resistente à hidrólise ácida e possui alta reatividade com agentes oxidantes. Representa de 15% a 35% do peso do vegetal. A figura 7.2d apresenta a possível estrutura da lignina.

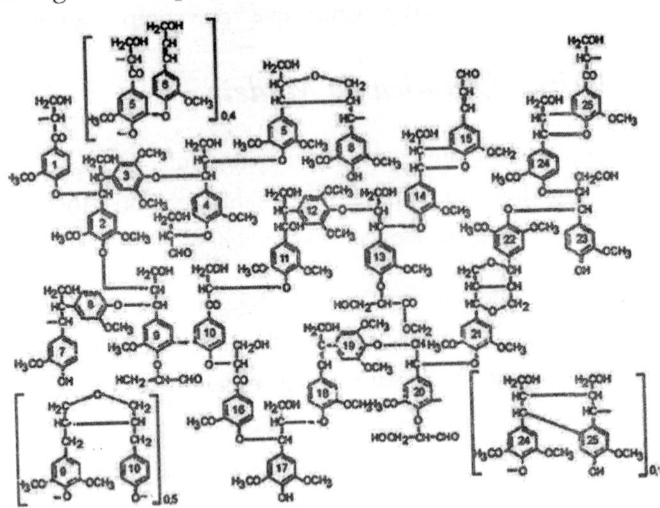

Figura 7.2d – Estrutura molecular da lignina (Fonte: SALIBA)

Os **constituintes minoritários** incluem os mais diversos compostos orgânicos e inorgânicos. Eles se dividem em duas classes: extrativos e não extrativos. A primeira engloba materiais conhecidos como extrativos por serem extraíveis com água, solventes neutros ou volatilizados a vapor. A segunda classe engloba materiais que não são extraíveis com os agentes anteriormente mencionados e são representados por compostos inorgânicos, proteínas e substâncias pécticas. Representam até 10% do peso do vegetal.

7.3 Processo industrial de Obtenção do Papel

O papel é produzido industrialmente a partir das fibras de celulose retirada dos troncos das árvores (95% de toda produção mundial), de folhas (sisal), frutos (algodão) e rejeitos industriais (bagaço de cana, palha de arroz etc.). Para fins especiais, podem ser utilizadas fibras de origem animal (lã), mineral (asbesto) ou sintética (poliéster, poliamida). As demais matérias-primas (ou insumos) são a água e outros produtos químicos, a depender do processo de obtenção de celulose em questão.

Os processos de obtenção da pasta de celulose têm sempre os mesmos objetivos: separar as fibras de celulose da lignina que as envolve, num primeiro momento, e branqueá-las ao final. Os principais processos utilizados para obtenção de pastas celulósicas são enumerados a seguir:

1. Método mecânico: as fibras da madeira são desagregadas pelo simples atrito mecânico.

2. Método termomecânico: o atrito é facilitado por uma prévia saturação das fibras com vapor d'água.

3. Método termoquímico-mecânico: o atrito é facilitado pela saturação das fibras com vapor d'água e adição de produtos químicos. Os processos são denominados "Kraft ou Sulfato" ou "Sulfito", a depender dos reagentes químicos utilizados.

4. Método químico: a desagregação das fibras ocorre pelo uso de vapor, pressão e produtos químicos.

Desses quatro tipos de processos, o método termoquímico-mecânico é o mais utilizado, por isso, merece uma abordagem mais detalhada, como veremos a seguir.

7.3.1 Processo Kraft ou Sulfato

De forma geral, as etapas que compõem o processo termoquímico-mecânico chamado de Kraft ou Sulfato, utilizado na obtenção da celulose e posterior conversão em papel, são a preparação da madeira, o cozimento, a lavagem alcalina, o branqueamento, a secagem, a embalagem e a fabricação de papel. Normalmente, as fábricas de celulose e papel são distintas, isto é, uma produz a celulose e outra produz o papel; entretanto, existem fábricas integradas que produzem celulose e papel na mesma planta.

A palavra Kraft é de origem sueca e alemã, que significa força, resistência. A química do processo Kraft consiste em atuar sobre a madeira na forma de cavacos com a combinação de dois reagentes químicos: o hidróxido de sódio (NaOH) e o sulfeto de sódio (Na_2S), cuja combinação é chamada de licor branco, que resulta na dissolução da lignina e liberação das fibras. O processo pode ser exemplificado de maneira simplificada por meio da equação a seguir:

Madeira (fibras + lignina) + reagentes químicos → celulose + lignina solúvel

Ou:

Madeira + licor branco ($NaOH$ + Na_2S) → celulose + licor negro

O processo apresenta como subproduto o denominado licor negro, que contém a parte dissolvida da madeira (lignina e extrativos), combinada com os reagentes químicos utilizados no início do processo. Por razões econômicas e ambientais, o licor negro é reaproveitado em um processo denominado Recuperação de Produtos Químicos, que consiste em queimar, na caldeira de recuperação, o licor negro previamente concentrado a 60% de sólidos e enriquecido em sulfato de sódio (Na_2SO_4). Os fundidos, após dissolução e tratamento adequado, transformam-se em licor, que contém os reagentes químicos idênticos aos utilizados no início do processo. Este licor é, portanto, reciclado no processo.

Cada etapa do processo Kraft é detalhada nos itens a seguir.

7.3.1.1 Preparação da Madeira

O início do processo de fabricação de celulose é marcado pelo manuseio das toras de madeira descascadas e em dimensões de até 3 m de comprimento e diâmetro variável de 7 cm a 40 cm. As toras descascadas são descarregadas dos caminhões que as transportaram, lavadas e, por esteiras, são levadas a um picador (figuras 7.3a e 7.3b). Antes da alimentação no picador, as toras devem ser lavadas para a retirada de areia ou terra nelas contidas, visando diminuir o desgaste das facas do picador. Além disso, a madeira úmida é mais facilmente cortada, diminuindo, desta forma, o consumo energético e o risco de quebra das facas.

Figura 7.3a – Picador de disco (Fonte: Almeida)

Figura 7.3b – Picador de tambor (Fonte: Almeida)

A transformação da madeira em cavacos (figura 7.3c) aumenta a superfície de contato, de modo a facilitar o cozimento que ela sofrerá na sequência. A classificação dos cavacos obtidos no picador acontece numa peneira vibratória, que descarta os muito grandes ou muito pequenos para serem utilizados em uma caldeira auxiliar como biomassa combustível. Os cavacos com a dimensão ideal seguem, por uma esteira, para dentro de um digestor, onde será realizado o cozimento.

Figura 7.3c – Cavacos de madeira (Fonte: Concelpa)

Vale salientar que a madeira extraída da floresta sob a forma de toras, antes de ser utilizada na produção de celulose, deverá ser descascada, devido a vários fatores, tais como:

- A casca contém pouca quantidade de fibras;
- Causaria maior consumo de reagentes químicos nas etapas de polpeamento químico e de branqueamento da polpa;
- Ocuparia espaço útil nos digestores (diminuindo a produtividade);
- Dificultaria a lavagem e depuração da polpa;
- Diminuiria as propriedades físicas do produto final;
- Prejudicaria o aspecto visual da pasta (aumento de impurezas).

Nas figuras 7.3d e 7.3e podemos observar um descascador de toras de madeira do tipo tambor e um descascador de anel, respectivamente.

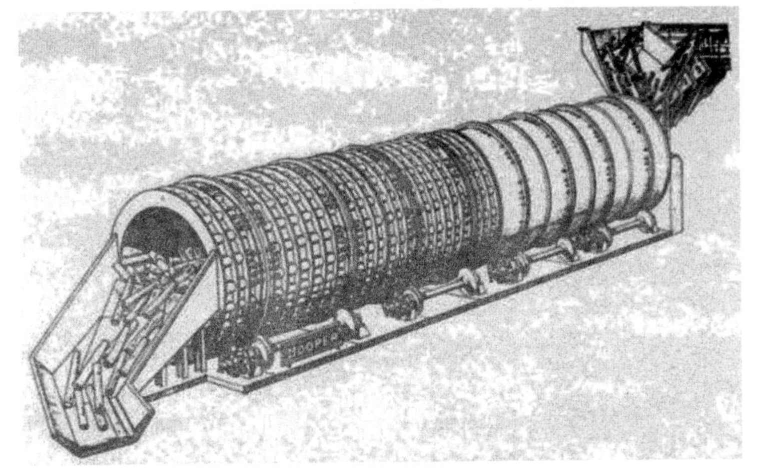

Figura 7.3d – Descascador de tambor (Fonte: Almeida)

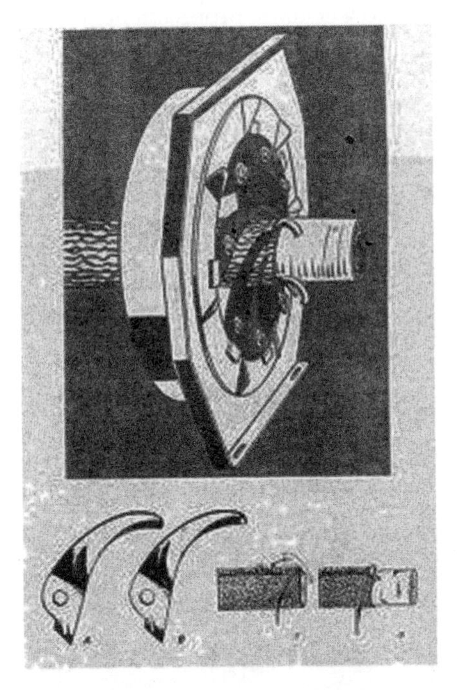

Figura 7.3e – Descascador de anel (Fonte: Almeida)

A casca gerada nos processos de descascamento é formadora de húmus para o solo, se a madeira é descascada na floresta. No entanto, se for descascada na indústria, a casca causará problemas de disposição, uma vez que ela representa cerca de 10% a 20% do volume total da madeira utilizada. Transportar a casca para aterro florestal seria muito dispendioso, face à sua baixa densidade aparente. A alternativa lógica de eliminação das cascas é a queima em fornalhas apropriadas para a geração de vapor (fornalhas de biomassa), uma vez que o seu poder calorífico é da ordem de 4000 kcal/kg de base seca.

7.3.1.2 Cozimento dos Cavacos de Madeira

Os cavacos de madeira são submetidos à ação química do licor branco (composto por soda cáustica e sulfeto de sódio) e vapor de água dentro de digestores (figura 7.3f), onde permanecem por cerca de duas horas à temperatura de até 170°C. Nessa etapa, o objetivo é dissociar a lignina existente entre as fibras da madeira. Estas fibras são a celulose propriamente dita. Assim, temos:

Madeira + licor branco ($NaOH + Na_2S$) → celulose + licor negro

Figura 7.3f – Digestor industrial (Fonte: Concelpa)

7.3.1.3 Lavagem Alcalina

Após o cozimento, a massa dos digestores é mandada para a depuração grossa (ação de peneiramento), em que são retirados os nós da madeira e os cavacos não cozidos na massa. A seguir, ela vai para um sistema de lavagem em filtros rotativos a vácuo (com dois ou três estágios de lavagem), gerando o licor negro fraco. Depois de lavada, segue para outro sistema de depuração (constituído de peneiras vibratórias ou hidrociclones) e, na sequência, para um espessador, para aumentar sua consistência. A massa espessada segue diretamente para a produção de papel ou então para processos intermediários de branqueamento.

7.3.1.4 Tratamento do Licor Negro (Unidade de Recuperação)

O licor negro fraco (com 16%-18% de teor de sólidos) obtido durante a lavagem é convertido em **licor negro forte** mediante um sistema de concentração de múltiplos estágios, o qual, após atingir uma concentração de até 80%, segue para uma fornalha de recuperação, onde é queimado. Da queima deste licor negro forte resultam sais fundidos que se depositam no fundo da fornalha na forma líquida. Estes sais, constituídos principalmente de carbonato de sódio (Na_2CO_3) e sulfeto de sódio (Na_2S), são conduzidos por escoamento ao interior de tanques que contêm **licor branco fraco**, e resultam em uma solução denominada **licor verde**, pois possui tonalidade esverdeada devido à presença de sais de ferro II.

O licor verde é convertido em licor branco mediante a adição de cal ($Ca(OH)_2$), em uma operação denominada caustificação, segundo a reação:

$$Ca(OH)_2 + Na_2CO_3 \Leftrightarrow CaCO_3 + 2NaOH$$

A taxa de conversão na caustificação é da ordem de 85%-90%, pois a reação é reversível.

O licor branco usado no processo Kraft contém NaOH e Na_2S numa proporção típica de 5:2 com pH de 13,5 a 14. Usualmente, as perdas de enxofre e soda no processo são supridas pela adição de sulfato de sódio à fornalha de recuperação (junto com o licor negro forte), de modo que na zona de redução da fornalha ocorra a seguinte reação:

$$Na_2SO_4 + 2C \rightarrow Na_2S + 2CO_2$$

Portanto, a unidade de recuperação de uma indústria de celulose com processo Kraft possui três setores básicos:

- Fornalha de recuperação – equipamento onde é queimado o licor negro concentrado (60%-65% de teor de sólidos), resultando os sais fundidos (Na_2CO_3 + Na_2S), que são dissolvidos em um tanque e originam o licor verde;

- Setor de caustificação – local onde ocorre a reação da cal com o licor verde, regenerando o NaOH e precipitando $CaCO_3$, o qual, sob a forma de lama, é lavado e concentrado em um filtro rotativo a vácuo, e resulta no licor branco fraco e numa lama com aproximadamente 75% de sólidos.

- Setor de calcinação – o $CaCO_3$ parcialmente seco é calcinado, normalmente em um forno rotativo, onde ocorre sua decomposição em CaO e CO_2 (entre 950°C e 1200°C). O CaO gerado retorna ao setor de caustificação.

A figura 7.3g apresenta um esquema das etapas industriais aplicadas na recuperação dos licores.

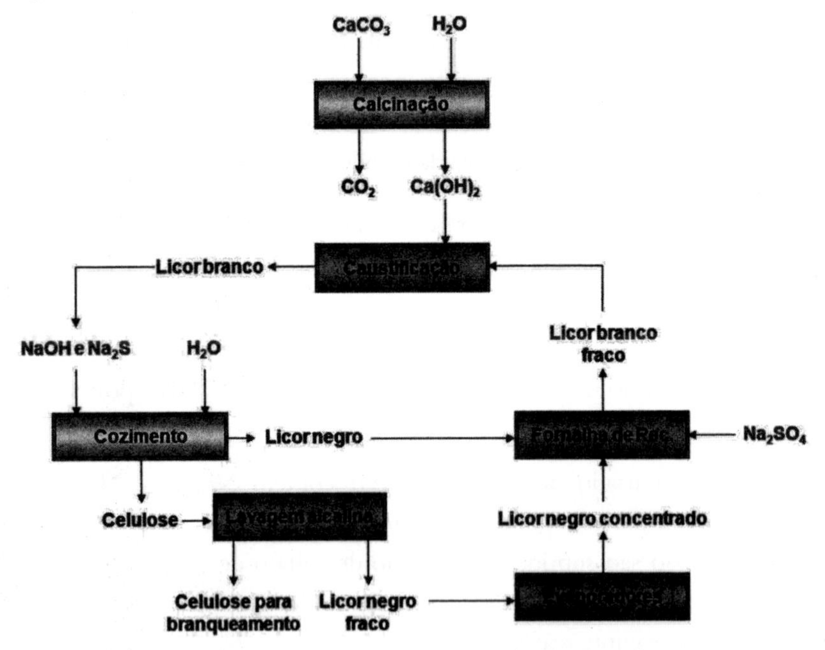

Figura 7.3g – Esquema de recuperação dos licores do cozimento

7.3.1.5 Branqueamento

O branqueamento da polpa marrom obtida na etapa de cozimento requer várias etapas, que são determinadas pelo grau de brancura da fibra que se deseja alcançar. Os principais agentes branqueadores são: cloro, oxigênio, hipoclorito de sódio, peróxido de hidrogênio e dióxido de cloro (o mais seletivo e eficaz, ou seja, retira as impurezas e corantes sem danificar a fibra). O ozônio tem sido usado, mais recentemente, também para esta finalidade. A etapa de branqueamento é um dos processos que mais onera a produção de celulose, além de consumir produtos químicos tóxicos e de difícil manejo.

Os reagentes utilizados no branqueamento de pastas químicas são, em sua maioria, compostos oxidantes, os quais conferem à pasta alvura (branco) mais estável. Também há processos que utilizam compostos químicos redutores, que apenas alteram quimicamente os compostos coloridos (cromóforos) da pasta, não afetando o rendimento e seu aspecto visual. A estabilidade da alvura é característica importante, pois com o tempo, a cor pode sofrer alterações e amarelar ou escurecer o material. A reversão é acelerada pela luz, calor e umidade elevada, dependendo, ainda, do tipo de pasta e do processo de branqueamento utilizado. A alvura será menos estável quando for empregado um agente redutor no processo de branqueamento, pois a longo prazo, o oxigênio do ar oxida novamente as formas reduzidas dos compostos coloridos derivados da lignina.

Os agentes branqueadores utilizados enquadram-se em dois tipos:

- Reagentes redutores
  - Bissulfito de sódio (NaHSO3)
  - Ditionitos de zinco e sódio (ZnS2O4 e Na2S2O4)
  - Boro-hidreto de sódio (NaBH4)

- Reagentes oxidantes
  - Peróxido de hidrogênio (H_2O_2)
  - Cloro (Cl_2)
  - Dióxido de cloro (ClO_2)
  - Hipoclorito de sódio($NaClO$)
  - Oxigênio (O_2)
  - Ozônio (O_3)

Os tipos mais utilizados para pastas químicas são os oxidantes, face aos custos e estabilidade da alvura.

Os reagentes utilizados no branqueamento são representados por símbolos, de modo que um processo combinado desses reagentes é normalmente representado por uma sigla que possui os símbolos referentes aos produtos ou processos utilizados.

Exemplos:

Cloro – C (cloração);

NaOH – E (extração alcalina), E_0 (extração alcalina com oxigênio);

NaClO – H (hipocloração);

ClO_2 – D (dioxidação);

H_2O_2 – P (peroxidação);

O_2 – O (oxigênio);

O_3 – Z (ozonização).

Portanto, a sigla CEHD representa um processo combinado de: cloração – extração alcalina – hipocloração – dioxidação, com lavagem da pasta entre os estágios. Quando houver uma barra entre dois estágios de uma sigla, significa que não há lavagem entre eles. Por exemplo (o mesmo): CEH/D. Neste caso, não há lavagem da pasta entre os estágios de hipocloração e dioxidação.

Há muito tempo que se sabe que os processos de branqueamento com cloro geram produtos muito tóxicos nos efluentes (principalmente clorofenóis), de modo que estudos apontam a presença de dioxinas nestes efluentes. A presença destas dioxinas, extremamente tóxicas, torna difícil um tratamento de efluente eficaz com técnicas convencionais. Isto tem gerado uma polêmica internacional, que ocasionou, em alguns países, a proibição de importar ou comercializar celulose branqueada com cloro. Como consequência, os países produtores e exportadores de celulose (inclusive o Brasil) estão modificando seus processos de branqueamento, para eliminar gradualmente o uso de cloro elementar e seus derivados e buscar alternativas com o uso de oxigênio, peróxido de hidrogênio e ozônio. Com isso, as polpas produzidas estão sendo classificadas como ECF (*Elementary Chlorine Free*) ou TCF (*Total Chlorine Free*). Todavia, existem muitas controvérsias técnicas, que exigem estudos mais profundos destes processos, ainda considerados menos eficazes do que aqueles que empregam cloro ou seus derivados.

7.3.1.6 Secagem e Embalagem

Ao final do branqueamento, a celulose está bastante diluída em água, e faz-se necessário secá-la. A polpa estocada ao final do branqueamento é bombeada para uma linha de secagem, onde uma mesa de deságue e prensas primárias retiram boa parte da água presente. Na sequência, a folha já formada passa por uma prensa secundária, onde é prensada entre feltros. Nesse ponto, a folha de celulose, com teor seco de aproximadamente 50%, é encaminhada para um túnel secador onde troca calor com ar quente soprado, completando o processo de secagem (teor seco de aproximadamente 90%). Na saída do secador, a folha é cortada e empilhada em fardos, os quais são levados por esteiras até a linha de embalagem, embrulhados e devidamente identificados. Os fardos de celulose seguem para a expedição, onde são carregados em caminhões que os levam diretamente aos clientes domésticos ou aos portos de embarque para exportação. Termina aqui a produção da celulose.

7.3.1.7 Fabricação do Papel

A produção de folhas de papel envolve a adição de carga mineral à pasta de celulose, que pode ser: caulim (silicato de alumínio), carbonato de cálcio, dióxido de titânio etc., cuja principal finalidade é conferir maior opacidade ao papel. Outros aditivos tais como cola, amidos, corantes etc., são também adicionados. A massa de celulose aditivada, muito diluída em água, passa por vários elementos de drenagem, nos quais a água é progressivamente eliminada, formando a folha, que é consolidada nas etapas de prensagem e secagem subsequentes. O processo inicial de drenagem é desenvolvido em circuito fechado, de forma que a água eliminada é reaproveitada para diluir a nova massa, continuamente.

Para a fabricação de papéis com alta resistência superficial, existe, numa parte intermediária da seção de secagem, uma prensa de colagem, onde uma película de cola é depositada sobre a superfície do papel. A espessura da folha é determinada pela pressão de calandras, e a gramatura, pelo volume de massa que cai na tela. As modernas máquinas de papel podem atingir uma velocidade de até 1500 m/min com uma largura de folha de até 10 m. No final da máquina, o papel é enrolado em enormes mandris, que são rebobinados e segmentados em rolos menores, e seguem para a seção de conversão ou de acabamento (figura 7.3h). De posse de pequenas bobinas, o acabamento é o responsável pela conversão em folhas cortadas e pela embalagem de todos os produtos acabados. Para este processo, dispõe-se de modernos equipamentos que são responsáveis pelo corte, empacotamento e paletização dos papéis obtidos, cuja bobina é cortada em folhas de formato padrão (A4, Ofício 11 etc.). Toda a produção é realizada automaticamente, sem contato manual.

Um esquema que apresenta um resumo de todas as etapas de produção de papel pelo processo Kraft pode ser observado na figura 7.3i.

Figura 7.3h – Bobinagem do papel (Fonte: Cocelpa)

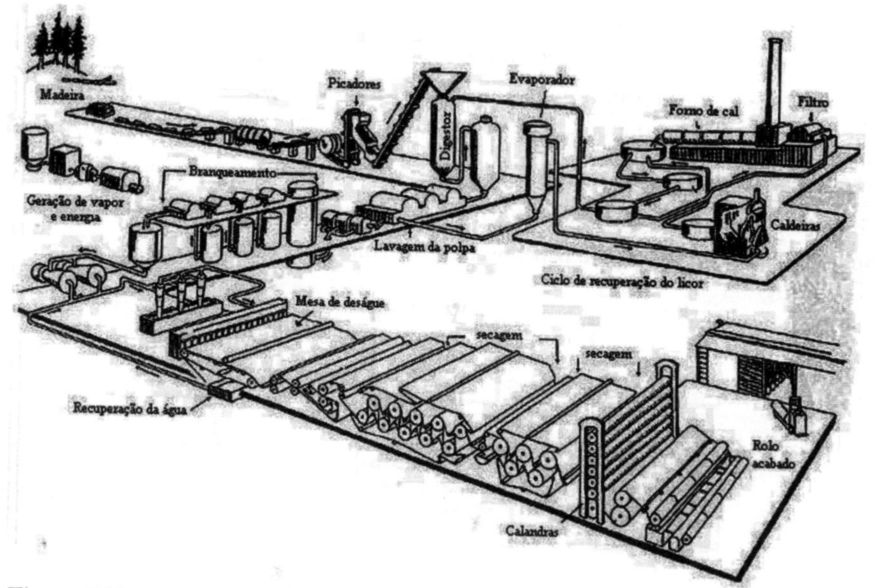

Figura 7.3i – Esquema de produção do papel a partir de troncos de madeiras pelo processo Kraft

7.4 A reciclagem do papel

Tão importante quanto consumir papel de fontes certificadas, em que haja remanejo florestal, é destiná-lo à reciclagem após a sua utilização. Os benefícios da reciclagem do papel incluem a redução no consumo de água utilizada na produção, assim como a redução no consumo de energia, muito embora os números sejam bastante divergentes de uma empresa para outra, de acordo com o tipo de tecnologia empregado e com a eficiência do processo. Mas é fato que com a reciclagem de papel deixa-se de cortar árvores: calcula-se que para cada 1 tonelada de aparas (papéis cortados usados na reciclagem) deixa-se de cortar de 15 a 20 árvores.

Os tipos de papéis que podem ser reciclados são os seguintes: papelão, jornal, revistas, papel de fax, papel-cartão, envelopes, fotocópias e impressos em geral; os não recicláveis são: papel higiênico, papel toalha, fotografias, papel carbono, etiquetas e adesivos. Todos os papéis recicláveis, depois de coletados por cooperativas ou catadores, são separados por tipo e vendidos para "aparistas", que os transformam em aparas, que são enfardadas e novamente vendidas para as indústrias produtoras de papel.

O processo de reciclagem do papel é o seguinte: as aparas adquiridas pelas indústrias são trituradas em meio aquoso, para que suas fibras sejam separadas. Depois um processo de centrifugação irá separar algumas impurezas como areia, grampos etc. Em seguida, são acrescentados produtos químicos para retirar a tinta e clarear o papel. Após o clareamento, sobrará uma pasta de celulose que pode receber o acréscimo de celulose virgem, a depender da qualidade do papel que se quer produzir. Esta pasta é que será prensada e seca para formar o papel pronto para consumo novamente.

Figura 7.4a – O ciclo do papel

Tópico Especial 7 - Operações Unitárias: Secadores Industriais

A secagem industrial visa à retirada da umidade contida nos diversos materiais produzidos pela indústria química. É uma operação fundamental para o acabamento final ou equilíbrio de umidade própria dos diversos materiais processados com o ar ambiente, como é o caso das madeiras, das borrachas, dos plásticos, da celulose e seus derivados, do cimento etc., como para a sua melhor conservação, como é o caso dos cereais, dos alimentos e dos materiais perecíveis.

Vejamos alguns conceitos qualitativos relacionados à secagem industrial e quais os equipamentos comumente envolvidos nos processos de secagem.

7.5 Secagem: Fundamentação e Equipamentos

A secagem refere-se, em geral, à remoção de um líquido de um sólido por evaporação. Em muitos casos, porém, temos um líquido com baixo teor de sólidos cujo objetivo é concentrá-lo pela evaporação do solvente. Nesta operação, ocorre a transferência simultânea de calor e massa, ou seja, é necessário que um meio ceda calor à mistura sólido-líquido, para que a fase líquida evapore e se difunda na fase gasosa da qual retirou calor. Na realidade, temos no início da operação um sólido cujo teor de umidade desejamos diminuir ou, em alguns casos, zerar, e uma corrente gasosa, normalmente ar, que deve possuir um teor de umidade quase nulo e estar em alta temperatura para que seja eficaz. A secagem é influenciada por muitas variáveis, como a forma e tamanho do material a ser seco, a umidade de equilíbrio, o mecanismo de fluxo da umidade por meio dos sólidos e o método de fornecimento de calor necessário para vaporização, o que dificulta um tratamento matemático unificado e cria uma ampla variedade de equipamentos.

A secagem pode ser contínua ou descontínua, feita à temperatura ambiente ou por aquecimento artificial. A operação denominada secagem em batelada é de fato um processo semibatelada, em que uma quantidade de matéria a ser seca é exposta de modo estacionário a um ar que escoa continuamente pelo do sistema e para o qual a umidade é evaporada e, subsequentemente, transportada para fora. Em operações contínuas, tanto a matéria a ser seca quanto os gases escoam continuamente através do equipamento de secagem. A secagem realizada à temperatura ambiente é feita em pavilhões ou leitos de secagem, onde ocorra uma boa circulação natural de ar. É um processo pouco eficiente quando o tempo e a ventilação fornecidos são pequenos. Ainda assim, os processos de secagem à temperatura ambiente são amplamente utilizados na indústria, como na secagem de lodos em estações de tratamento de efluentes, por exemplo. Os processos de secagem com aquecimento artificial, muito mais eficientes, dispõem de uma variada gama de equipamentos, desenhados por companhias especializadas, que tornam possível a obtenção de materiais secos ou de baixíssima umidade em um período de tempo relativamente curto.

A seguir, você encontrará uma breve descrição de alguns destes equipamentos, relativa à sua utilização e funcionamento.

7.5.1 Secador de Bandejas e Estufas

Um secador de bandejas (figura 7.5a) ou uma estufa é uma armação fechada e termicamente isolada, onde se colocam sólidos úmidos em filas de bandejas no caso de serem granulados, ou empilhados ou em prateleiras, no caso de serem corpos grandes. A transferência de calor pode ser direta, do gás para os sólidos, mediante a circulação de grandes volumes de gás quente, ou indireta, pelo uso de prateleiras aquecidas, de serpentinas de radiação ou de paredes refratárias dentro da armação. Nas unidades com aquecimento indireto, exceto no equipamento que opera a vácuo, a circulação de uma pequena quantidade de gás é indispensável para arrastar o vapor do compartimento e impedir a saturação do gás e sua condensação. São equipamentos utilizados para aquecer e secar madeira, cerâmica, materiais em folhas, objetos pintados e metálicos e todas as formas de sólidos granulados.

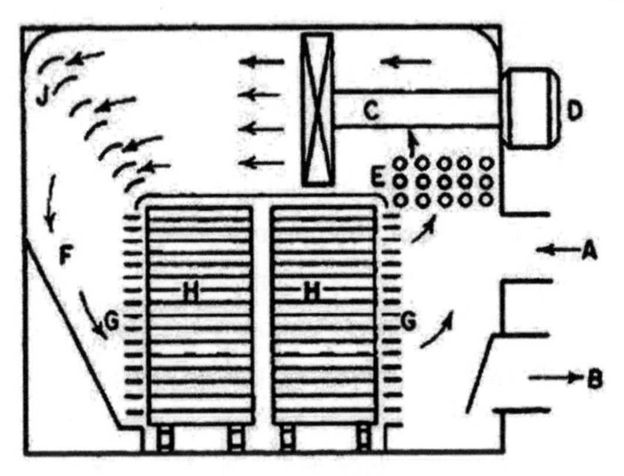

Figura 7.5a – Secador de bandejas (Fonte: Perry)

Legenda:

(A) Entrada de ar

(B) Exaustão de ar

(C) Ventilador

(D) Motor de ventilador

(E) Aquecedores aletados

(F) Câmara de vento

(G) Bocais para jatos de ar

(H) Bandejas

Em virtude da elevada exigência de mão-de-obra que está usualmente associada à carga e descarga das estufas, o equipamento raramente é econômico.

7.5.2 Secador de Túnel

Os túneis de secagem são, em muitos casos, compartimentos de aquecimento descontínuo, com carros (vagonetes) ou bandejas operados em série. Os sólidos a serem processados são colocados nestes carros, que se movem progressivamente através do túnel em contato com os gases quentes. O escoamento de ar pode ser em corrente paralela, em contracorrente ou uma combinação das duas, como se observa no esquema ilustrado pela figura 7.5b.

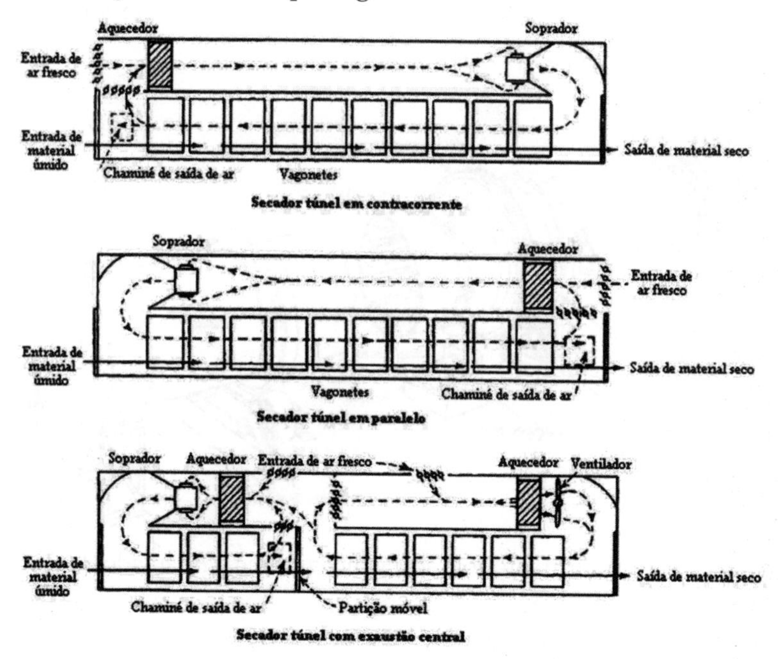

Figura 7.5b – Secador túnel em três tipos de escoamento (Adaptado de: Perry)

O secador túnel tem a maior flexibilidade para qualquer combinação de escoamento de ar ou de programação de temperatura. Nele, os sólidos são usualmente aquecidos pelo contato direto com os gases quentes. Nas operações a alta temperatura, a radiação das paredes e do revestimento cerâmico também pode ser importante.

7.5.3 Secador Rotatório

O secador rotatório (figura 7.5c), comumente chamado de forno rotatório, é constituído por um cilindro que gira mediante suportes apropriados, normalmente com pequena inclinação em relação à horizontal. O compartimento do cilindro pode ser de 4 a mais de 10 vezes o seu diâmetro. Os sólidos da alimentação entram por uma extremidade do cilindro e deslocam-se – em virtude da rotação, da diferença de pressão e da inclinação do cilindro – até a outra extremidade, de onde saem como produto acabado. Os gases que passam pelo secador podem retardar ou acelerar o movimento dos sólidos, conforme estejam em contracorrente ou em corrente paralela ao seu fluxo. Este equipamento é aplicável ao processamento descontínuo ou contínuo dos sólidos que têm escoamento livre e são granulares, como produtos de descarga.

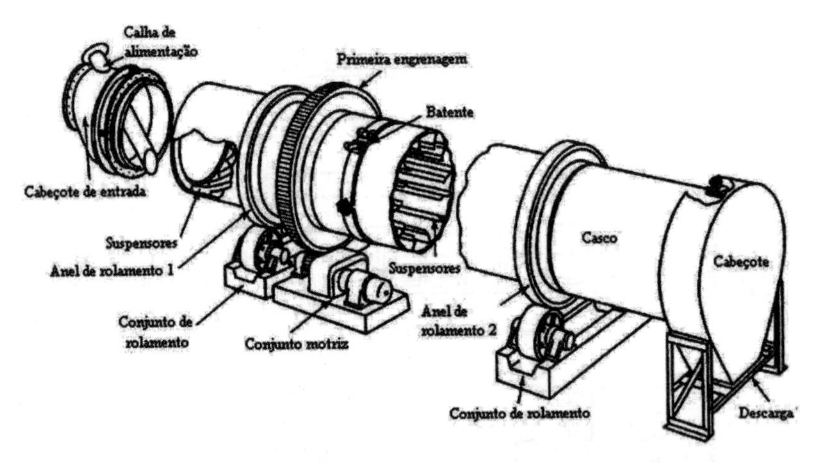

Figura 7.5c - Secador rotatório a aquecimento direto (Adaptado de: Perry)

7.5.4 Secador Pulverizador

O secador pulverizador (figura 7.5d) consiste numa câmara cilíndrica grande, geralmente vertical, em que o material a ser seco é pulverizado na forma de pequenas gotículas e no qual se introduz um grande volume de gás quente, suficiente para fornecer o calor necessário para completar a evaporação do líquido. As transferências de calor e de massa são realizadas pelo contato direto entre o gás quente e as gotículas dispersas. Depois de completada a secagem, o gás resfriado e os sólidos são separados. As partículas finas arrastadas pela corrente de ar seco são separadas do gás em ciclones externos (figura 7.5e). O uso principal dos secadores pulverizadores é na secagem comum de soluções e de suspensões para obtenção de pós, como na obtenção de leite em pó e sabão em pó, por exemplo.

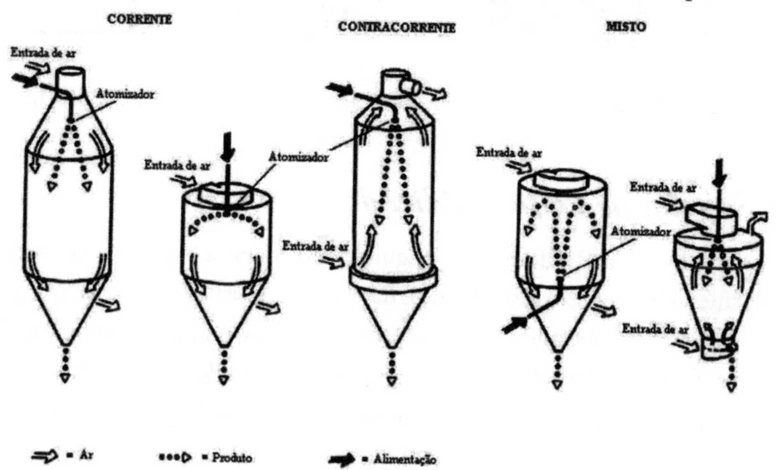

Figura 7.5d – Câmaras e métodos de contato gás-sólido nos secadores pulverizadores (Adaptado de: Perry)

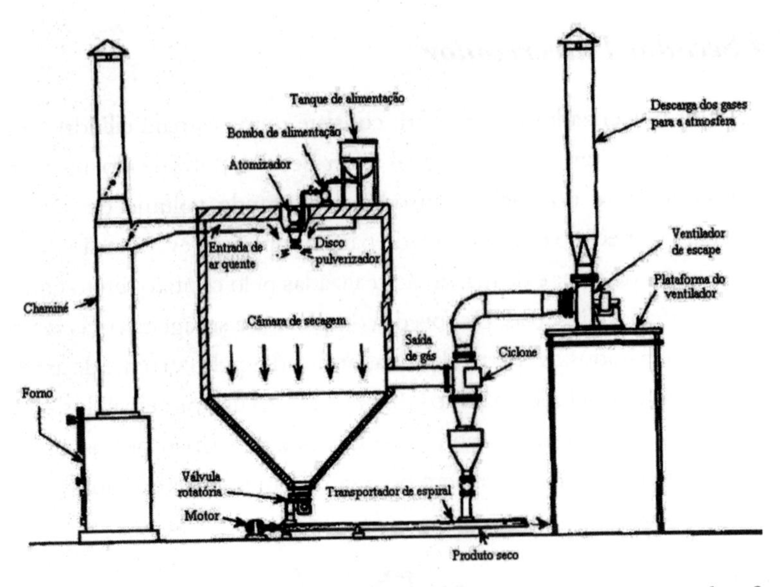

Figura 7.5e – Secador pulverizador com ciclone para recuperação dos finos (Adaptado de: McCabe)

7.5.5 Secador de Leito Fluidizado

As unidades a leito fluidizado (figura 7.5f) para a secagem de sólidos, particularmente do carvão, do cimento, da rocha e do calcário, são de uso geral. As considerações econômicas tornam estas unidades particularmente atrativas devem ser manipuladas elevadas quantidades de sólidos. Uma das maiores vantagens deste secador está no controle preciso das condições, de modo que se pode deixar um teor pré-determinado de umidade livre nos sólidos para impedir o empoeiramento dos produtos durante as operações de manuseio subsequentes.

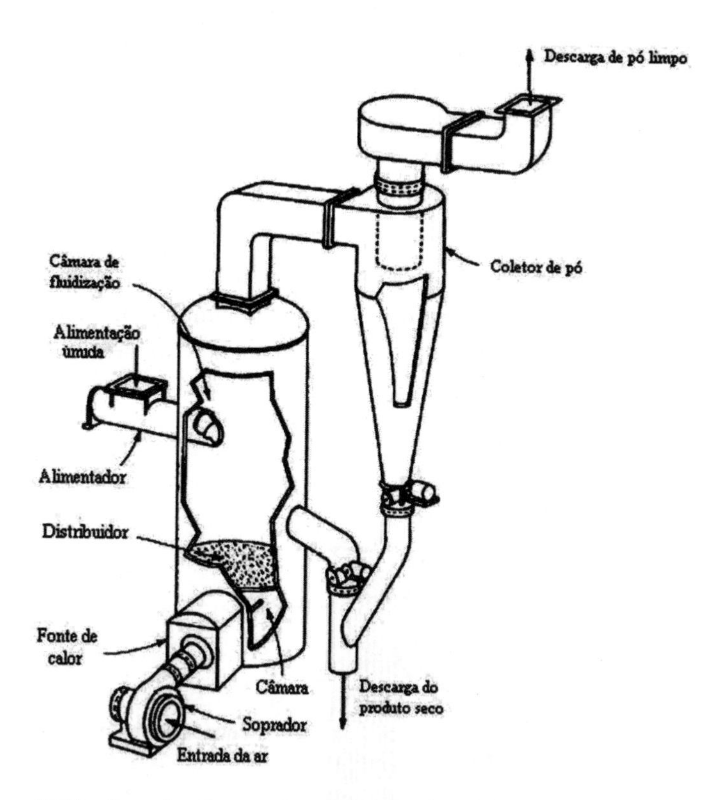

Figura 7.5f - Secador de carvão a leito fluidizado (Adaptado de: McCabe)

O termo fluidização é utilizado para sistemas sólidos que apresentam algumas propriedades de líquidos e gases (fluidos). Como o gás de arraste do solvente mantém os sólidos suspensos no interior do secador, dizemos que os sólidos a serem secos estão fluidizados. A fluidização permite um maior contato superficial entre o sólido e o fluido de arraste, pelo favorecimento da transferência de massa e calor.

A eficiência na utilização de um leito fluidizado depende, em primeiro lugar, do conhecimento da velocidade mínima que o fluido de arraste deve ter para gerar a fluidização. Abaixo desta velocidade o leito não fluidiza; e muito acima dela, os sólidos são carregados para fora do leito.

7.5.6 Evaporadores a Vapor

Os evaporadores são equipamentos utilizados para concentrar uma solução de densidade mais baixa para uma densidade mais alta, ou seja, para que uma solução diluída seja concentrada em teor de sólidos. O calor necessário para a evaporação do solvente é obtido do vapor proveniente de caldeiras ou geradores de vapor acoplados ou não ao evaporador, que pode ser vertical ou horizontal, com circulação natural ou forçada e, ainda, contar com múltiplos efeitos. O maior número de evaporadores industriais é dos que adotam superfícies calefatoras tubulares como os apresentados nas figuras 7.5g e 7.5h.

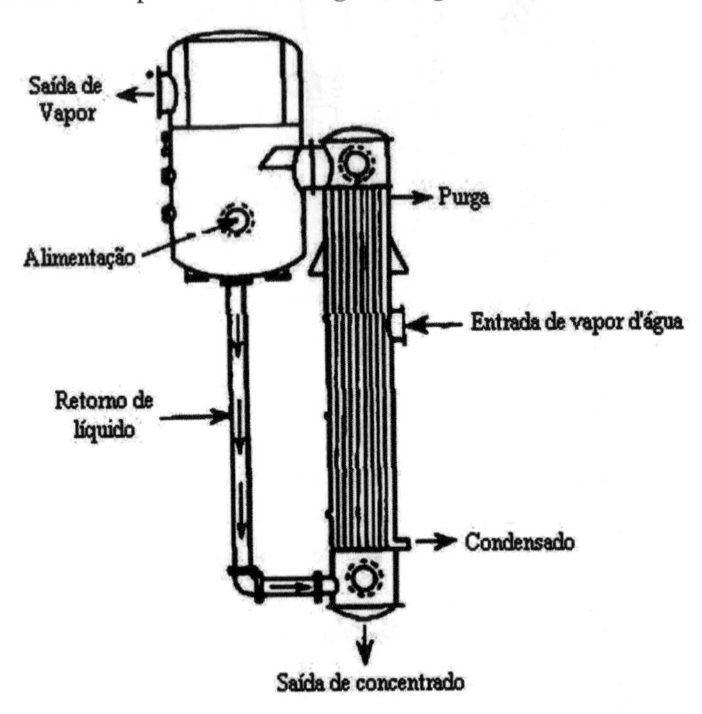

Figura 7.5g - Evaporador de tubos verticais longos com circulação natural (Adaptado de: McCabe)

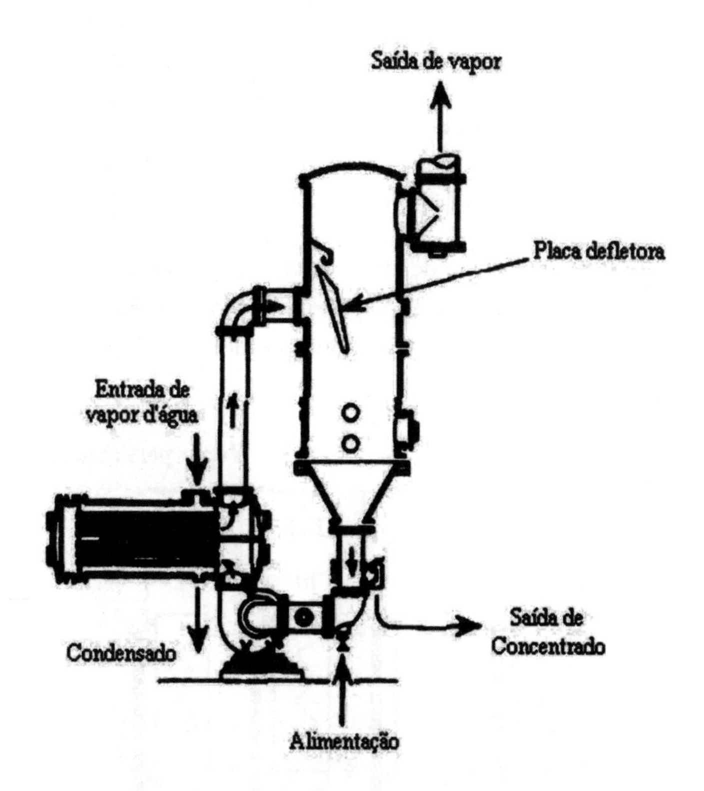

Figura 7.5h - Evaporador de feixes horizontais com circulação forçada (Adaptado de: McCabe)

Muitos evaporadores operam a vácuo, o que reduz a pressão exercida sobre o líquidoe diminui, assim, o seu ponto de ebulição. O líquido diluído recebe calor ao circular pelos feixes tubulares de um trocador de calor situado junto ao equipamento e, ao retornar à câmara de evaporação, parte do solvente presente evapora. Repetido várias vezes este ciclo, ter-se-á um líquido mais concentrado.

Por tratar-se de um processo que envolve trocadores de calor, a transferência nos feixes tubulares é afetada por fatores tais como:

- a diferença de temperatura entre o vapor e a solução a ser aquecida;

- a condutividade do material que envolve a superfície aquecedora;

- a resistência da camada estacionária que se prende ao metal em ambos os lados do tubo (incrustações);

- a velocidade e a viscosidade da solução ao passar pelos tubos, sendo que a viscosidade da solução aumenta com a concentração de matéria sólida e decresce com o aumento de temperatura.

A operação de concentração de uma suspensão ou solução nos evaporadores pode ser realizada com maior eficiência pela utilização de múltiplos efeitos (figura 7.5i), em vez de ser empregado um único evaporador (simples efeito).

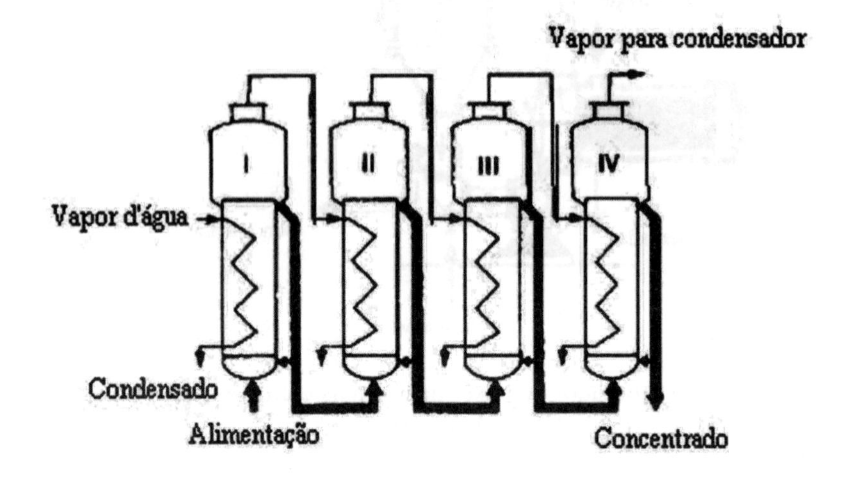

Figura 7.5i – Evaporadores a múltiplo efeito (Adaptado de: McCabe)

7.5.7 Evaporador de Película

Uma forma de aumentar a turbulência do líquido, para que ocorra maior transmissão de calor, é mediante a agitação mecânica da película do líquido dentro do evaporador, tal como mostrado na figura 7.5j, que é um evaporador de película encamisado que contém um agitador interno. A alimentação entra pela parte superior da seção encamisada e se dispersa na forma de uma película turbulenta mediante as placas do agitador. O concentrado sai pela parte inferior da seção encamisada, enquanto o vapor sobe desde a zona de vaporização até um separador encamisado. A principal vantagem de um evaporador de película agitada é sua capacidade para conseguir elevadas velocidades de transmissão de calor com líquidos viscosos. É particularmente utilizado para materiais viscosos sensíveis ao calor, como gelatina, látex, antibióticos e sucos de frutas. Suas desvantagens são o elevado custo, em parte devido à manutenção das partes internas, e a baixa capacidade de cada unidade, que é muito inferior à dos evaporadores multitubulares.

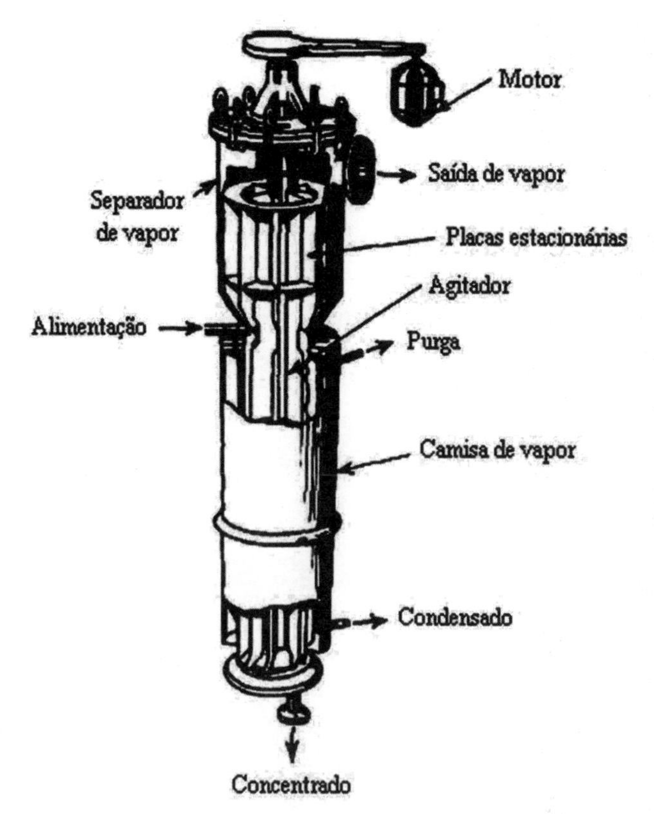

Figura 7.5j – Evaporador de película (Adaptado de: McCabe)

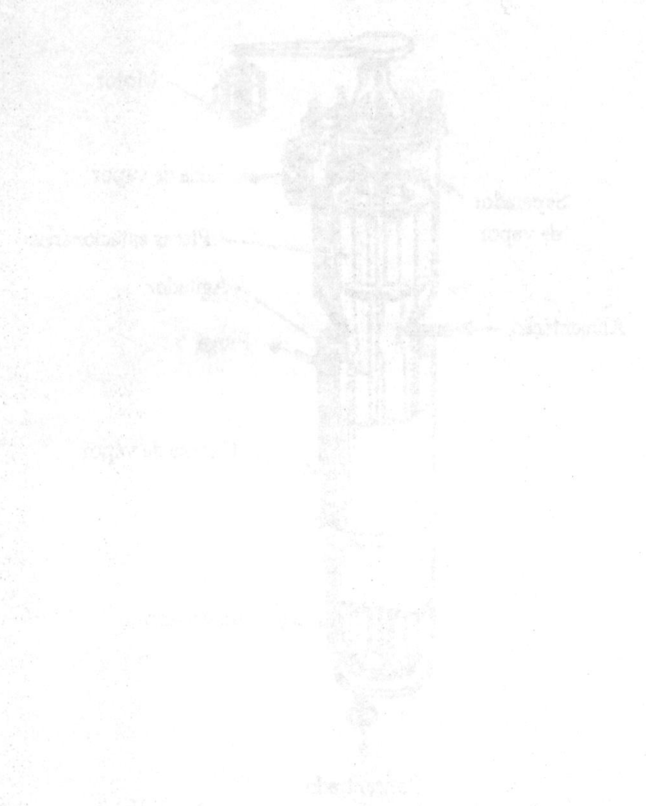

ÓLEOS E GORDURAS

A extração de óleos vegetais

A versatilidade da soja

Biocombustíveis

Capítulo 8 - Óleos e Gorduras

8.1 Introdução

Os óleos vegetais e seus derivados utilizados como alimento, produtos de beleza, em tratamentos de pele, tintas, vernizes e lubrificantes, são conhecidos desde os primórdios da história humana. Sua utilização teve início com o linho e o algodão no antigo Egito (10.000 a.C.), passando pela extração de óleos de azeitonas pelos gregos e romanos.

Até o século 16, a produção de óleo limitava-se à indústria caseira e era considerada atividade secundária da agricultura. No século 19, foram introduzidas as prensas hidráulicas no processo de extração, o que resultou num melhor rendimento de óleo, cujo resíduo na torta variava de 5% a 10%, sendo que a primeira prensa foi utilizada em 1877.

A primeira experiência na extração com solvente ocorreu em meados do século 19. A partir dos anos 50, houve uma grande evolução em termos de instalações para extração, com a utilização cada vez mais crescente de solvente (hexano), acompanhada de produção em grande escala, o que reduziu custose tornou as instalações mais econômicas. Praticamente não houve alterações entre as etapas de processo e os equipamentos utilizados no início do século. Por outro lado, houve o desenvolvimento de novos materiais de construção e características mecânicas que propiciaram aos equipamentos utilizados maior capacidade, qualidade do produto, produtividade e rentabilidade das instalações.

8.2 Definição de óleos e gorduras

Óleos e gorduras são substâncias insolúveis em água, de origem animal ou vegetal, formadas por ésteres de ácidos graxos derivados da glicerina, denominados triglicerídeos. Muitos autores consideram óleos e gorduras ésteres de triacilgliceróis, produtos resultantes da esterificação entre o glicerol e ácidos graxos (figura 8.2a).

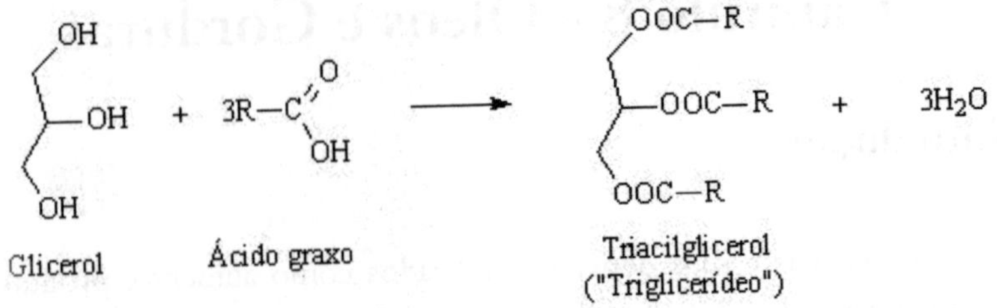

Glicerol + $3R-COOH$ (Ácido graxo) → Triacilglicerol ("Triglicerídeo") + $3H_2O$

Figura 8.2a – Reação simplificada de formação de um triacilglicerol

A consistência dos triacilgliceróis, à temperatura ambiente, varia de líquido para sólido. Quando estão sob forma sólida, são chamados de gorduras, e quando estão sob forma líquida, são denominados óleos. Os óleos, em especial os vegetais, possuem de uma a quatro insaturações (ligações duplas) na cadeia carbônica, sendo, por isso, líquidos à temperatura ambiente, enquanto as gorduras são sólidas à temperatura ambiente, em virtude de sua constituição com ácidos graxos saturados. Assim, gorduras animais como a banha, o sebo comestível e a manteiga são constituídas por misturas de triacilgliceróis que contêm um número de saturações maior do que o de insaturações, o que lhes confere um ponto de fusão mais alto e, por isso, aparência de sólidos. De maneira análoga, os óleos, por possuírem número maior de insaturações, expressam menor ponto de fusão, sendo líquidos à temperatura ambiente.

A maioria dos ácidos graxos de óleos comestíveis possui uma cadeia carbônica com 16 a 18 carbonos, embora o óleo de coco, por exemplo, contenha um alto grau de ácido láurico, com 12 átomos de carbono na sua constituição.

Os óleos e gorduras apresentam como componentes substâncias que podem ser reunidas em duas grandes categorias: glicerídeos e não glicerídeos. Os glicerídeos (triglicerídeos, principalmente), como dito anteriormente, são produtos da esterificação de uma molécula de glicerol com até três moléculas de ácidos graxos. Os ácidos graxos, por sua vez, são ácidos carboxílicos de cadeia longa, livres ou esterificados, que constituem os óleos e gorduras. Na tabela 8.2a, são apresentados a nomenclatura e o ponto de fusão de alguns dos principais ácidos graxos que compõem óleos e gorduras.

Tabela 8.2a – Nomenclatura e ponto de fusão de alguns ácidos graxos

Ácido	Ponto de fusão (ºC)
Butírico (butanóico)	-4,2
Capróico (hexanóico)	-3,4
Caprílico (octanóico)	16,7
Láurico (dodecanóico)	44,2
Mirístico (tetradecanóico)	54,4
Palmítico (hexadecanóico)	62,9
Esteárico (octadecanóico)	69,6
Oleico (9-octadecenóico) (ω-9)	13,4
Linoleico (9,12-octadecadienóico) (ω-6)	5,0
Linolênico (9,12,15-octadecatrienóico) (ω-3)	-11,0
Araquidônico (5, 8, 11, 14-eicosatetraenóico)	-49,5

A estrutura molecular dos ácidos graxos insaturados como o oleico, o linoleico e o linolênico pode se apresentar na forma *cis* ou *trans*, como representado nas figuras 8.2c e 8.2d.

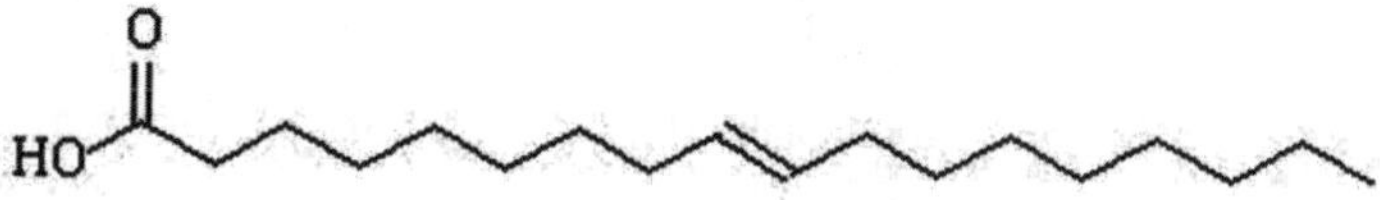

ácido trans-oleico

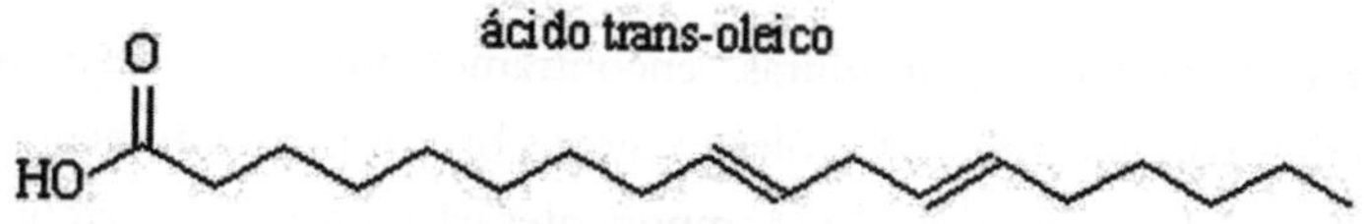

ácido t,t-linoleico

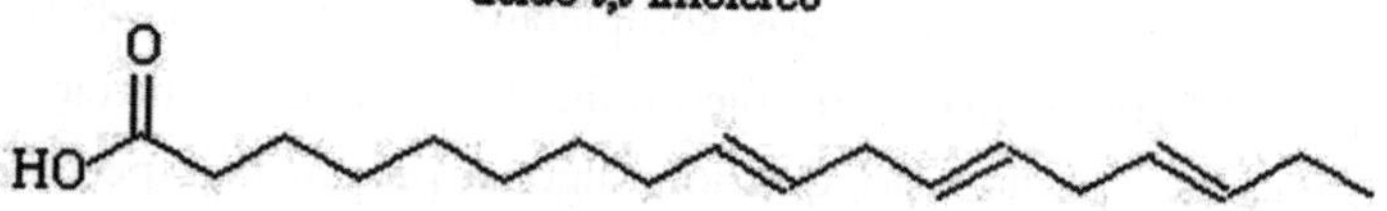

ácido t,t,t-linolênico

Figura 8.2c – Estrutura plana dos ácidos graxos na forma *trans*

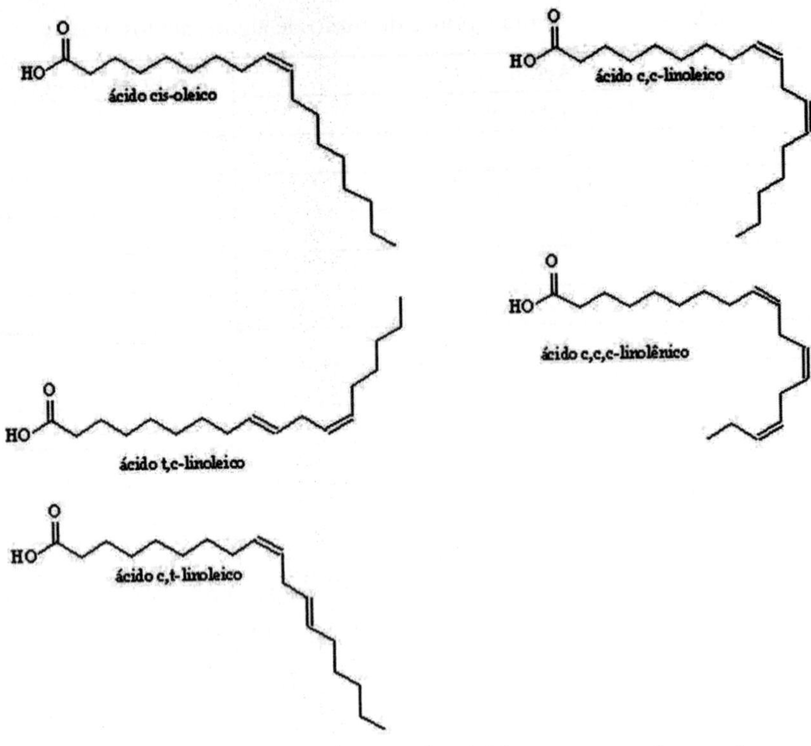

Figura 8.2d – Estrutura plana dos ácidos graxos na forma *cis*

Em todos os óleos e gorduras, encontramos pequenas quantidades de componentes não glicerídeos. Os óleos vegetais brutos possuem menos de 5% e os óleos refinados, menos de 2% de componentes não glicéricos. No refino, alguns desses componentes são removidos completamente, e outros, parcialmente. Aqueles que ainda permanecem no óleo refinado, ainda que em traços, podem afetar as características do óleo, devido a alguma propriedade peculiar, como, por exemplo, apresentarem ação pró ou antioxidante, serem fortemente odoríferos, terem sabor acentuado ou serem altamente coloridos. Eis alguns exemplos de grupos não glicerídeos: fosfatídeos, esteróis, ceras, hidrocarbonetos insolúveis (esqualeno), carotenóides, clorofila, tocoferóis (vitamina E), lactonas e metilcetonas.

Os fosfatídeos são produtos resultantes da esterificação de álcoois poli-hidroxilados (normalmente, porém nem sempre, a glicerina) com ácidos graxos e também com ácido fosfórico. O fosfatídeo mais comum é a lecitina, cuja estrutura molecular é apresentada na figura 8.2e, um derivado do refino da soja que possui inúmeras aplicações na indústria, algumas das quais estão destacadas na tabela 8.2b.

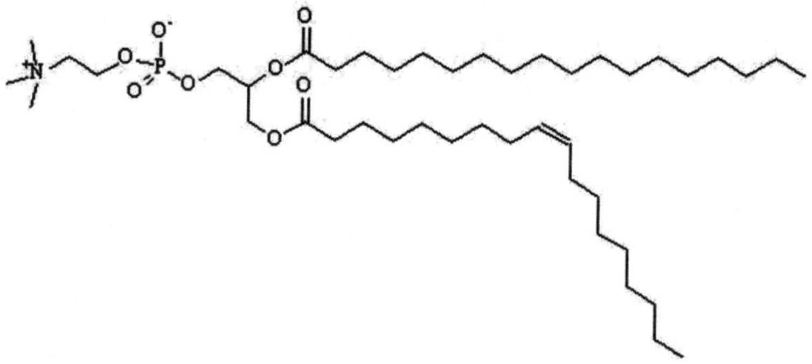

Figura 8.2e – Estrutura molecular da lecitina

Tabela 8.2b – Aplicações da lecitina de soja

Utilização em alimentos		Uso técnico	
Função	**Aplicação**	**Função**	**Aplicação**
Agente emulsificante	Produtos de padaria e produção de balas.	**Agente Antiespumante**	Fabricação de escuma e fabricação de álcool.
Agente ativo de superfície	Revestimento de chocolate e produtos farmacêuticos	**Agente dispersante**	Fabricação de tintas (pintura) e inseticidas.
Nutritiva	Uso médico e uso doméstico.	**Agente dispersante - Agente Umidificante**	Cosméticos, pigmentos, substituto do leite para bezerro, metais em pó, têxteis e produtos químicos.

Agente estabilizador	Gorduras.	**Agente Estabilizante**	Emulsões.

Os esteróis são álcoois insaponificáveis, neutros, cristalinos e com alto ponto de fusão. É a maior porção da matéria insaponificável de grande parte dos óleos e gorduras. Eles são inertes e não afetam as propriedades dos óleos. O esterol predominante de gorduras animais é o colesterol (estrutura na figura 8.2f), também o mais conhecido e abundante esterol. Sua separação de óleos apresenta algum interesse industrial, porque eles constituem matéria-prima para a síntese de hormônios sexuais e para a preparação da vitamina D.

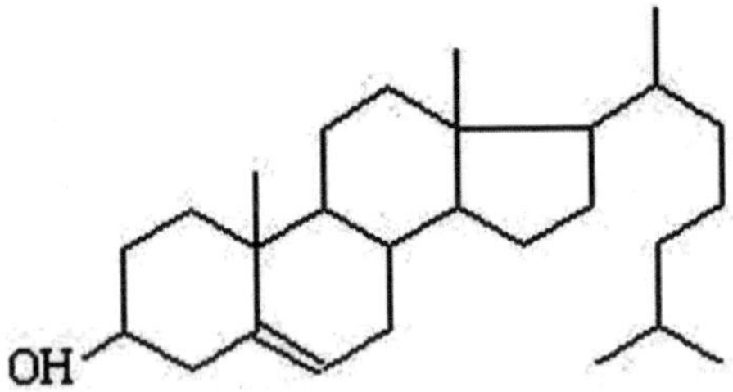

Figura 8.2f – Estrutura molecular plana do colesterol

Outros componentes não glicerídeos típicos são:

Hidrocarbonetos incolores: a maioria das gorduras contém pequenas quantidades (0,1% – 1,0%) de hidrocarbonetos saturados e insaturados que aparecem junto ao material insaponificável. O representante mais típico é o esqualeno (figura 8.2g) ($C_{30}H_{50}$), um hidrocarboneto altamente insaturado e incolor, com ligações duplas não conjugadas.

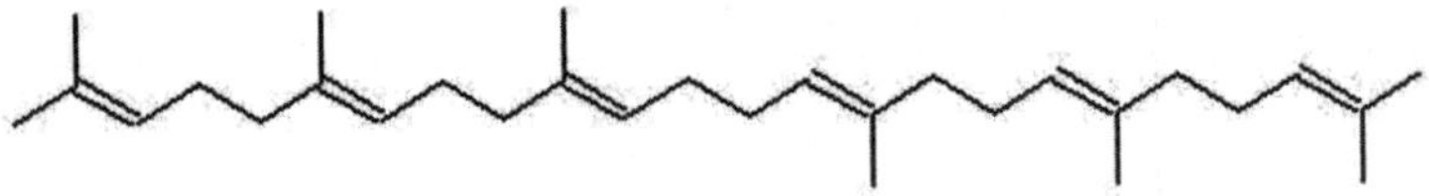

Figura 8.2g – Estrutura molecular do esqualeno

Pigmentos: são compostos que afetam a aparência das gorduras. Eles consistem em carotenóides, responsáveis pela coloração vermelha ou amarela das gorduras. Os carotenóides são hidrocarbonetos altamente insaturados, do tipo poliisopreno, e seus derivados oxigenados. Seus representantes mais comuns encontrados são α e β-caroteno (figura 8.2h). A coloração verde presente em alguns óleos é devida à clorofila (óleo de oliva, por exemplo).

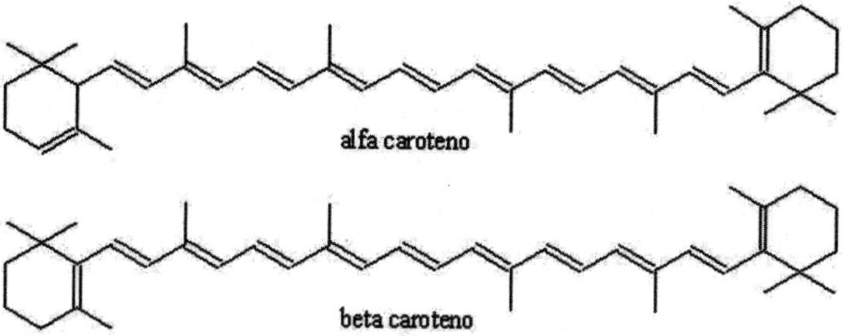

alfa caroteno

beta caroteno

Figura 8.2h – Estrutura molecular do alfa e beta caroteno.

Tocoferóis: São os mais abundantes e conhecidos antioxidantes da natureza. Também conhecidos como vitamina E óleo solúvel. Eles são preservantes naturais contidos em óleos e gorduras, que as tornam mais resistentes à degradação oxidativa em relação aos triglicerídeos puros. O teor de tocoferóis (figura 8.2i) em óleos vegetais é maior do que em gorduras animais, sendo aquelas, portanto, mais resistentes à rancificação do que estas. O teor é muito pequeno e varia com a espécie. Por exemplo: no óleo de soja refinado, seu teor é da ordem de 0,09%-0,10%, e no sebo bovino, é da ordem de 0,001%.

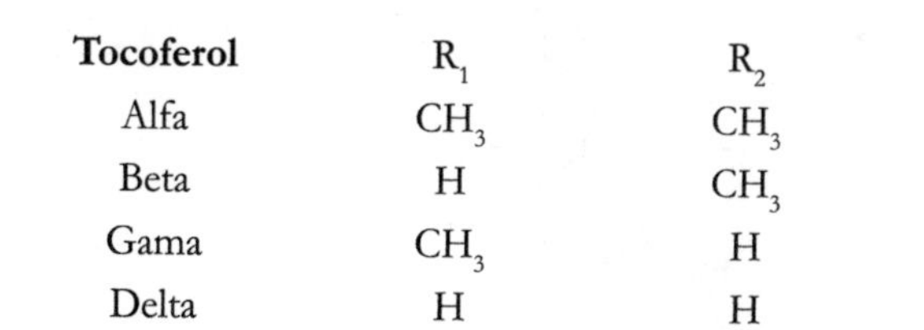

Tocoferol	R_1	R_2
Alfa	CH_3	CH_3
Beta	H	CH_3
Gama	CH_3	H
Delta	H	H

Figura 8.2i – Estrutura molecular de um tocoferol

Componentes flavorizantes e odoríferos: Todos os óleos e gorduras possuem sabores e odores característicos naturalmente. Todavia, pode ocorrer a formação de compostos resultantes da decomposição hidrolítica, degradação oxidativa ou degradação enzimática durante a estocagem ou processamento dos óleos e gorduras. Alguns compostos naturais são agradáveis (sabor e aroma do óleo de oliva), outros não (sabor e aroma do óleo de peixe). Nos processos degradativos ocorre a formação de cetonas, aldeídos e ácidos carboxílicos leves, de 4 a 8 carbonos. Muitas vezes, devido à presença de compostos nitrogenados (fragmentos de proteínas), pode ocorrer a formação de aminas de cheiro desagradável.

Vitaminas: Óleos e gorduras são importantes fontes de vitaminas A, D e E (figuras 8.2j, 8.2k e 8.2l, respectivamente). Os α e β-carotenos são compostos pró-vitamínicos, pois quando ingeridos pelo homem e pelos animais, são convertidos em vitamina A. A vitamina D é derivada dos esteróis e a vitamina E provém dos tocoferóis. Alguns óleos de determinados peixes são bastante ricos em vitaminas A e D (óleo de sardinha, óleo de fígado de bacalhau e óleo de fígado de atum, por exemplo), podendo atingir teores de 100.000 U.I./g a 300.000 U.I./g.

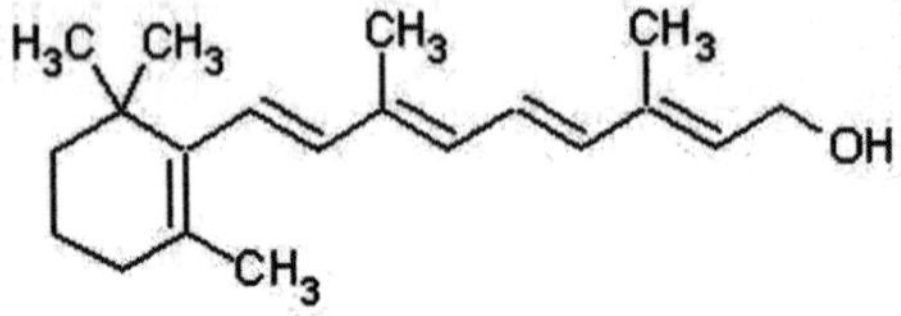

Figura 8.2j – Estrutura molecular da vitamina A

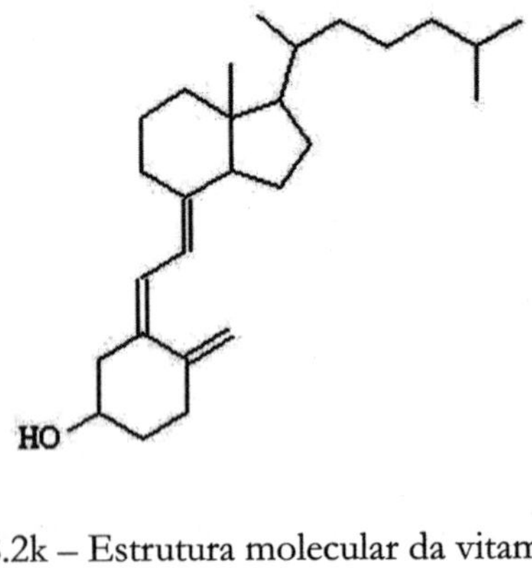

Figura 8.2k – Estrutura molecular da vitamina D3

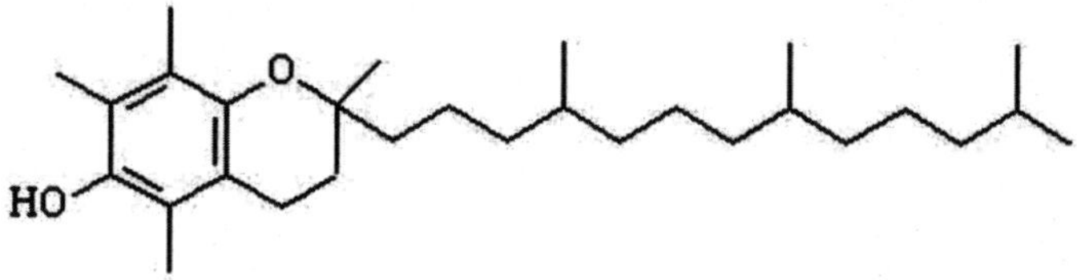

Figura 8.21 – Estrutura molecular da vitamina E

Conhecidos os principais componentes de óleos e gorduras, veremos a seguir como é realizada a extração do óleo industrialmente.

8.3 Obtenção do Óleo de Soja

O processamento industrial dos diversos óleos comestíveis (soja, milho, dendê, canola,...) é muito semelhante, de modo geral. A seguir, será detalhado o processamento do grão de soja, em particular, para extração do óleo, devido À sua grande importância para o Brasil (segundo maior produtor mundial). Ainda assim, os processos aqui descritos são similares para as demais oleaginosas, mesmo que cada grão tenha sua peculiaridade.

A obtenção do óleo vegetal bruto é feita por meio de métodos físicos e químicos sobre as sementes de oleaginosas, usando-se um solvente como extrator e técnicas de prensagem. Nesta fase, o óleo vegetal contém impurezas, prejudiciais à qualidade e estabilidade do produto, sendo necessário removê-las pelos processos de refino, que envolvem a remoção do solvente, a degomagem, o branqueamento, a desacidificação e a desodorização do óleo, os quais descreveremos sucintamente a seguir.

8.3.1 Limpeza e Armazenamento

Ao serem colhidos, os grãos de soja apresentam impurezas tais como folhas, paus, talos, pedras, areia e materiais metálicos (principalmente ferro) provenientes da lavoura. Há, portanto, a necessidade de uma etapa de limpeza dos grãos, na qual são removidos também os grãos ardidos (escuros) ou imaturos, pois os primeiros contêm óleo escuro com alta acidez e alto teor de oxidantes e os segundos originam óleos com alto teor de clorofila. A seleção dos grãos ocorre por gradeamento, peneiramento e imãs, em tambores rotativos de chapas perfuradas, peneiras vibratórias e eletroímãs colocados em uma transportadora de grãos.

Após a colheita e pré-limpeza dos grãos, eles devem ser conservados adequadamente para se obter um óleo de boa qualidade e elevado rendimento. A boa conservação dos grãos está diretamente subordinada ao seu teor de umidade, cuja percentagem nunca deve exceder um determinado valor, variável de acordo com o tipo de semente. Este valor corresponde a uma atividade de água (a_w), a chamada "umidade crítica", que, para a soja, por exemplo, é de 15%. Porém, não se deve retirar totalmente a umidade dos grãos, pois estes ficam secos e quebradiços, de modo que há diminuição no rendimento do processo de extração do óleo por causa disso. Assim, é conveniente manter a umidade dos silos de armazenamento (figura 8.3a) ao redor de 10%-12%.

Figura 8.3a - Silos de armazenamento de grãos de soja

O aumento da umidade no grão acelera a atividade biológica, porque as enzimas e os substratos são mais facilmente mobilizados para o processo. O aumento da temperatura também acelera a respiração dos grãos e quanto maior for a taxa respiratória, mais rápida será a deterioração da matéria-prima armazenada. A umidade excessiva permite o desenvolvimento de fungos e atividade enzimática que hidrolisa até 5% da gordura. Além disso, se entre os grãos estiverem presentes fungos toxigênicos, estes poderão elaborar micotoxinas diversas.

Quando as sementes oleaginosas são armazenadas em más condições, pode ocorrer aquecimento, aumento da acidez, escurecimento do óleo, modificações organolépticas e modificações estruturais.

8.3.2 Descascamento

A casca das sementes oleaginosas contém normalmente menos de 1% de óleo, tende a reduzir o rendimento da extração por conta da retenção de óleo na torta e diminui o volume útil do equipamento extrator. Para a retirada das cascas, os grãos são quebrados por batedores ou facas giratórias a 20% do seu tamanho, aproximadamente. Os quebradores são munidos de peneiras vibratórias e as cascas são separadas por sucção. As cascas retiradas podem ser incorporadas ao farelo, posteriormente, para ajustar seu valor protéico, ou ser queimadas em uma caldeira para aproveitamento energético do processo.

8.3.3 Laminagem e Cozimento dos Grãos

A extração do óleo dos grãos será facilitada, seja por extração mecânica ou por solvente, se eles forem fragmentados a pequenas partículas, exceto, naturalmente, para o caso de sementes muito pequenas (linho, gergelim etc.), para as quais não se justifica tampouco seu descascamento. Assim, a etapa de laminação e expansão é aquela em que a soja passa por rolos cilíndricos, providos de finas lâminas, que provocam a ruptura das células e a formação de uma grande área superficial para o contato do solvente (lâminas de grande espessura provocam alto teor de óleo residual no farelo). É interessante que as sementes que serão laminadas tenham umidade razoável e estejam a uma temperatura adequada (10%-11% de umidade e 70°C-75°C, no caso da soja). Isto porque nestas condições os grãos ficam mais plásticos e permitem uma deformação mais rápida, com menor custo de energia. Quando o material é processado apenas por extração mecânica (prensas), normalmente não é necessário que sejam laminados, como ocorre com a soja.

O cozimento, por sua vez, tem por objetivo tornar a soja plástica e o óleo fluido entre as células para facilitar a operação de prensagem. A temperatura, nesta fase, é próxima de 75°C-85°C. O cozimento processa-se em um aparelho chamado "cozinhador" ou "chaleira", que eleva a temperatura dos flocos laminados e aumenta seu conteúdo de umidade até a percentagem ideal para a prensagem posterior.

8.4 Métodos de Extração do Óleo

O grão de soja laminado e cozido está pronto para a extração do óleo, que pode ocorrer por métodos mecânicos (prensagem) ou por meio de extração por solventes. Em processos de prensagem, o material deverá ser reduzido de tamanho, sofrer um tratamento térmico e depois ser submetido a elevada pressão, para retirada do óleo da polpa. Nos processos mais eficientes de prensagem, a torta retém cerca de 2,5% a 5% em peso de óleo. Portanto, os processos de extração mecânica por prensagem só serão vantajosos em sementes com alto teor de óleo. No caso da soja, que contém cerca de 18% em peso de óleo, a perda devido ao óleo retido na torta poderá ser de 15% a 20% sobre o óleo total do grão. Portanto, para oleaginosas com pouco óleo, a extração deverá, necessariamente, ser com solvente, para ser viável economicamente, pois a quantidade de óleo na torta reduz-se a menos de 1% em peso.

Naturalmente, um processo de extração com solventes possui algumas desvantagens: alto custo de investimento, manutenção e segurança, além de algumas sementes desintegrarem-se sob a ação do solvente, dificultando o processamento.

8.4.1 Processos de Extração Mecânica

O método mais comum de extração mecânica dá-se na extrusão de sementes laminadas em prensas do tipo "Expeller" (figura 8.4a) ou similares, onde há a expansão das células, que as torna mais permeáveis ao solvente, e as micelas mais concentradas na extração por solvente. Esse tipo de prensa contém uma espécie de rosca sem-fim, com diâmetro ou passo variável. No final da rosca, por um espaço anular variável entre seu eixo e o corpo da prensa, sai a torta. Este equipamento ainda é bastante utilizado para sementes com alto teor de óleo, ou ainda, como extrator primário, antes da extração com solventes. O menor teor de óleo remanescente que atinge é de 2%-3% em peso sobre a torta.

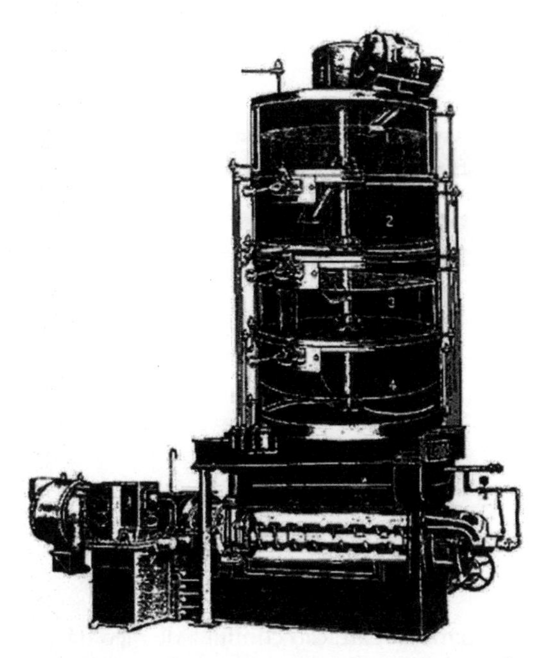

Figura 8.4a – Prensa tipo Expeller com cozedor
(Fonte: French Oil Mill Machinery Co.)

8.4.2 Processos de Extração com Solventes

No processo de extração do óleo com solvente, a massa extrudada passa por diversos estágios nos quais há contato entre o solvente e o substrato que contém o óleo. A extração é feita em contracorrente, sendo que a massa que entra é percolada pela micela mais concentrada e, gradativamente, passa por micelas mais diluídas, até a entrada de solvente puro. O tempo de contato entre a massa e o solvente quente é fator muito importante, pois o solvente age por difusão e arrastamento.

Logo após a passagem do solvente puro, a massa de farelo é conduzida a um dessolventizador, onde o solvente é eliminado do farelo. A micela mais concentrada que sai do extrator é transferida para um destilador, no qual o óleo é separado do solvente por aquecimento sob vácuo. O farelo que sai do dessolventizador é tostado para inibir a ação de enzimas e reduzir seus fatores antinutricionais. O óleo bruto obtido na destilação da micela é encaminhado para o processo de refino. Um diagrama do processo de extração por solvente é apresentado na figura 8.4c.

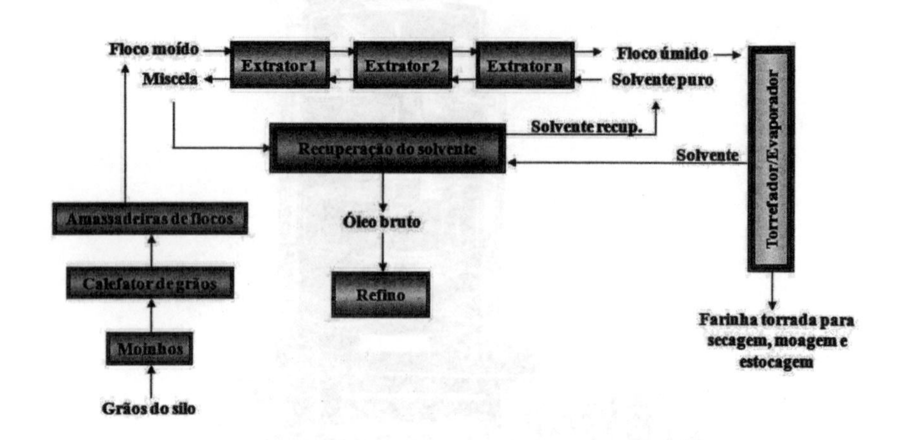

Figura 8.4c – Diagrama da extração contínua de óleo de soja por solvente

8.5 Refino do Óleo Bruto

O óleo bruto obtido possui algumas impurezas que são inconvenientes, uma vez que provocam escurecimento dos óleos e gorduras, ocasionam espumas e fumaça ou são precipitadas sob aquecimento. Nem todas elas, entretanto, são indesejáveis. Os esteróis são incolores, estáveis ao aquecimento e inertes. Os tocoferóis têm a função de proteger os óleos e gorduras da oxidação (antioxidantes), sendo, por isso, componentes altamente desejáveis.

Os tratamentos a que são submetidos os óleos e gorduras são: degomagem, neutralização, clarificação e desodorização. O termo "refino" refere-se a qualquer tratamento de purificação destinado a remover ácidos graxos livres, fosfatídeos ou outras impurezas grosseiras. Ele exclui clarificação e desodorização. O termo "clarificação" é reservado para o tratamento destinado somente à redução da cor dos óleos e gorduras. A "desodorização" é o tratamento destinado à remoção de traços de constituintes que ocasionam odores aos óleos e gorduras.

8.5.1 Degomagem

A sua finalidade é retirar dos óleos e gorduras certas substâncias, tais como fosfatídeos (lecitina), proteínas ou fragmentos de proteínas e substâncias mucilaginosas. Essas impurezas são solúveis no óleo somente na forma anidra e podem ser precipitadas e removidas por simples hidratação. Esta operação deve ser feita para evitar precipitação destes materiais durante o período de estocagem ou durante o uso do óleo. Além do mais, estes produtos favorecem a degradação dos óleos e gorduras, mediante a ação enzimática e a proliferação de fungos e bactérias. Outro motivo de sua retirada é o seu aproveitamento econômico, pois, no caso da lecitina, esta será destinada como aditivo emulsificante para fins industriais e alimentícios. O teor de gomas presentes em óleos e gorduras é variável em função do espécime, sendo, todavia, muito maior em óleos e gorduras vegetais. Sua presença em gorduras animais é muito baixa. No caso do óleo de soja bruto, seu teor é da ordem de 1,5% a 3% em peso.

Nas grandes instalações industriais, a degomagem é feita continuamente. Para isso, a instalação possui dois tanques munidos de sistema de aquecimento e agitação, nos quais são colocados o óleo e uma quantidade de água, que depende do teor de gomas presente. Normalmente, o teor de água adicionada é igual ao teor de gomas. Após a adição da água, a mistura é aquecida a 60°C-70°C, com agitação por 20 a 30 minutos. A seguir, a mistura é conduzida a uma centrífuga, onde é feita a separação das gomas hidratadas do óleo. Enquanto a mistura de um tanque é centrifugada, no outro tanque a mistura é aquecida para hidratar as gomas, fechando, desta forma, um ciclo contínuo. A goma descarregada da centrífuga é secada a vácuo, para posterior processamento. No caso da soja, esta se constitui da lecitina bruta. O produto chamado lecitina comercial consiste de aproximadamente 60% de mistura de fosfatídeos, 38% de óleo de 2% de umidade.

8.5.2 Neutralização

A neutralização visa à eliminação dos ácidos graxos livres do óleo, os quais, para determinados fins, são inconvenientes. No caso de cocção (frituras) de alimentos, a presença de ácidos graxos livres ocasiona a formação de fumaça gordurosa, uma vez que possuem pressão de vapor maior do que a dos triglicerídeos e evaporam com o aquecimento. Estes ácidos são removidos tratando-se o óleo com solução de soda cáustica, normalmente, por meio de saponificação. A concentração da solução alcalina, o tempo de mistura e a temperatura variam de acordo com o processo adotado (contínuo ou descontínuo).

Nos processos contínuos, a solução de soda cáustica é adicionada ao óleo e a mistura é separada em óleo neutralizado e "borra", por centrifugação. O óleo neutralizado é submetido a uma ou duas lavagens com 10%-20% de água aquecida e novamente centrifugado, para remover o sabão residual. A neutralização contínua reduz o tempo de contato entre o óleo e o álcali, reduz as perdas de óleo por saponificação dos triglicerídeos e separa a "borra" mais eficientemente, reduzindo o teor de óleo ocluído, quando comparada com um processo descontínuo.

A quantidade de soda cáustica a ser utilizada na neutralização deve ser igual à necessária para neutralizar a quantidade de ácidos graxos livres expressa como ácido oléico, mais um excesso de 0,2% a 0,5% sobre o peso total do óleo, a depender da percentagem de ácidos livres presentes no óleo; em óleos com percentual inferior a 4% (expressos como ácido oléico), pode ser usado um excesso de 0,2% de NaOH (ou um pouco mais). Para acidez superior a 6%, o excesso de NaOH fica em torno de 0,5% sobre o peso do óleo.

Na neutralização dos óleos com soda cáustica, verificam-se perdas regulares de óleo pela saponificação e também devido à oclusão de óleo neutro no sabão formado. Portanto, as perdas em peso de óleo na etapa de neutralização são devidas aos ácidos graxos livres e combinados, que saem na forma de sabão, mais o óleo neutro ocluído no sabão. Este óleo ocluído pode algumas vezes ser recuperado por certos processos, mas é de baixa qualidade. Normalmente, o sabão gerado é utilizado na fabricação de sabões comerciais ou então na produção de ácidos graxos, mediante reação com ácido sulfúrico. Existem métodos laboratoriais para estimar as perdas de refinação, como, por exemplo, os métodos da AOCS (*American Oil Chemistry Society*) e os da ABNT.

8.5.3 Clarificação (Branqueamento)

O processo de degomagem já remove certa quantidade de corantes presentes no óleo. A neutralização também exibe efeito branqueador. Todavia, o consumidor exige óleos e gorduras quase incolores. A clarificação, visa eliminar do óleo parte de certos pigmentos que lhe conferem cor, tornando-o mais claro. O branqueamento dá-se pela adsorção dos corantes do óleo em terras ativadas misturadas, muitas vezes, com carvão ativo na proporção de 10:1 – 20:1. As terras ativadas são preparadas de silicatos de alumínio, por aquecimento com ácido clorídrico ou sulfúrico, seguido de lavagem, secagem e moagem.

O óleo neutralizado e lavado sempre contém umidade, ainda que seja submetido a centrifugação. A ação da terra clarificante é mais eficiente em meio anidro, portanto, a primeira etapa do branqueamento é a secagem. Quando o óleo está seco e na temperatura em torno de 80°C, a terra descorante é adicionada, numa proporção variável em peso sobre o óleo, de acordo com o tipo de óleo a clarificar, com o poder descorante da terra e com o tipo de processo aplicado. Em geral, o óleo é agitado durante 20 a 30 minutos e, subsequentemente, é passado pelo filtro-prensa para separação da terra clarificante. Depois da filtração, o bolo no filtro contém aproximadamente 50% de óleo. A recuperação parcial do óleo retido na terra descorante é feita pela injeção de vapor d'água no filtro. Também pode ser injetado ar comprimido, mas este tende a oxidar o óleo, escurecendo-o e formando peróxidos. O bolo de filtragem depois desse tratamento é usualmente desprezado. O óleo residual que fica retido na torta de filtro pode ser quase totalmente recuperado por meio de extração com solventes, mas isto não se justifica economicamente, face ao custo do processo frente à pequena quantidade de óleo recuperada.

8.5.4 Desodorização

A desodorização destina-se a retirar dos óleos substâncias que conferem cheiro e sabor estranhos. Quando a margarina tornou-se um substituto para a manteiga, houve a necessidade de utilização de gorduras e óleos com baixos níveis de gosto e cheiro; caso contrário, elas são produtos não comestíveis. A volatilidade dos compostos odoríferos é menor do que a dos triglicerídeos, o que exigiria uma alta temperatura para removê-los, ocasionando a degradação das gorduras. Neste caso, é utilizado arraste com vapor em atmosfera reduzida (de 2 mmHg a 8mmHg), para evitar a degradação do óleo. Isto proporciona a destilação dos compostos odoríferos em temperaturas abaixo daquelas que poderiam prejudicar as gorduras (oxidação ou hidrólise do óleo).

Os compostos que promovem cheiro e sabores estranhos às gorduras são aldeídos, cetonas, álcoois, hidrocarbonetos e vários outros, formados pela decomposição térmica de peróxidos e pigmentos. A concentração destes compostos normalmente não ultrapassa 1000 ppm, sendo que, após uma boa desodorização, cai para cerca de 200 ppm. Existem compostos que mesmo em teores da ordem de 1 ppm a 300 ppm são fortemente detectáveis, tal como o decadienal, que é percebido em concentrações da ordem de 0,5 ppm.

8.6 Hidrogenação de Óleos

As finalidades da hidrogenação de óleos e gorduras são várias: produção de sabão, gorduras comestíveis e industriais, aumento da resistência à oxidação etc. O processo consiste basicamente em hidrogenar as ligações duplas presentes na cadeia carbônica do triglicerídeo, de modo a aumentar sua viscosidade, já que a gordura saturada terá maior ponto de fusão, a ponto de se tornar sólida.

A hidrogenação industrial de óleos é um processo catalítico, cujo catalisador consiste basicamente de níquel. Podem ser utilizados também cromito de níquel, ligas de níquel com Al, Cu, Zr etc. O catalisador metálico encontra-se finamente dividido e suportado em materiais porosos e inertes, tal como terra diatomácea. Suspenso sob agitação no óleo dentro de um vaso fechado com atmosfera de hidrogênio, o catalisador promove a hidrogenação do óleo. A agitação da mistura óleo-catalisador favorece o contato com o hidrogênio no óleo e promove maior renovação das moléculas de óleo em contato com a superfície das partículas do catalisador. A taxa de hidrogenação de um óleo depende da temperatura, da sua natureza, da atividade e concentração do catalisador e da taxa na qual na qual tanto o hidrogênio como as moléculas insaturadas do óleo acessam a superfície ativa do catalisador. O processo de hidrogenação pode ser parcial ou total, a depender da necessidade. O controle do processo é efetuado retirando-se periodicamente amostras do reator de hidrogenação para determinação do índice de refração do óleo, que está estritamente relacionado ao índice de iodo. Após a obtenção do desejado grau de saturação, a carga é resfriada e filtrada em um filtro-prensa.

Uma observação importante é que a hidrogenação, quando utilizada, ocorre antes do processo de desodorização do óleo a após o branqueamento. A figura 8.6a resume as etapas de refino e hidrogenação no processamento contínuo de óleos comestíveis.

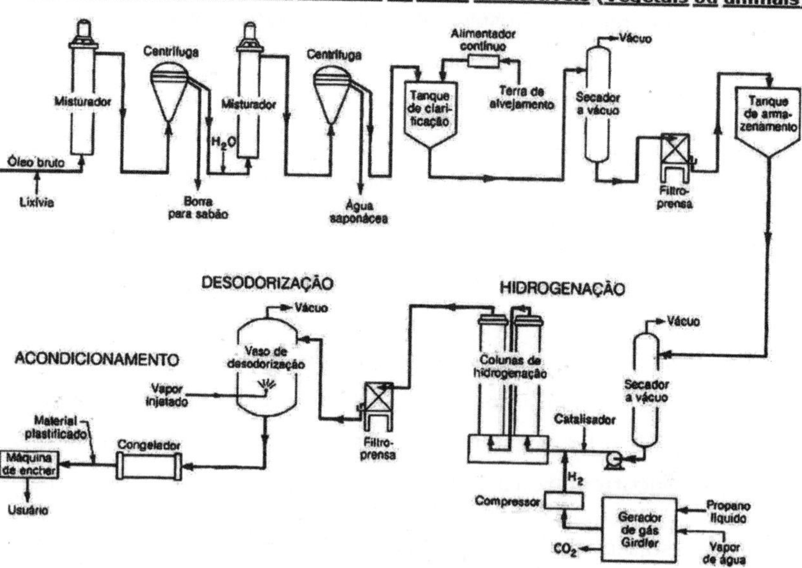

Figura 8.6a – Fluxograma do processamento contínuo de óleos e gorduras (Fonte: Shreve)

8.7 Produtos Derivados da Soja

O processamento de grãos para obtenção de óleos tem gerado muito mais do que o óleo propriamente dito. O grão esgotado, obtido no processamento por solventes, tem sido utilizado pela indústria para produção de farinhas e concentrados protéicos de diversas formas. Vale a pena um rápido comentário sobre a farinha e a proteína texturizada de soja.

8.7.1 Farelo e Farinha de Soja

Farelo de soja é subproduto obtido da extração do óleo dos grãos. A farinha é um produto de granulação característica, que pode ser integral, no caso de ser obtida a partir dos grãos inteiros de soja, e desengordurada, se obtida do processamento posterior do farelo.

Para que o farelo de soja seja empregado na ração animal, este necessita de um tratamento térmico (tostagem), para inativação de certos compostos tóxicos antinutricionais. O calor úmido tem ação inativante muito superior à do calor seco, daí conjuga-se aplicação de calor e vapor ao farelo. São necessárias condições ideais para a operação e rígido controle da temperatura (em torno de 100°C), da umidade e do tempo de duração. Os farelos podem ser obtidos com 50%-51% de proteína, quando, no processamento, houve separação das cascas.

A farinha de soja desengordurada é empregada no enriquecimento protéico de alimentos, na obtenção da proteína texturizada de soja, isolado protéico e concentrado protéico. É obtida do farelo desengordurado cru, cozido ou tostado da extração do óleo. O concentrado e o isolado protéico são obtidos a partir de farinhas desengorduradas de alto índice de proteínas, por meio de uma sequência de etapas que concorrem para a extração e isolação da proteína.

A farinha de soja integral é obtida a partir de grãos limpos, secos e descascados, sem que tenham sofrido extração do óleo. Os grãos passam por um tratamento térmico com vapor direto, para retirar o gosto amargo e inativar os compostos antinutricionais; em seguida são moídos e peneirados. Na figura 8.7ª, observa-se um esquema de obtenção desta farinha.

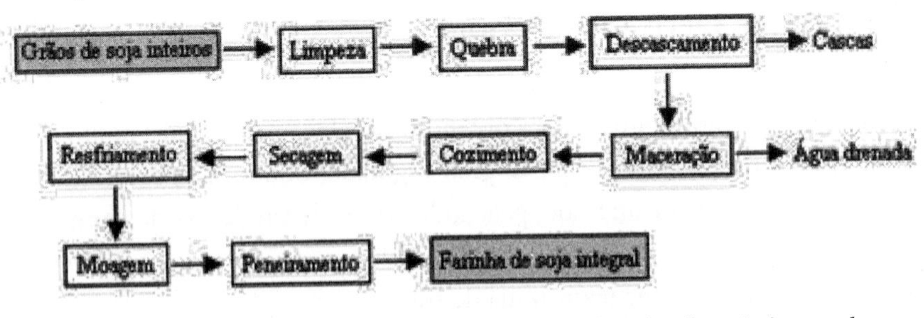

Figura 8.7a – Etapas do processamento da farinha de soja integral

8.7.2 Proteína Texturizada de Soja

É usualmente conhecida como "carne de soja", em virtude da semelhança em cor, textura e aparência com a carne animal. É um produto desidratado de teor protéico muito mais elevado que o da carne, de estocagem e conservação fácil, e com custo muito inferior ao da carne; por isso, vem sendo usada na indústria alimentícia como ingrediente de salsichas, linguiças, mortadelas, almôndegas, salames, patês, hambúrgueres, molhos, massas e pães, entre outros. Pode ser usada ao natural ou adicionada à carne moída (na proporção de 70% de carne para 30% de PTS, ou 80% e 20%, respectivamente) no preparo de almôndega e hambúrguer.

A farinha de soja desengordurada utilizada para produção de PTS é previamente submetida a uma hidratação da ordem de 20% a 30% de água em uma câmara de pré-acondicionamento. Os aditivos como sal, álcalis, corantes e outros condimentos podem ser acrescentados antes ou após a extrusão da massa. Durante a extrusão, as proteínas desnaturam-se, distendem-se e promovem uma reestruturação do material, que se expande pela diferença de pressão ao deixar o extrusor. Da mesma forma, a umidade superaquecida do material, gerada pela pressão interna do extrusor, evapora. O resfriamento é muito rápido, de maneira que o produto solidifica-se sob a forma expandida.

Tópico Especial 8 - Operações Unitárias: Extração por Solventes

Vimos que no processamento do óleo de soja, a extração por solventes é fundamental para recuperação do óleo contido nos grãos após sua prensagem. É um processo muito simples, empregado na separação e isolamento de substâncias componentes de uma mistura, ou ainda, na remoção de impurezas solúveis indesejáveis. A seguir, você conhecerá um pouco mais sobre a técnica de extração por solventes.

8.8 Extração por Solventes

A técnica da extração envolve a separação de um composto, presente na forma de solução ou suspensão em um determinado substrato, por meio da agitação com um segundo solvente, no qual o composto que se quer obter ou extrair seja mais solúvel do que com o substrato (ou solvente) que inicialmente contém a substância. No caso da soja, dizemos que o óleo é mais "solúvel" no hexano utilizado do que no grão, que é o substrato original. Quando desejamos extrair um líquido contido em um substrato sólido, estamos diante de uma "extração sólido-líquido". Agora, se as duas fases são líquidos imiscíveis, o método é conhecido como "extração líquido-líquido". Neste tipo de extração, o composto estará distribuído entre os dois solventes. O sucesso da separação depende da diferença de solubilidade do composto nos dois solventes. Geralmente, o composto a ser extraído é insolúvel ou parcialmente solúvel num solvente, mas muito solúvel no outro.

A água é uma substância comumente presente na extração líquido-líquido, uma vez que a maioria dos compostos orgânicos são imiscíveis em água e porque ela dissolve compostos iônicos ou altamente polares. Os solventes mais comuns compatíveis com a água na extração de compostos orgânicos são éter etílico, éter diisopropílico, clorofórmio, diclorometano e éter de petróleo. Estes solventes são relativamente insolúveis em água e formam, portanto, duas fases distintas. A seleção do solvente dependerá da solubilidade da substância a ser extraída e da facilidade com que o solvente possa ser separado do soluto. Nas extrações envolvendo água e um solvente orgânico, a fase da água é chamada "fase aquosa" e a fase do solvente orgânico é chamada "fase orgânica".

Uma extração por solventes pode ser contínua ou descontínua. A **extração descontínua (batelada)** consiste em agitar quantidades definidas de uma solução aquosa com um solvente orgânico (ou vice-versa), a fim de extrair determinada substância. Agita-se a mistura cuidadosamente para promover o contato íntimo das fases e, assim, possibilitar que o soluto migre em parte para o solvente extrator. O sistema é deixado em repouso e as fases são separadas por decantação. Após a separação, pode-se colocar nova quantidade de solvente no vaso de extração para que se consiga extrair nova quantidade de soluto da solução original. Normalmente não são necessárias mais do que três extrações, mas o número exato dependerá do coeficiente de distribuição[1] da substância que está sendo extraída entre os dois líquidos. O mesmo é valido para sistemas sólido-líquido.

Quando o composto orgânico desejado é pouco solúvel no solvente extrator, isto é, quando o coeficiente de distribuição entre o solvente extrator e a matriz original é pequeno, são necessárias grandes quantidades de solvente de extração para se extrair pequenas quantidades da substância desejada. Assim, precisaríamos repetir muitas vezes o processo de extração em bateladas para remover grande parte do soluto. Isto pode ser evitado com o emprego de um equipamento de **extração contínua**. Em laboratório, são utilizados extratores contínuos do tipo Soxhlet (figura 8.8a).

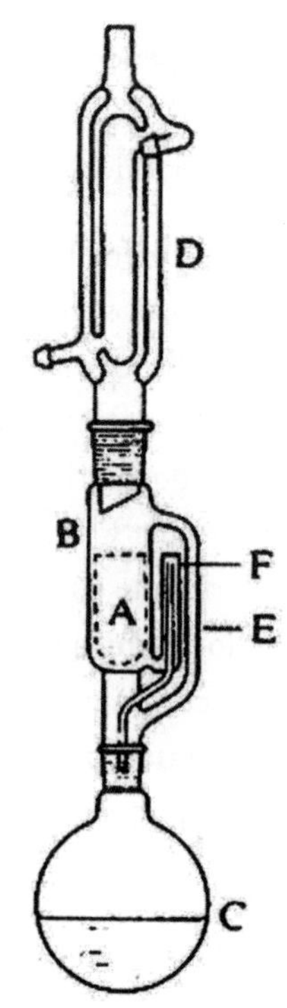

Figura 8.8a – Extrator contínuo tipo Soxhlet

1 Razão entre as concentrações que se estabelecem nas condições de equilíbrio de uma substância química, quando dissolvida em sistema constituído por uma fase orgânica e uma fase aquosa.

Neste sistema, apenas uma quantidade relativamente pequena de solvente é necessária para uma extração eficiente. Na extração contínua em laboratório, utilizando o extrator da figura 8.8a, a amostra deve ser colocada no cilindro poroso **A** (confeccionado) de papel filtro resistente, e este, por sua vez, é inserido no tubo interno do aparelho Soxhlet. O aparelho é ajustado a um balão **C** (contendo um solvente como *n*-hexano, éter de petróleo ou etanol) e a um condensador de refluxo **D**. A solução é levada à fervura branda, de modo que o vapor do solvente extrator suba pelo tubo **E**, condense no condensador **D**, caindo o solvente condensado no cilindro **A**. Quando o solvente alcança o topo do tubo **F**, é sifonado para dentro do balão **C** e transpõe, assim, a substância extraída para o cilindro **A**. O processo é repetido automaticamente até que a extração se complete. Após algumas horas de extração, o processo é interrompido e a mistura do balão é destilada, recuperando-se o solvente.

Na indústria, o processo é fundamentalmente semelhante, guardadas apenas as devidas proporções no tamanho dos equipamentos utilizados. No extrator Bollman (figura 8.8b), por exemplo, o material do qual desejamos extrair o óleo é acondicionado em caçambas metálicas perfuradas que permitem o fluxo descendente do solvente extrator, enquanto os sólidos são transportados por um elevador de caçambas em contracorrente. Os grãos secos, introduzidos nas caçambas que descem, são molhados pelo solvente parcialmente enriquecido. À medida que as caçambas sobem, no outro lado da unidade os sólidos já parcialmente sem óleo recebem solvente puro em contracorrente. Os grãos exaustos são lançados pelas caçambas no topo da unidade, num transportador de pás. O solvente enriquecido é bombeado do fundo do casco para separação das fases.

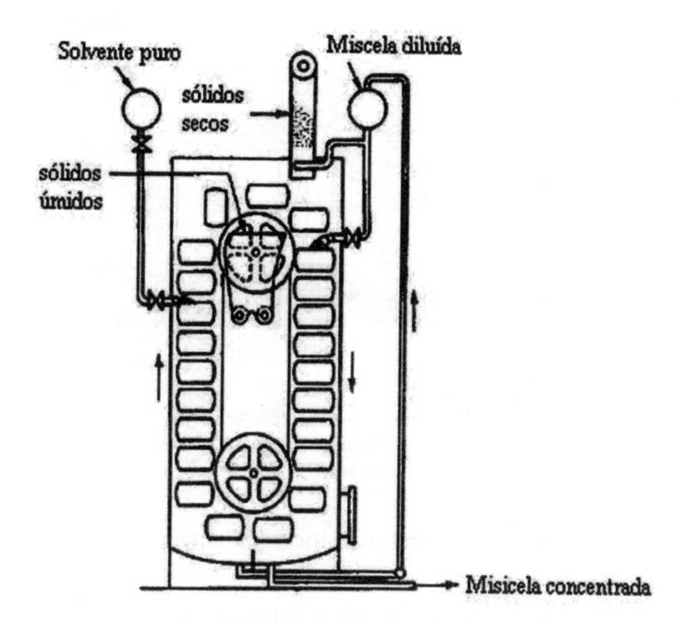

Figura 8.8b - Extrator Bollman (Adaptado de: Perry)

Outro tipo de extrator industrial contínuo é o Rotocel ou de carrossel (figura 8.8c). Este extrator constitui-se de vários compartimentos que se movem em trajetória circular sobre um disco perfurado estacionário e horizontal. Possui compartimentos que são sucessivamente carregados com sólidos em contato com solvente extrator. A extração em contracorrente é efetuada, alimentando-se com solvente novo somente o último compartimento antes do lançamento do material sólido e lavando-se os sólidos em cada compartimento precedente com o material de efluente do seguinte.

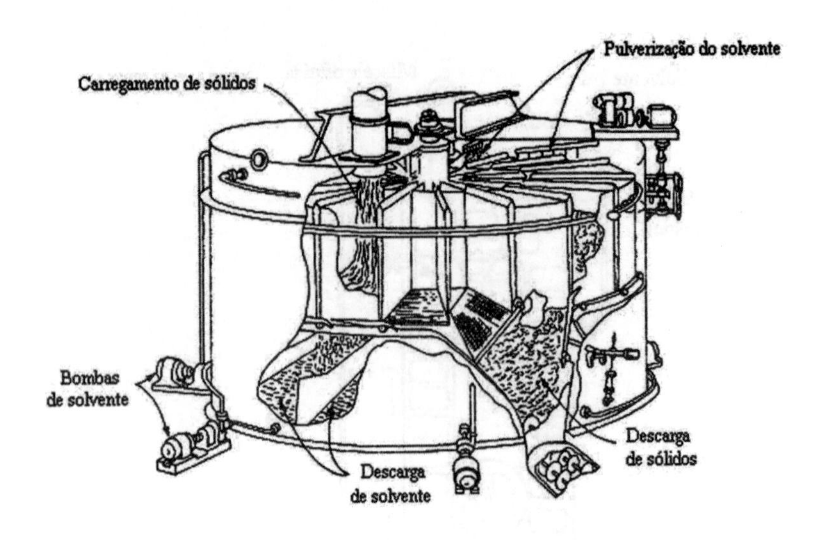

Figura 7.53 - Extrator Rotocel (Adaptado de: Perry)

Além da extração de óleos vegetais, a extração por solvente é usada também para remover componentes indesejáveis dos óleos lubrificantes e de outras frações do petróleo cru, por exemplo, entre outras aplicações. Emprega-se não só equipamento em bateladas, mas também equipamento de contato contínuo.

8.8.1 Fatores que Influenciam a Extração

Os principais fatores que influenciam a extração são:

- **Pureza do solvente:** após o solvente extrair o soluto, ele deve passar por um processo de separação, a fim de se obter o soluto e de recircular o solvente pelo processo. Dependendo do grau de pureza do solvente, a eficiência da extração será maior ou menor. Quanto mais isento de soluto residual, melhor é o desempenho do processo;

- **Relação solvente/carga:** quanto maior esta relação, melhor é a extração, pois uma quantidade maior de solvente aumenta a diferença de concentração entre as fases, que é a força motriz para a transferência de massa. Vale lembrar, porém, que nem sempre é vantajoso utilizar uma grande quantidade de solvente, mas dividi-lo solvente em alíquotas menores. Exemplo: em vez de usar 1 L de solvente de uma só vez, utilizar 4 alíquotas de 250 mL cada.

- **Temperatura:** a solubilidade de uma substância em outra aumenta em quase todos os sistemas à medida que a temperatura é elevada. Para obter os melhores resultados na extração, aproximando o processo real do processo ideal, é necessário que as duas fases em equilíbrio sejam praticamente insolúveis entre si. Deste modo, elevações de temperatura podem prejudicar a extração;

Além disso, devem ser consideradas algumas características desejáveis de um solvente extrator para uma maior eficiência na extração líquido-líquido, que seriam:

- **Seletividade:** o solvente extrator deve extrair preferencialmente o soluto em detrimento do solvente inicial;

- **Estabilidade:** o solvente extrator deve ser quimicamente estável em relação ao aquecimento, para não sofrer decomposição térmica durante o processo de evaporação;

- **Reatividade química:** o solvente não deve reagir quimicamente com o soluto ou com o solvente inicial, pois deve ser estável à presença da solução de alimentação;

- **Densidade:** deve haver uma diferença significativa de densidade entre o solvente extrator e a outra fase, de forma a acelerar as taxas de escoamento das fases;

- **Recuperabilidade:** a volatilidade relativa entre o solvente e o soluto deve ser alta, e é desejável também um baixo calor de vaporização para o solvente (menor ponto de ebulição);

- **Viscosidade:** é desejável uma baixa viscosidade para o solvente extrator, de forma a reduzir os custos de bombeamento e agitação, além de evitar o arraste de gotas para a outra fase.

Além destas características, é conveniente que o solvente tenha baixa toxicidade, baixo custo e apresente pouca corrosividade sobre os equipamentos do processo.

8.9 Artigo Especial: Biodiesel no Brasil

A substituição do petróleo como principal fonte de energia é urgente, devido à sua eminente escassez e à poluição gerada pela queima de seus derivados. Uma das alternativas aos combustíveis fósseis é a utilização de biocombustíveis. Por terem origem vegetal, eles contribuem para o ciclo do carbono na atmosfera e, por isto, são considerados renováveis, já que o CO_2 emitido durante a queima é praticamente reabsorvido pelas plantas que irão produzi-lo. O Brasil é um dos pioneiros em combustíveis renováveis, e já utiliza o álcool etílico, oriundo da fermentação da cana, desde a década de 1970. Este artigo traz, de forma resumida, informações sobre o biodiesel no Brasil, discutindo sua importância, histórico, matérias-primas utilizadas, capacidade de produção instalada e processo de produção do biocombustível.

8.9.1 O Que é o Biodiesel

O biodiesel é um combustível obtido a partir de matérias-primas vegetais ou animais. As matérias-primas vegetais são derivadas de óleos vegetais, tais como soja, mamona, colza (canola), palma, girassol e amendoim, entre outros, e as de origem animal são obtidas do sebo bovino, suíno e de aves. Incluem-se entre as alternativas de matérias-primas os óleos utilizados em fritura (cocção).

8.9.2 Importância do Biodiesel

As fontes renováveis de energia assumem importante presença no mundo contemporâneo pelas seguintes razões: 1) os cenários futuros apontam para a possível finitude das reservas de petróleo; 2) a concentração de petróleo explorado atualmente está em áreas geográficas de conflito, o que impacta no preço e na regularidade de fornecimento do produto; 3) as novas jazidas em prospecção estão situadas geograficamente em áreas de elevado custo para a extração; e 4) as mudanças climáticas com as emissões de gases de efeito estufa liberados pelas atividades humanas e pelo uso intensivo de combustíveis fósseis, com danosos impactos ambientais, reorientam o mundo contemporâneo para a busca de novas fontes de energia com possibilidade de renovação e que assegurem o desenvolvimento sustentável.

8.9.3 Breve Histórico do Biodiesel no Brasil

A trajetória do biodiesel no Brasil começou a ser delineada com as iniciativas de estudos pelo Instituto Nacional de Tecnologia, na década de 1920, e ganhou destaque em meados de 1970, com a criação do Pró-óleo – Plano de Produção de Óleos Vegetais para Fins Energéticos, que nasceu na esteira da primeira crise do petróleo. Em 1980, passou a ser o Programa Nacional de Óleos Vegetais para Fins Energéticos, pela Resolução nº 7 do Conselho Nacional de Energia. O objetivo do programa era promover a substituição de até 30% de óleo diesel apoiado na produção de soja, amendoim, colza e girassol. Nesta mesma época, a estabilização dos preços do petróleo e a entrada do Proálcool, juntamente com o alto custo da produção e esmagamento das oleaginosas, foram fatores determinantes para a desaceleração do programa.

Mesmo assim, o Brasil conquistou presença marcante no mercado mundial, destacando-se com um dos *players* do *biotrade*. Suas vantagens comparativas são significativas ante os demais países. Um amplo território com clima tropical e subtropical francamente favorável ao cultivo de grande variedade de matérias-primas potenciais para a produção de biodiesel; uma vasta gama de empreendimentos existentes; e potenciais ligados à agroenergia com significativo incremento na renda do campo à cidade despontam como principais alavancas para o desenvolvimento sustentável.

Em 2005, a Lei nº 11.097 introduziu definitivamente o biodiesel na matriz energética. Um conjunto de decretos, normas e portarias, estabelecendo prazo para cumprimento da adição de percentuais mínimos de mistura de biodiesel ao diesel mineral também foram criados para regularizar a produção do biocombustível.

Tabela 8.9a – Obrigatoriedade na utilização de Biodiesel no Brasil

Ano	Percentual de biocombustível no diesel	Estimativa de produção
2008-2012	2% obrigatório	1 bilhão de litros/ano
2013 em diante	5% obrigatório	2,4 bilhões de litros/ano

No mercado de biocombustível convencionou-se adotar a expressão BXX, em que B significa Biodiesel e XX, a proporção do biocombustível misturado ao óleo diesel. Assim, a sigla B2 significa 2% de biodiesel (B100), derivado de fontes renováveis e 98% de óleo diesel e B5 equivale a 5% de biodiesel e 95% de óleo mineral. Essas misturas estão aprovadas para uso no território brasileiro e devem ser produzidas segundo as especificações técnicas definidas pela Agência Nacional do Petróleo (ANP).

8.9.4 Matérias-Primas

Para a produção do biodiesel são necessários um óleo ou gordura vegetal, um álcool de cadeia curta (metílico ou etílico) e um catalisador. Dentre as principais oleaginosas utilizadas, destacam-se algodão, amendoim, dendê, girassol, mamona, pinhão manso e soja. São também consideradas matérias-primas para biocombustíveis os óleos de descarte, gorduras animais e óleos já utilizados em frituras de alimentos. A produtividade de óleo obtida a partir dessas oleaginosas pode ser observada na tabela 8.9b.

Tabela 8.9b – Produtividade e rendimento de acordo com a região produtora

Espécie	**Produtividade (toneladas/ha)**	**Porcentagem de óleo**	**Ciclo de vida**	**Regiões produtoras**	**Rendimento (tonelada óleo/ha)**
Algodão	0,86 a 1,4	15	Anual	MT, GO, MS, BA e MA	0,1 a 0,2
Amendoim	1,5 a 2	40 a 43	Anual	SP	0,6 a 0,8
Dendê	15 a 25	20	Perene	BA e PA	3 a 6
Girassol	1,5 a 2	28 a 48	Anual	GO, MS, SP, RS e PR	0,5 a 0,9
Mamona	0,5 a 1,5	43 a 45	Anual	Nordeste	0,5 a 0,9
Pinhão manso	2 a 12	50 a 52	Perene	Nordeste	1 a 6
Soja	2 a 3	17	Anual	MT, PR, RS, GO, MS, MG, e SP.	0,2 a 0,4

Figura 8.9a – Regiões potenciais produtoras de óleos no Brasil

8.9.5 Processo de Produção

Existem duas tecnologias que podem ser aplicadas para a obtenção de biodiesel a partir de óleos vegetais (puros ou de cocção) e sebo animal: a transesterificação e o craqueamento. A tecnologia para a produção de biodiesel predominante no mundo é a rota tecnológica de transesterificação metílica, na qual óleos vegetais ou sebo animal são misturados com metanol que, associado a um catalisador, produz biodiesel, conforme mostrado simplificadamente na figura 8.9b. Os ésteres metílicos ou etílicos dos ácidos graxos são usados como biocombustível e, para cada 100m^3 de óleo vegetal processado por esta rota, são obtidos 10 m^3 de glicerol, também chamado de glicerina.

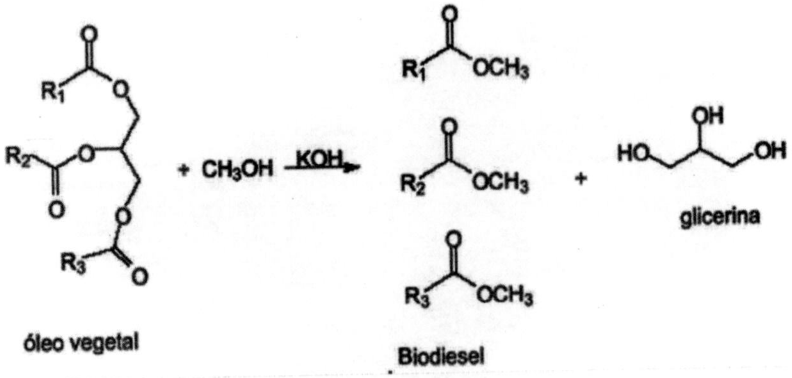

Figura 8.9b – Reação simplificada de transesterificação pela rota metílica

No Brasil, os empreendimentos que estão em operação adotam a tecnologia denominada transesterificação, com predominância da rota tecnológica metílica, mas já há alguns que adotam a rota etílica, mais vantajosa para o Brasil, já que o país é detentor de grande produção de etanol a um custo inferior ao metanol importado. Entretanto, a rota etílica não separa bem os produtos obtidos e ainda requer aperfeiçoamento tecnológico. Um fluxograma básico da produção de biodiesel é apresentado na figura 8.9c.

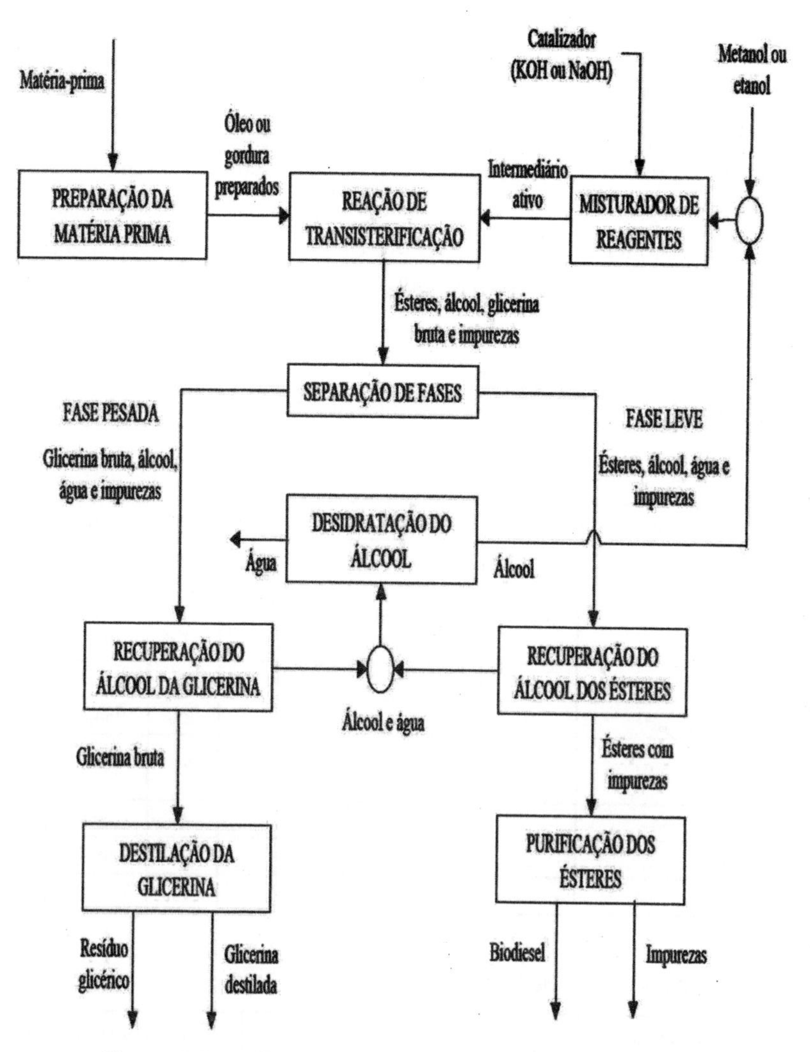

Figura 8.9c – Fluxograma de produção do biodiesel

A rota tecnológica alternativa à transesterificação é a de craqueamento do óleo vegetal ou animal. No Brasil, o processo está sendo desenvolvido pela Empresa Brasileira de Pesquisa Agropecuária (Embrapa), em parceria com a Universidade de Brasília. O protótipo comercial desse equipamento já se encontra em fase de desenvolvimento pela empresa Global Energy and Telecommunication (GET), com apoio da Financiadora de Estudos e Projetos (FINEP).

8.9.6 Capacidade de Produção Instalada no Brasil

A abertura do mercado para o segmento do biodiesel estimulou a instalação de 27 empreendimentos nos mais diversos Estados. Esses empreendimentos construídos e mais as usinas-piloto (13) têm capacidade para processar anualmente 751,4 milhões de litros de biodiesel. As oleaginosas mais utilizadas como matérias-primas são soja, palma, mamona, girassol, nabo forrageiro, canola, dendê e pinhão manso. Estão em construção mais 18 unidades, com capacidade para mais 1.187 milhões de litros anuais, e mais 32 empreendimentos que somam à capacidade produtiva instalada mais 1.953,7 milhões de litros anuais. A distribuição desses empreendimentos pelas regiões brasileiras está demonstrada a seguir nas tabelas 8.9c e 8.9d.

Tabela 8.9c – Empreendimentos em biodiesel no território brasileiro

Regiões	Nº de empreendimentos segundo estágio e capacidade produtiva por região						
	Construídos	Usinas piloto	Em construção	Planejados	Total	Capacidade produtiva (milhões de litros.Ano)	%
Norte	1	1	1	1	4	152,9	4
Nordeste	3	8	4	7	22	954,46	25
Centro-Oeste	9	1	5	10	25	1.375,43	35
Sudeste	12	1	2	9	24	720,90	19
Sul	2	2	6	5	15	688,46	18
Total	27	13	18	32	90	3.892,14	100

Tabela 8.9d – Usinas de biodiesel no RS

Empresa	Cidade	Capacidade produtiva (milhões de litros/ano)
Brasil Ecodiesel	Rosário do Sul	120
BsBios	Passo Fundo	100
Granol	Cachoeira do Sul	40
Oleoplan	Veranópolis	50
Tchê Biodiesel	Taquaruçu do Sul	72
Total		**382**

A partir das tabelas 8.9c e 8.9d, pode-se concluir que o Rio Grande do Sul possui aproximadamente 10% da capacidade de produção nacional de biodiesel.

8.9.7 Conclusão

A entrada do biocombustível derivado da biomassa e denominado biodiesel na matriz energética brasileira é de significativa importância ambiental, social e econômica, além de configurar um curso histórico no Brasil de investimentos em energias mais limpas, tais como o álcool e as hidrelétricas. Do ponto de vista ambiental, reduz de forma drástica a emissão de gases poluentes, contribuindo em benefícios imediatos principalmente nos grandes centros urbanos. Vários estudos científicos realizados pela União Européia indicam que o uso de 1 kg de biodiesel colabora para a redução de 3 kg de CO_2, um dos gases que provocam o efeito estufa. Do ponto de vista social e econômico, possibilita melhor aproveitamento da agricultura com aumento da renda do agronegócio para os produtores de pequeno porte – agricultura familiar, como para os grandes empreendimentos, particularmente nos processos agroindustriais articulados com pequenos empreendimentos, além de promover significativa economia de divisas para o país.

Para o Brasil, a transesterificação dos óleos com etanol seria mais vantajosa, mais ainda há questões técnicas a superar no processo, sendo, por isso, uma rota pouco aplicada ainda. O mercado de biodiesel está em plena expansão e é mais um marco na produção brasileira de biocombustíveis.

CERVEJA

Histórico da cerveja

Produção e consumo

Matérias-primas

Processo de fabricação

Ceres, de acordo com a mitologia grega, é a deusa da fertilidade agrícola.

Ceres → Cerevisia → Cerveja

Capítulo 9 - Cerveja

9.1 Introdução

Não se sabe exatamente quando o homem começou a utilizar bebidas fermentadas, mas há registros da utilização da cerveja entre os povos da Suméria, Babilônia e Egito, na Antiguidade. A bebida também foi produzida por gregos e romanos, porém, foram os povos bárbaros de origem germânica, que ocuparam a Europa durante o Império Romano, que se destacaram na arte de fabricar cerveja.

Os monges beneditinos, no século 4°, tiveram grande contribuição na produção de cervejas, pois foram os primeiros a ter oficialmente liberação para comercialização, produção seriada e adição de lúpulo à cerveja.

No século 14, o Duque Guilherme 4° da Baviera criou a "lei da pureza" – que tornou ilegal o uso de outros ingredientes no fabrico de cerveja, que não fossem água, cevada e lúpulo, pois até então eram utilizados ingredientes muito estranhos para aromatizar as cervejas, como, por exemplo, folhas de pinheiro, cerejas silvestres e ervas variadas.

No século 18, a criação da máquina a vapor por James Watt permitiu a industrialização e racionalização da produção cervejeira, além do advento da refrigeração artificial, desenvolvida por Carl Linde.

O século 19 trouxe grande avanço para a indústria cervejeira e para o homem, com os estudos de Louis Pasteur sobre o fermento e os microrganismos que possibilitaram o início da preservação dos alimentos pelo método da pasteurização. Tal descoberta deu um forte ímpeto às cervejeiras, além de ter possibilitado a preservação de cerveja de um modo mais eficiente. Até a descoberta de Pasteur, a fermentação do mosto era natural, o que normalmente trazia prejuízos aos fabricantes. O notável cientista francês convenceu os produtores a utilizarem culturas selecionadas de leveduras para fermentação do mosto, para manter uma padronização na qualidade da cerveja e impedir a formação de fermentação acética. Pasteur descobriu que eram os microrganismos os responsáveis pela deterioração do mosto e que poderiam estar no ar, na água e nos aparelhos, sendo estranhos ao processo. Graças a esse princípio fundamental, limpeza e higiene tornaram-se os mais altos mandamentos da cervejaria. Além disso, o estudo dos diferentes fermentos fez com que aparecessem novos tipos de cerveja, com diferentes aspectos e sabores, que levaram à expansão do consumo.

No Brasil, o hábito de tomar cerveja foi trazido pela coroa portuguesa durante sua permanência no território brasileiro. Nessa época, a cerveja consumida era importada de países europeus. Em meados de 1888, no Rio de Janeiro, foi fundada a Manufatura de Cerveja Brahma Villigier e Cia., e poucos anos depois, em São Paulo, a Companhia Antarctica Paulista. Passados mais de cem anos, essas duas cervejarias mantêm o domínio do mercado de cerveja no Brasil. Em 1999, as duas fundiram-se, originando a Ambev e , em 2004, a AmBev e a Interbrew, uma cervejaria belga, combinaram as empresas para compor a ABInbev, a maior cervejaria do mundo em volume de produção.

9.2 Produção e Consumo de Cerveja no Brasil

A produção de cerveja no mercado brasileiro tem característica de oligopólio, já que as duas maiores cervejarias detêm por volta de 80% da produção nacional. Ainda assim, ano a ano, as pequenas cervejarias – algumas delas pequenas apenas em termos de participação de mercado – aumentam a sua fatia na produção nacional. Atualmente, em várias regiões do Brasil, começam a proliferar as microcervejarias com serviço de bar e pista de dança, que servem a bebida – não engarrafada, diretamente ao cliente.

No mercado de cerveja, o Brasil só perde, em volume, para a China (35 bilhões de litros/ano), Estados Unidos (23,2 bilhões de litros/ano) e Alemanha (10,7 bilhões de litros/ano), como pode ser observado na figura 9.2a. O consumo da bebida, em 2007, apresentou crescimento em relação ao ano anterior, totalizando 10,34 bilhões de litros, segundo a Sindicerv.

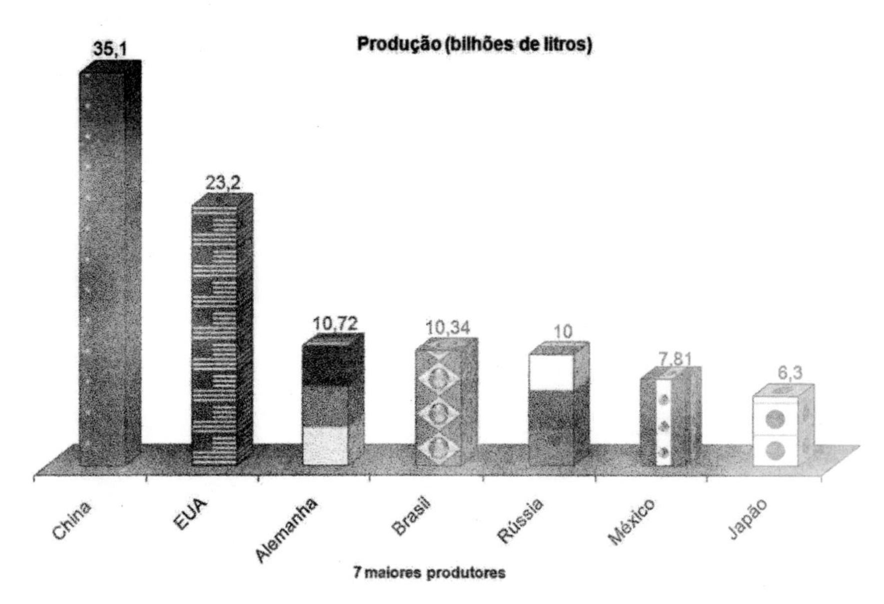

Figura 9.2a – Produção de cerveja nos principais países produtores (Fonte: Sindicerv)

Mesmo com o destacado 4° lugar na produção mundial de cervejas, com uma produção anual de 10 bilhões de litros, o brasileiro consome uma média de 47,6 litros/ano por habitante, abaixo do total registrado por vários países como Estados Unidos (84 litros/ano) e Austrália (92 litros/ano), como indicado na tabela 9.2a.

Tabela 9.2a – Principais países consumidores de cerveja

CONSUMO PER CAPITA (litros/habitante)	
República Checa	158,0
Alemanha	117,7
Reino Unido	101,5
Austrália	92,0
Estados Unidos	84,0
Espanha	78,3
Japão	56,0
México	50,0
Brasil	47,0
França	35,5
Argentina	34,0
China	18,0

Fonte: Brewers of Europe, Alaface e Sindicerv (2002-2003)

9.3 Classificação Básica das Cervejas

A legislação brasileira define cerveja como uma bebida obtida pela fermentação alcoólica do mosto de malte por ação da levedura cervejeira. Como matérias-primas, são utilizados malte, água e lúpulo, podendo parte do malte ser extrato substituído por cereais malteados ou por carboidratos de origem vegetal.

A cerveja é apresentada sob diferentes formas, em função das características da fermentação e do produto acabado. Assim, ela pode ser classificada:

a) Quanto ao extrato primitivo

Cerveja leve - a que apresentar extrato primitivo igual ou superior a 7% e inferior a 11% em peso;

Cerveja comum - a que apresentar extrato primitivo igual ou superior a 11% e inferior a 12,5% em peso;

Cerveja extra - a que apresentar extrato primitivo igual ou superior a 12,5% e inferior a 14,0% em peso;

Cerveja forte - a que apresentar extrato primitivo igual ou superior a 14,0% em peso.

b) Quanto à cor

Cerveja clara - a que tiver cor correspondente a menos de 15 unidades EBC (*European Brewery Convention*);

Cerveja escura - a que tiver cor correspondente a 15 ou mais unidades EBC.

c) Quanto ao teor alcoólico

- Cerveja sem álcool, quando seu conteúdo em álcool for menor que 0,5% em volume, não sendo obrigatória a declaração no rótulo do conteúdo alcoólico;

- Cerveja com álcool, quando seu conteúdo em álcool for igual ou superior a 0,5% em volume, devendo obrigatoriamente constar no rótulo o percentual de álcool em volume, sendo:

Cerveja de baixo teor alcoólico - a que tiver mais de 0,5% até 2,0% de álcool.

Cerveja de médio teor alcoólico - a que tiver mais de 2% até 4,5% de álcool.

Cerveja de alto teor alcoólico – a que tiver mais de 4,5% a 7% de álcool.

d) Quanto à proporção de malte de cevada

Cerveja puro malte – aquela que possuir 100% de malte de cevada, em peso, sobre o extrato primitivo, como fonte de açúcares;

Cerveja – aquela que possuir proporção de malte de cevada maior ou igual a 50%, em peso, sobre o extrato primitivo, como fonte de açúcares;

Cerveja com o nome do vegetal predominante – aquela que possuir proporção de malte de cevada maior que 20% e menor que 50%, em peso, sobre o extrato primitivo, como fonte de açúcares.

e) Quanto à fermentação

a) De baixa fermentação – obtida pela ação da levedura cervejeira, que emerge à superfície do líquido na fermentação;

b) De alta fermentação - obtida pela ação da levedura cervejeira, que é depositada no fundo da cuba durante ou após a fermentação;

Pela legislação brasileira, a cerveja pode ser denominada: *Pilsen, Export, Lager Dortmunder, München, Bock, Malzbier, Ale, Stout, Porter, Weissbier, Alt* e outras denominações internacionalmente reconhecidas que vierem a ser criadas, observadas as características do produto original. Nesse ponto, a legislação é confusa, uma vez que os termos *ale* e *lager* devem ser utilizados para identificar cervejas produzidas por baixa e alta fermentação, respectivamente.

9.4 Matérias-Primas utilizadas na Fabricação

Na produção de cerveja, existem três matérias-primas fundamentais: o malte, o lúpulo e a água cervejeira. À exceção da Alemanha, todos os demais produtores mundiais utilizam os três ingredientes básicos e mais um adjunto.

- **Água:** a água é, em quantidade, o principal componente da cerveja. Muito do sucesso de certas cervejas deve-se às características da água com que são produzidas. Por exemplo, a cerveja produzida em Pilsen, na Tchecoslováquia, ficou famosa porque a água utilizada em sua produção apresentava uma característica peculiar, com baixíssima salinidade, que conferia à bebida um paladar especial, que originou um tipo de cerveja conhecido no mundo inteiro como "cerveja tipo Pilsen".

Atualmente, a tecnologia de tratamento de águas evoluiu de tal forma que, em tese, é possível adequar a composição de qualquer água às características desejadas; porém, o custo de alterar a composição salina da água normalmente é muito alto, motivo pelo qual as cervejarias ainda hoje consideram a qualidade da água disponível como fator determinante da localização de suas fábricas. No Brasil, a maioria das regiões dispõe de águas suaves e adequadas à produção das cervejas *lager*, denominação genérica do tipo de cerveja clara e suave que é produzida no país. Cada 100 litros de cerveja consomem aproximadamente 1.000 litros de água durante o processo de fabricação.

- **Malte:** o malte utilizado em cervejaria é obtido a partir de cevadas de variedades selecionadas especificamente para esta finalidade. A cevada é uma planta da família das gramíneas, parente próxima do trigo, e sua cultura é efetuada em climas temperados. No Brasil, é produzida em algumas partes do Rio Grande do Sul durante o inverno, e na América do Sul, a Argentina é grande produtora. Após a colheita da safra no campo, os grãos (sementes) de cevada são armazenados em silos, sob condições controladas de temperatura e umidade, aguardando o envio para a maltaria, que é a indústria que fará a transformação da cevada em malte. Este processo consiste, basicamente, em colocar o grão de cevada em condições favoráveis à germinação e interrompê-la, tão logo o grão tenha iniciado o processo de criação de uma nova planta. Nesta fase, o amido do grão apresenta-se em cadeias menores que na cevada, o que o torna menos duro e mais solúvel, e, no interior do grão, formam-se enzimas fundamentais para o processo de fabricação de cerveja. A germinação é, então, interrompida por secagem a temperaturas controladas, de modo a reduzir o teor de umidade sem destruir as enzimas formadas.

Malte, portanto, é o grão de cevada que foi submetido a um processo de germinação controlada para desenvolver enzimas e modificar o amido, tornando-o mais macio e solúvel. São utilizadas, neste processo, estritamente as forças da natureza, que proveu as sementes da capacidade de germinar para desenvolver uma nova planta. Tudo o que o homem faz neste processo é controlar as condições de temperatura, umidade e aeração do grão.

- **Lúpulo:** o lúpulo (*Humulus lupulus L.*) é uma trepadeira perene cujas flores fêmeas apresentam grande quantidade de resinas amargas e óleos essenciais, que conferem à cerveja o sabor amargo e o seu aroma característico. Pode-se dizer que é o tempero da cerveja e é um dos principais elementos de que os mestres cervejeiros dispõem para diferenciar suas cervejas das demais. A quantidade e o tipo (variedade) de lúpulo utilizado é um segredo guardado a sete chaves pelos cervejeiros.

- **Fermento:** é o nome genérico de microrganismos, também conhecidos por leveduras, que são utilizados na indústria cervejeira graças à sua capacidade de transformar açúcar em álcool. A levedura utilizada em cervejaria é do gênero *Saccharomyces*, e está distribuída nas espécies *S. cerevisiae* e *S. uvarum*, sendo que cada cervejaria possui sua própria cepa (o leigo pode entender cepa como "raça"). É comum, entretanto, classificar empiricamente as leveduras com base no seu comportamento durante a fermentação. Assim, se durante o processo fermentativo a levedura sobe para a superfície do mosto, ela é denominada "de alta fermentação"; e se ao final do processo fermentativo a levedura decanta no fundo do decantador, é chamada "de baixa fermentação". A maioria das leveduras de alta fermentação (*ale*) pertence à espécie *S. cerevisiae*, enquanto que a maior parte das leveduras da baixa fermentação (*lager*) são *S. uvarum*.

- **Adjuntos:** na maioria dos países, no Brasil inclusive, é costume substituir parte do malte de cevada por outros cereais, também chamados de adjuntos. Consegue-se, desta forma, uma vantagem econômica, caso o cereal substituto seja mais barato que o malte, e produz-se uma cerveja mais leve e suave que aquela obtida exclusivamente com malte de cevada. Os adjuntos normalmente usados para este fim são o arroz e o milho, embora seja possível utilizar qualquer fonte de amido. O uso de adjuntos açucarados, principalmente na forma de xarope, é outra forma de fornecer carboidratos fermentescíveis ao mosto e tem crescido em função de sua uniformidade e da facilidade de armazenamento e utilização industrial, se comparados aos adjuntos amiláceos, como o milho e o arroz.

9.5 Processo de Fabricação da Cerveja

O processamento industrial da cerveja é dividido em três grandes fases: a produção do mosto, o processo fermentativo e o acabamento. A produção do mosto consiste em: moagem do malte, mosturação, filtração, fervura e clarificação do mosto. O processo fermentativo envolve a fermentação e maturação do mosto. Finalmente, o acabamento engloba operações de filtração, carbonatação, modificação de aroma e sabor, ajuste de cor, pasteurização etc.

9.5.1 Produção do Mosto

9.5.1.1 Moagem

O malte é moído em moinhos de rolos (descritos no capítulo 5). O moinho tritura o malte, expondo o interior do grão, que contém amidos que serão usados para a formação de açúcares na mistura. A moagem não pode formar grãos muito finos a ponto de tornar lenta a filtração da cerveja, nem muito grossos, o que dificultaria a hidrólise do amido para liberação do açúcar.

9.5.1.2 - Mistura (Mosturação)

A finalidade da mosturação é recuperar na mistura das matérias-primas cervejeiras (água, malte e adjunto) a maior quantidade possível de extrato a partir de malte ou mistura de malte e adjuntos. Durante a mosturação, o malte moído é misturado com água quente, que ativa enzimas no interior do grão, reduzindo os amidos por meio de processos bioquímicos que produzem açúcares. A atividade das enzimas depende da temperatura da mistura. Geralmente, altas temperaturas na mistura (67°C a 72°C) produzem açúcares mais complexos, chamados dextrinas', que não são fermentados pelas leveduras, resultando em cervejas mais doces. Temperaturas mais baixas (62°C a 66°C) produzem açucares básicos, como a maltose, que é fermentada completamente pelas leveduras; seu resultado são cervejas "secas" (sem doçura). A maioria das cervejarias usa temperaturas de 62°C a 72°C na mistura, porque as enzimas produzem açucares mais rapidamente nestas temperaturas. O tempo de mistura pode ser de 30 minutos a 3 horas; 90 minutos é o tempo típico nas microcervejarias.

9.5.1.3 - Filtração

Ao final da mosturação, o mosto deve ser separado da parte sólida insolúvel da massa. Assim, depois do final da mistura, o mosto é filtrado pelo fundo do tanque, que contém pequenas fendas usadas como filtro. Algumas partículas dos grãos conseguem passar pelas fendas durante a mistura e, no início da filtragem, resultam num líquido turvo. Nesse processo, as cascas do malte são separadas do mosto.

Durante a transferência do mosto para uma caldeira de fervura, água quente é borrifada na superfície dos grãos, de modo recuperar açúcares remanescentes no malte. Quando a caldeira de fervura está completamente cheia, encerra-se este processo e a água que sobra da mistura é drenada. O malte usado é removido para ser usado como alimento para gado.

9.5.1.4 - Fervura

A fervura do mosto tem por objetivo conferir-lhe estabilidade biológica, bioquímica e coloidal. A duração da fervura é usualmente de 60 a 90 minutos e determinará a extração dos materiais amargos e dos materiais aromáticos do lúpulo, que é adicionado nesta etapa, bem como a esterilização do mosto para a coagulação de proteínas e polifenóis (materiais instáveis do malte).

Quando a fervura é completa, o lúpulo usado e os materiais coagulados são depositados no fundo da caldeira, pelo vórtex formado. O mosto claro é drenado da caldeira para o seu resfriamento, sobrando apenas o material decantado no fundo da caldeira.

9.5.1.5 - Resfriando o Mosto

Depois da fervura, é necessário resfriar o mosto rapidamente, para evitar a contaminação por microrganismos e evitar a formação de dimetil-sulfeto. Para tal, o mosto passa por um trocador de calor e é resfriado de 100°C para 10°C-20°C imediatamente. Depois deste resfriamento, o mosto é aerado e transferido para o tanque de fermentação.

A aeração do mosto é essencial para o crescimento da levedura cervejeira durante a fermentação alcoólica.

9.5.2 – Fermentação e Maturação do Mosto

No mosto resfriado e oxigenado é inoculada a levedura (10-30 milhões de células de levedura por mililitro de mosto). As leveduras cervejeiras podem “quebrar” os açúcares seguindo dois caminhos metabólicos distintos. Sob condições de anaerobiose, elas fermentam uma molécula simples de açúcar - glicose, por exemplo -, produzindo etanol, gás carbônico e energia, de acordo com a equação química:

$$C_6H_{12}O_6 \rightarrow 2C_2H_5OH + 2CO_2 + \text{energia}$$

Na presença de oxigênio, a levedura pode oxidar completamente as moléculas de açúcar e produzir gás carbônico, água e energia. Este processo pode ser representado pela equação:

$$C_6H_{12}O_6 \rightarrow 6CO_2 + 6H_2O + \text{energia}$$

As duas vias metabólicas são importantes para o processo. A via respiratória (que utiliza oxigênio) é utilizada no início do processo, com a finalidade de promover o crescimento e revigoramento das leveduras. Já a via fermentativa tem a função de promover a transformação do mosto em cerveja, por meio da conversão do açúcar em álcool e gás carbônico.

Figuras 9.5a – Tanques de fermentação

Depois da fermentação primária, que pode durar de 4 a 14 dias, a cerveja é resfriada a 0°C para maturação (também chamada de fermentação secundária). Durante a maturação, as leveduras refinam o sabor da cerveja e assentam-se no fundo do tanque de fermentação. Mais tarde, elas são removidas do tanque e reutilizadas em fermentações subsequentes. A maturação pode durar de 4 a 42 dias, mas, em média, leva cerca de 15 dias.

9.5.3 – Processos de Acabamento

Após o processo fermentativo (fermentação/maturação), a cerveja requer vários tratamentos antes de ser engarrafada. A cerveja maturada pode passar por clarificação, carbonatação, modificação de aroma e sabor, estabilização contra turvação e mudança de sabor e estabilização biológica. Nos itens a seguir, serão abordados apenas os mais importantes ou os mais utilizados pelas cervejarias.

9.5.3.1 - Filtragem

Com o objetivo de remover impurezas que não se separaram na etapa de maturação e proporcionar a limpidez final do produto, há a filtração da cerveja maturada. Há diversos tipos de meio filtrante, sendo os mais comuns os de placas horizontais e o filtro-prensa, que utilizam terra diatomácea como elemento auxiliar de filtração. Pode haver, ainda, uma etapa final de filtração com filtro de cartucho para efetuar um polimento. Ao final desta etapa são acrescentados aditivos, como agentes estabilizantes, corantes ou açúcar, para o ajuste final do paladar do produto. A figura 9.5b apresenta um esquema do processo de filtração do mosto.

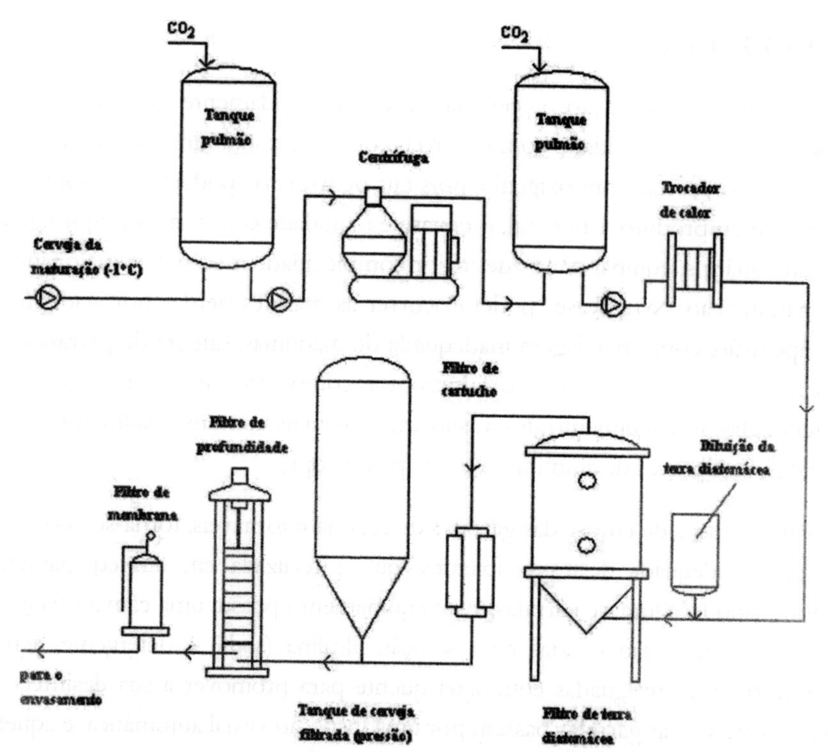

Figura 9.5b - Exemplo de processo de microfiltração da cerveja

9.5.3.2 - Carbonatação

O teor de gás carbônico (CO_2) existente na cerveja ao final do processo não é suficiente para atender às necessidades do produto. Desta forma, realiza-se uma etapa de carbonatação por meio da injeção do CO_2 gerado na etapa de fermentação. Além disso, eventualmente é injetado gás nitrogênio, com o intuito de favorecer características de formação de espuma. Em algumas empresas este processo é realizado em conjunto com a filtração.

Após a carbonatação, a cerveja pronta é enviada para dornas específicas, denominadas adegas de pressão. Nestes recipientes, é mantida em condições controladas de pressão e temperatura, de modo a garantir o sabor e o teor de CO_2 até o envase.

9.5.3.3 - Envase

Concluída a produção, a cerveja deve ser devidamente envasada. Nesse processo há grande cuidado com possíveis fontes de contaminação, perda de gás e contato da cerveja com oxigênio, pois tais ocorrências podem comprometer a qualidade do produto. Em geral, o envase é a unidade com o maior contingente de funcionários, equipamentos de maior complexidade mecânica e maior índice de manutenção. No envase podem ocorrer as maiores perdas por acidentes e má operação, como regulagem inadequada de máquinas, quebra de garrafas etc. É a fase final do processo de produção, e é composto por diversas operações relacionadas ao enchimento dos vasilhames (os mais comuns atualmente são as garrafas, vasilhames de alumínio e barris para chope).

Para os casos de envase das garrafas de cerveja retornáveis, torna-se necessária a limpeza adequada destes recipientes, que é realizada em um equipamento denominado lavadora de garrafas. Este equipamento possui uma câmara fechada, onde as garrafas são lavadas com solução alcalina (soda) e detergente, sendo posteriormente enxaguadas com água quente para promover a sua desinfecção. Após a lavagem, as garrafas passam por uma inspeção visual automática, e aquelas que apresentam sujidade ou defeito são retiradas manualmente e enviadas para a reciclagem. Os equipamentos de lavagem de garrafas costumam ser bastante intensivos no consumo de água e energia, e geram grande quantidade de resíduos, dentre os quais podem ser citados a pasta celulósica formada pela cola e o papel dos rótulos, vidros de garrafas danificadas ou quebradas e efluente líquido da lavagem.

A cerveja proveniente da filtração é encaminhada para o processo de envasamento (5°C) em máquinas denominadas enchedoras, onde é envasada em garrafas de vidro ou em latas de alumínio, ou então em máquinas de embarrilamento, onde se enchem os barris, de aço inoxidável ou de madeira. O percentual da produção que é destinado a cada uma destas formas de envase depende das condições de mercado, variando de uma empresa para outra, entre plantas de uma mesma empresa e até mesmo entre um lote e outro da mesma planta.

A bebida envasada em garrafas e latas é enviada para a pasteurização, sendo, então, denominada cerveja. Já a bebida envasada em barris, que não passa por este processo, é denominada chope, um produto de menor vida de prateleira.

9.5.3.4 - Pasteurização

A pasteurização é um processo de esterilização no qual o produto é submetido a aquecimento (até 60°C), seguido de rápido resfriamento (até 4°C). O produto pasteurizado apresenta maior estabilidade e durabilidade (até seis meses) em função da eliminação de microrganismos.

Após o envase e a pasteurização, segue-se a rotulagem das garrafas e a embalagem para transporte, que inclui o encaixotamento e o envolvimento em filme plástico.

Assim, encerra-se a produção da cerveja. A figura 9.5c apresenta um resumo das etapas de fabricação de uma cerveja pilsen.

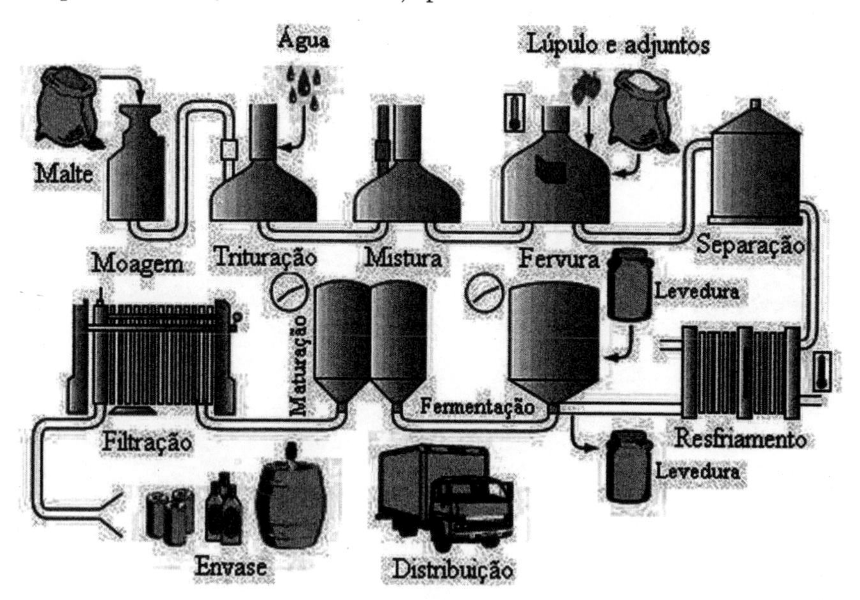

Figura 9.5c – Fluxograma simplificado de produção de cerveja

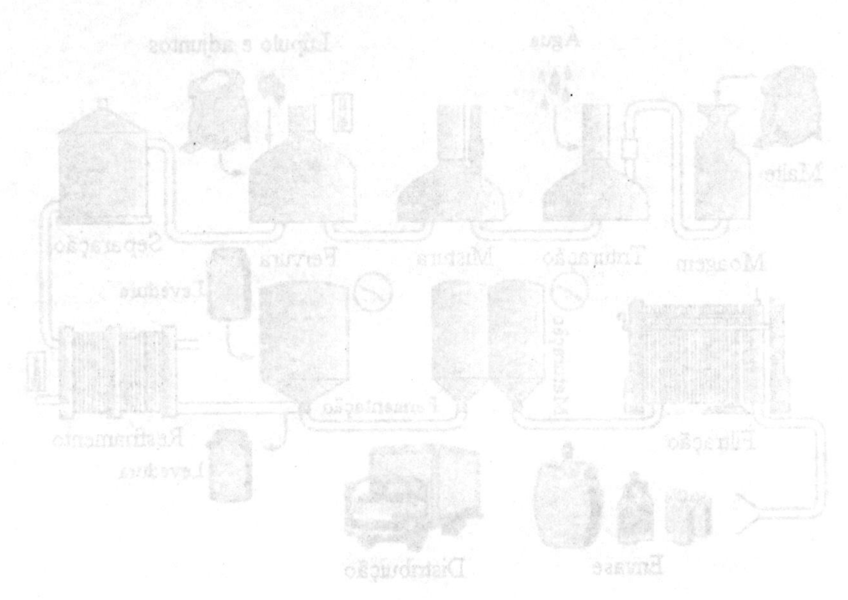

VINHO

Tipos de vinhos

Uvas utilizadas na produção de vinhos

Rio Grande do Sul: o maior produtor de vinho do Brasil

Processo de fabricação do vinho

Radicci: personagem criado por Carlos Henrique Iotti é fã de um bom vinho.

Capítulo 10 - Vinho

10.1 Introdução

Não se pode apontar precisamente o local ou a época em que o vinho foi feito pela primeira vez, do mesmo modo que não sabemos quem foi o inventor da roda. Uma pedra que rola é um tipo de roda; um cacho de uvas caído, potencialmente, torna-se, um tipo de vinho. O vinho não teve que esperar para ser inventado: ele estava lá, onde quer que uvas fossem colhidas e armazenadas em um recipiente que pudesse reter seu suco.

O vinho é resultado do suco de uva fermentado, mas sua obtenção não é tão simples quanto parece. Fosse somente isto, não se justificaria a paixão por tantos declarados a este líquido e a formação de especialistas na arte de elaboração de vinho (enólogos). O vinho é único porque assim como as pessoas, não existem dois iguais. É produto de quatro elementos fundamentais:

- O *terroir* (pronuncia-se "terruar") - o local, solo, relevo onde a uva é cultivada;

- A safra - o conjunto de condições climáticas enfrentadas pela videira;

- A cepa - a herança genética, a variedade de uva;

- E enfim, o homem - que cultivou e colheu as uvas, supervisionou a fermentação e demais etapas até o engarrafamento do vinho.

10.2 Tipos de Vinhos

Os vinhos podem ser classificados quanto à classe, cor e teor de açúcares.

a) Quanto à classe

Vinho de mesa	É o vinho com graduação alcoólica de 10° GL a 13° GL. E estes classificam-se em: • Vinhos Finos ou Nobres: vinhos produzidos somente de uvas viníferas. • Vinhos Especiais: vinhos mistos produzidos de uvas viníferas e uvas híbridas ou americanas. • Vinhos Comuns: vinhos com características predominantes de variedades híbridas ou americanas. • Vinhos Frisantes ou Gaseificados: vinhos de mesa com gaseificação mínima de 0,5 atmosferas e máxima de 2 atmosferas.
Vinho leve	Vinho com graduação alcoólica de 7° GL a 9,9° GL, elaborado de uvas viníferas.
Champanha	Vinho espumante, cujo anidrido carbônico seja resultante unicamente de uma segunda fermentação alcoólica de vinho, com graduação alcoólica de 10° GL a 13° GL.
Licoroso	Vinho doce ou seco, com graduação alcoólica de 14° GL a 18° GL, acrescido ou não de álcool potável, mosto concentrado, caramelo e sacarose.
Composto	Bebida com graduação alcoólica de 15° GL a 18° GL, obtida pela adição de macerados e/ou concentrados de plantas amargas ou aromáticas, substâncias de origem animal ou mineral, álcool etílico potável e açúcares. São eles o vermute, o quinado, o gemado, a jurubeba e a ferroquina, entre outros.

b) Quanto à cor

Vinho tinto	Elaborado a partir de variedades de uvas tintas. A diferença de tonalidade depende de tipo de fruto e maturidade.
Vinho rosado	Produzido de uvas tintas, porém, após breve contato, as cascas que dão a pigmentação ao vinho são separadas. Obtém-se também um vinho rosado pelo corte, isto é, pela mistura de um vinho branco com um vinho tinto.
Vinho branco	Produzido a partir de uvas brancas ou tintas, a fermentação é feita na ausência das cascas.

c) Quanto ao teor de açúcar

Vinho seco	Possui até 5 gramas de açúcar por litro.
Vinho meio doce	Possui de 5 a 20 gramas de açúcar por litro.
Vinho suave	Possui mais de 20 gramas de açúcar por litro.

10.3 Características da Matéria-Prima

A qualidade da uva utilizada para elaborar vinhos finos, independentemente da variedade, é avaliada em função do grau de amadurecimento e do estado sanitário, ou seja, uvas sadias, frescas, que não apresentem grãos podres. No Brasil, a lei de vinhos estabelece que vinhos elaborados com variedades de uvas americanas serão denominados vinhos de mesa (ou comuns) e somente poderão ser denominados vinhos finos os elaborados com variedade *vitis vinífera.* A classificação das uvas no Brasil pode ser observada na tabela 10.3a.

Tabela 10.3a – Classificação das uvas no Brasil

Uvas comuns		Uvas viníferas	
Tintas	**Brancas**	**Tintas**	**Brancas**
Isabel: Apropriada para sucos de uva e vinho comum. ***Concord***: Apropriada especialmente para sucos e mosto concentrado, pela sua alta intensidade de cor e aroma neutro. ***Herbemont***: Apropriada para vinhos de base *vermouth*, pela sua baixa intensidade de cor e neutralidade de aroma e sabor.	***Seyve Willard***: Híbrida apropriada para vinhos neutros de alta produtividade e resistência a doenças. ***Niágara:*** Vinhos com aromas primários muito característicos.	Nobres: *Cabernet Sauvignon* *Cabernet Franc* *Merlot* *Pinot Noir* *Gamay* Especiais: *Barbera* *Canaiolo* *Sangiovese* *Tannat*	Nobres: *Chardonnay,* *Riesling Itálico,* *Riesling Renano,* *Semillon,* *Sauvignon Blanc* *Gewurztraminer,* *Pinot Blanc.* Especiais: *Trebiano (Ugni Blanc, Saint Emilion),* *Moscato Malvasia*

O Rio Grande do Sul é o Estado brasileiro de melhor e maior produção vinícola, e é onde se situam as sedes da *UVIBRA* (União Brasileira de Vitivinicultura) e da *ABE* (Associação Brasileira de Enologia), entidades que buscam a melhoria do vinho brasileiro. Ainda no RS, situada nas montanhas do nordeste do Estado, a região da Serra Gaúcha é a grande estrela da vitivinicultura brasileira, destacando-se os municípios de Bento Gonçalves, Caxias do Sul e Garibaldi pelo volume e pela qualidade dos vinhos que produzem, além de outros municípios com produções de qualidade. A divisão dos vinhedos gaúchos em relação ao tipo de uvas plantadas é apresentada na figura 10.3a.

Divisão dos vinhedos gaúchos

Área ocupada em hectares em 2007 de acordo com o tipo de uva

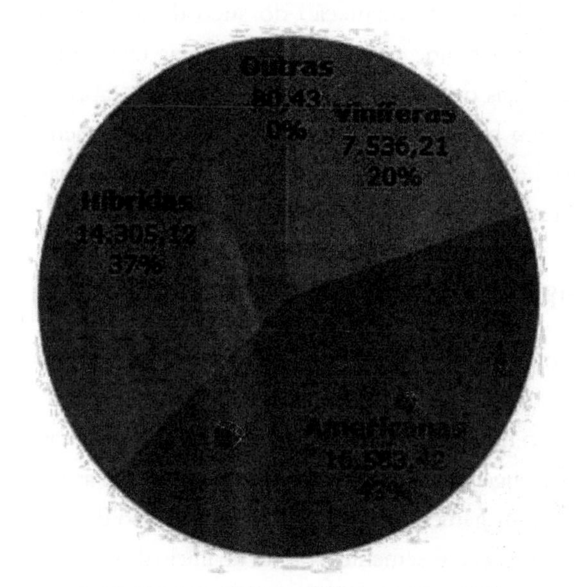

Fonte: Cadastro Vitícola da Embrapa Uva e Vinho

Figura 10.3a – Area ocupada em hectares, de acordo com o tipo de uva (Fonte: Embrapa - 2007)

Fora da região da Serra Gaúcha existem outras regiões vinícolas no Estado, menores, como as regiões de Viamão e da Campanha, sendo que essa última, no extremo sul do Estado, é atualmente alvo de intensa expansão de vinicultura, com pesquisa no uso de novas variedades de uvas viníferas de regiões europeias.

Uma pequena parte restante dos vinhos brasileiros é proveniente de diminutas regiões vitivinícolas situadas nos estados de Minas Gerais (municípios de Andradas, Caldas, Poços de Caldas e Santa Rita de Caldas), Paraná, Pernambuco (Santa Maria da Boa Vista e Santo Antão), Santa Catarina (Urussanga) e São Paulo (Jundiaí e São Roque). No entanto, essas regiões cultivam quase que exclusivamente uvas americanas (*Isabel, Niágara* etc.), que originam apenas vinhos comuns, ainda que algumas vinícolas produzam vinhos elaborados com uvas europeias.

10.4 Processo de Fabricação do Vinho

O vinho é obtido pela fermentação do suco de uva. A coloração – tinto, rosado ou branco – depende tanto da natureza das uvas como do fato de as cascas serem prensadas ou não antes da fermentação. A fabricação industrial de um vinho tinto seco baseia-se em: maceração da uva, fermentação alcoólica e malolática e envelhecimento (espécie de maturação). As etapas essenciais para que ocorram esses fenômenos encontram-se descritas a seguir.

10.4.1 Esmagamento e Desengaçamento da Uva

O esmagamento é feito de modo a provocar o rompimento das uvas por compressão (esmagadeira de cilindros) ou por choque (esmagadeira centrífuga), para liberar o suco o mais rápido possível, sem, no entanto, causar o esmagamento das sementes e dos engaços (hastes e cabinhos que prendem as uvas para formar o cacho). Durante o esmagamento também ocorre a aeração do mosto – mistura do suco da uva com as cascas e as sementes – antes do início da fermentação, para tornar o meio mais favorável ao desenvolvimento das leveduras (que utilizam oxigênio). O desengaçamento é importante porque o engaço pode provocar alterações no sabor e no aroma do vinho. Assim, os aparelhos de esmagamento são acoplados aos de desengaçamento, e o conjunto é denominado esmagadeira-desengaçadeira.

A esmagadeira de cilindros é constituída por dois cilindros com superfície canelada, que giram em sentido inverso. O espaçamento dos dois cilindros é regulável, permitindo que se varie a intensidade de esmagamento por compressão. Para efetuar o desengaçamento, coloca-se, abaixo dos cilindros de esmagamento, outro cilindro de grande diâmetro, todo perfurado e disposto horizontalmente (figuras 10.4a e 10.4b) em cujo eixo interno gira uma série de paletas dispostas em hélice. O movimento das paletas arrasta os cachos esmagados e projeta-os violentamente contra o cilindro perfurado. Por conta desses choques repetidos, os engaços são arrancados e retidos, sendo arrastados pelas paletas para a extremidade do cilindro, por onde são expulsos. O suco, as cascas e as sementes da uva passam através dos furos do cilindro e são aspirados por bomba e enviados para a etapa de encubagem (cuba de fermentação).

Figura 10.4a – Detalhe interno de uma esmagadeira-desengaçadeira.

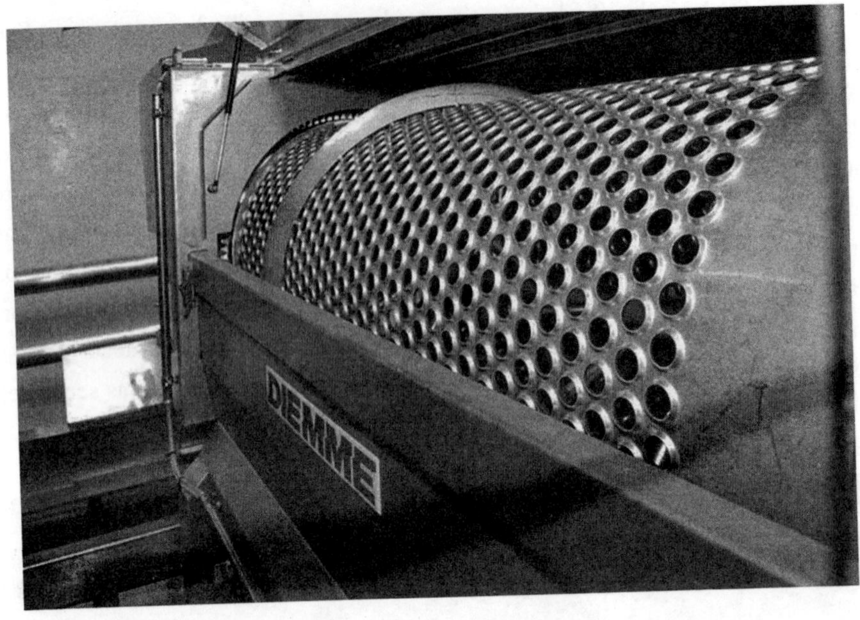

Figura 10.4b – Superfície externa do tambor de desengace

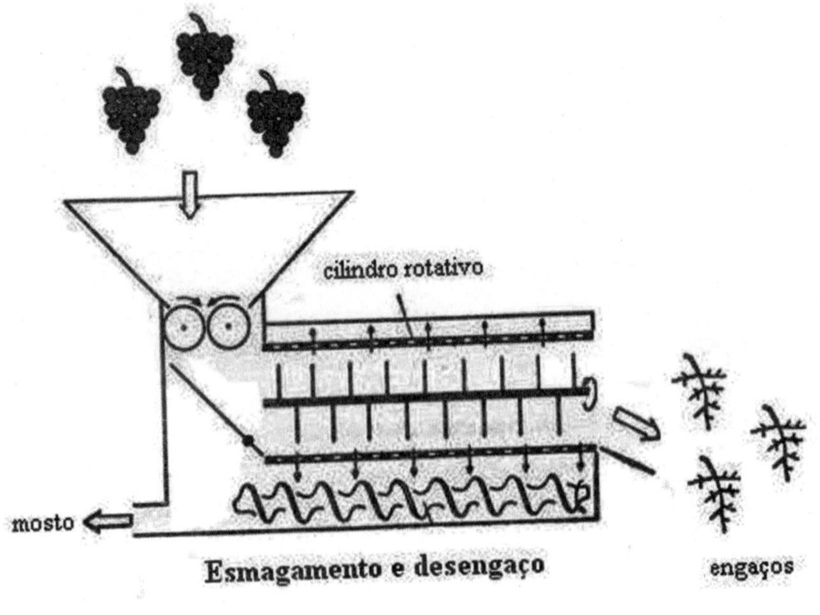

Figura 10.4c – Esquema simplificado de esmagamento e desengace da uva

10.4.2 Encubagem

O mosto obtido no esmagamento e desengaee é enviado para uma cuba ou recipiente onde ocorrerá a fermentação. As cubas são feitas de madeira ou cimento, com as paredes internas tratadas com ácido tartárico, parafinadas ou recobertas com resina epóxi. Também podem ser feitas de aço inoxidável ou de aço comum revestido internamente com epóxi (note que os materiais que revestem as cubas, além de serem vedantes e aderirem facilmente à parede tornando a superfície plana e lisa, devem ser atóxicos, quimicamente inertes e resistentes ao choque e ao risco).

As uvas maduras são portadoras de vários tipos de leveduras selvagens alcoólicas, fungos e bactérias, desejáveis e indesejáveis. No mosto encubado, esses microrganismos ficam misturados e podem ter seu desenvolvimento estimulado ou inibido conforme o tipo e as condições da uva utilizada, a temperatura e a aeração.

Sulfitagem

Uma prática amplamente utilizada para inibir o desenvolvimento de microrganismos indesejáveis é a sulfitagem, ou adição de dióxido de enxofre, $SO_2(g)$, feita simultaneamente à adição do mosto na cuba. O $SO_2(g)$ possui várias propriedades interessantes:

→ **Antioxidante:** reage mais facilmente com o oxigênio;

→ **Solvente:** facilita a dissolução de substâncias que dão cor ao vinho tinto, como os taninos (polifenóis);

→ **Antisséptico:** inibe a ação de leveduras e bactérias acéticas e láticas, capazes de transformar álcoois em ácidos.

→ **Estimulante da fermentação:** em pequena quantidade é capaz de ativar a ação das leveduras que transformam o açúcar em álcool.

A dose de SO_2 varia em função do grau de maturação da uva, do estado sanitário, da temperatura e do teor de açúcar e de acidez. Em geral, temos:

- mostos de uvas sadias, de maturação média e acidez elevada (pH = 3) recebem de 3 g a 5 g de SO_2 a cada 100 L de mosto;
- mostos de uvas sadias, bem maduras e menos ácidas (pH = 3,5) recebem de 5 g a 10 g de SO_2 a cada 100 L de mosto;
- mostos de uvas com relativa podridão (pH =3,8) recebem de 10 g a 20 g de SO_2 a cada 100 L de mosto.

A legislação brasileira permite a dose máxima de 350 mg/litro, em SO_2 total, no vinho. Na embalagem o SO_2 recebe o código INS 220. A principal desvantagem da sua utilização é que o SO_2(g) é tóxico e pode prejudicar o sabor e o aroma do produto final, quando usado em grande quantidade para compensar uma uva de qualidade inferior ou qualquer outra falha do processo.

Vale ressaltar, ainda, que para pequenas indústrias, a sulfitagem com metabissulfito de potássio ($K_2S_2O_5$), que é um sal branco e cristalino, no lugar do SO_2 líquido, é vantajosa por questões de praticidade e economia.

Adição das leveduras

Feito o devido comentário sobre a sulfitagem, seguiremos com o processo, cujo passo seguinte é a adição de leveduras selecionadas. As leveduras responsáveis pelo início da fermentação alcoólica até um teor aproximado de 5°GL são as do tipo *Kloeckera apiculata* ou *Hanseniaspora uvarum*. A partir daí começam a agir as leveduras da classe das *Saccharomyces*. As mais importantes são a *Saccharomyces ellipsoideus* e a *Saccharomyces bayanus,* que podem elevar o teor alcoólico até 16°GL. A reação simplificada que representa a transformação dos açúcares da uva (glicose ou dextrose) em álcool etílico e gás carbônico é a seguinte:

$$C_6H_{12}O_6 \rightarrow 2C_2H_5OH + 2CO_2 + 28 \text{ kcal}$$

A temperatura ótima de fermentação para a maioria das leveduras que atuam na fabricação do vinho fica entre 20°C e 30°C. O ideal é que se procure manter, dentro dessa faixa, a temperatura mais baixa possível (nem que para isso seja necessário resfriar o mosto utilizando um sistema de serpentinas com fluido refrigerante). A temperatura mais baixa aumenta o rendimento de álcool etílico, tanto pela fermentação (a reação de obtenção do álcool é exotérmica) como por minimizar a perda do etanol por evaporação, A temperatura também afeta a velocidade da fermentação, a natureza e a quantidade de compostos secundários formados, dentre eles glicerina (de 2,5% a 3,0%), ácido lático (de 0,2% a 0,4%), ácido succínico (de 0,02% a 0,1%), ácido acético (de 0,2% a 0,7%) e butilenoglicol (de 0,05% a 0,10%).

Após a adição da levedura, ao ser atingida a temperatura ideal, o mosto entra num processo denominado fermentação tumultuosa, que ocorre com formação de um grande número de bolhas (como em uma ebulição), resultante da liberação de gás carbônico. Nesse momento forma-se o chamado "chapéu", ou seja, um aglomerado de cascas que ficam boiando na superfície do líquido, empurradas pelo CO_2(g). Inicia-se então o processo de maceração, que leva de dois a cinco dias, durante o qual as substâncias que dão cor às cascas das uvas (como os taninos) são extraídas pela ação do álcool etílico e passam a fazer parte do mosto.

10.4.3 Descubagem e Fermentação Secundária

A descubagem consiste na passagem do vinho de uma cuba para outra, de modo a separar o resíduo sólido e complementar a fermentação. Nesta fase da fermentação, é necessário que a cuba seja fechada e munida de um dispositivo (batoque hidráulico) que permita a saída do gás carbônico, mas evite a entrada do ar atmosférico. Durante essa fase, a cuba não pode estar completamente cheia, porque ocorre formação de espuma. Após a descubagem é feita a correção do mosto, ou seja, a adição de substâncias que visam tornar o meio mais adequado ao processo, otimizando a fermentação. Essa prática é necessária para corrigir a insuficiência da maturação da uva por motivos climáticos e é permitida pela legislação brasileira, embora forneça um produto de qualidade inferior àquele obtido unicamente a partir de uvas maduras. Em geral, as substâncias adicionadas ao mosto no Brasil são a sacarose (para elevar o teor de açúcares) e o ácido tartárico (para abaixar o pH devido à presença de uvas podres).

Adição de sacarose (chaptalização)

Calcula-se teoricamente que seja necessário adicionar 17 g de sacarose por litro de mosto, ou seja, 1,7 kg por 100 L, para aumentar o teor alcoólico em 1°GL. Uma chaptalização moderada, que permita elevar o teor alcoólico de 1°GL a 1,5°GL, confere ao vinho uma melhoria de qualidade, tornando-o mais encorpado. No Brasil, porém, uma série de fatores comerciais obriga à utilização de quantidades maiores de sacarose para corrigir o mosto, causando certo desequilíbrio no produto final.

A sacarose deve ser dissolvida antes de ser adicionada ao mosto, para que não precipite no fundo do recipiente. O momento ideal para a adição é quando o mosto está na fase de fermentação e a temperatura torna-se mais elevada. Em geral, na fabricação do vinho tinto, a chaptalização é feita após a separação do bagaço (cascas e sementes), para evitar que parte da sacarose fique retida no bagaço. A chaptalização diminui a acidez do vinho (aumenta o seu pH).

Acidificação

A acidificação do mosto é feita pela adição de ácido tartárico (fórmula abaixo), e essa prática é denominada tartaragem.

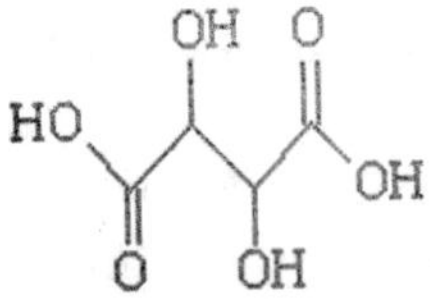

Teoricamente, é necessário 1,53 g de ácido tartárico para aumentar a acidez total em 20 meq/L. Na prática, porém, usa-se de 1,80 g a 2,00 g de ácido tartárico por litro, porque uma parte desse ácido precipita na forma de bitartarato de potássio.

10.4.4 Prensagem de Bagaços Fermentados

Na fabricação do vinho tinto, a prensagem é feita após a fermentação do mosto, e na fabricação do vinho branco, é feita antes da fermentação. Nos dois casos a prensagem tem por objetivo melhorar a extração dos componentes da casca e aumentar o rendimento do mosto e, portanto, do vinho. Um esquema simplificado da diferença da produção de vinho branco e tinto é representado na figura 10.4d.

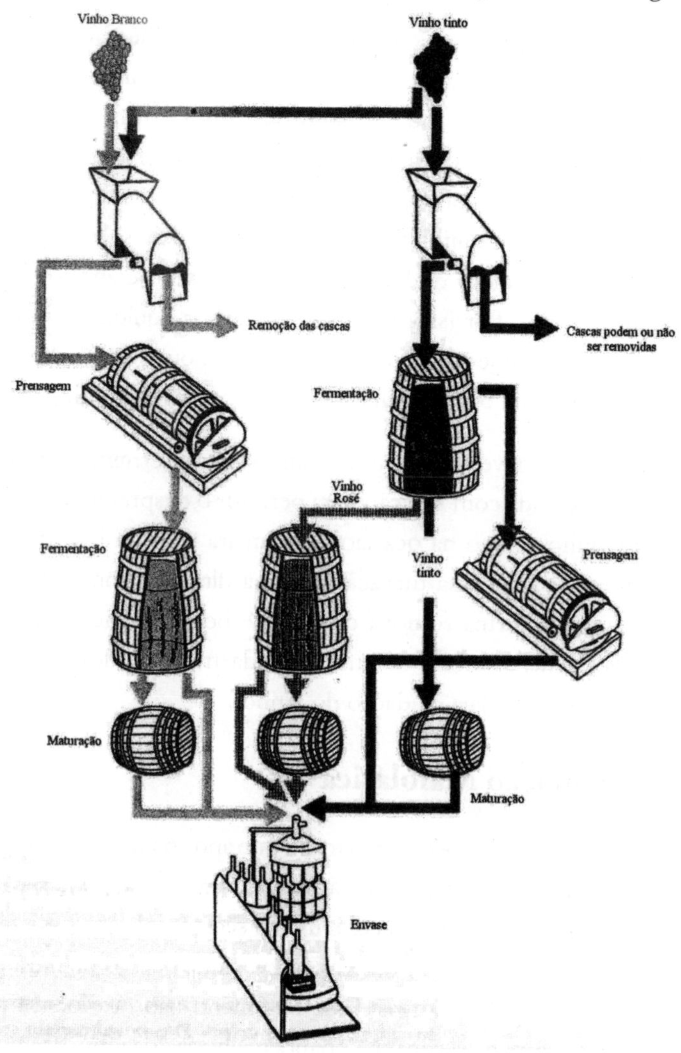

Figura 10.4d – Diferença na produção de vinho branco e tinto

Da primeira prensagem, dita prensagem moderada de bagaço fermentado – feita normalmente com prensa descontínua –, é obtido o chamado vinho de lágrima, de melhor qualidade e mais aromático. Já a segunda prensagem, ou prensagem enérgica – feita em prensa contínua – produz o vinho de prensa, mais concentrado em todos os constituintes (menos em álcool) e de qualidade ligeiramente inferior.

Trasfegas de vinhos

Assim que os movimentos de convecção devidos à fermentação terminam, as partículas sólidas em suspensão começam a sedimentar, juntamente com os sais menos solúveis, as leveduras e outros microrganismos, formando uma camada espessa de borra no fundo da cuba. Essa borra constitui um depósito indesejável, pois contém diversos microrganismos que podem alterar o vinho e ainda é meio de reações químicas e bioquímicas que podem produzir substâncias de odor desagradável, como o sulfeto de hidrogênio, $H_2S(g)$ ou o etanotiol, $C_2H_5SH(l)$, que depreciam o vinho. Por isso, é preciso separar o líquido da borra o mais rápido possível, mesmo que o vinho ainda esteja um pouco turvo. Essa operação de separação do vinho da borra é feita por sifonação, e é denominada trasfega.

A primeira trasfega deve ser feita uma semana após o término da fermentação. Essa operação é efetuada com aeração para permitir o desprendimento dos gases dissolvidos no vinho. Como na ocasião da primeira trasfega o vinho encontra-se ainda um pouco turvo, essa turvação tende a diminuir com a sedimentação e, consequentemente, forma-se nova camada de borra. Então, mais ou menos 2 meses após a primeira, efetua-se uma segunda trasfega (desta vez, evitando arejamento, para que não haja oxidação do vinho).

10.4.5 Fermentação Malolática

A fermentação malolática ocorre normalmente após o término da fermentação alcoólica, no período entre a primeira e a segunda trasfega, e pode ser observada pelo desprendimento de gás carbônico. Durante séculos, observou-se que após o término da fermentação alcoólica, determinados vinhos tintos de mesa turvavam e liberavam pequenas bolhas de gás. Esse fenômeno não ocasionava prejuízo à qualidade, ao contrário, parecia contribuir para a melhoria do vinho. Posteriormente, verificou-se que se tratava de transformação biológica feita por bactérias que transformavam o ácido málico em ácido lático com a liberação de gás carbônico – fenômeno que ocorria principalmente em vinhos com elevada acidez total.

As bactérias láticas responsáveis pela fermentação malolática são dos gêneros *Lactobacillus*, *Leuconostoc* e P*ediococcus*. De forma resumida, pode-se representar a fermentação malolática pela equação:

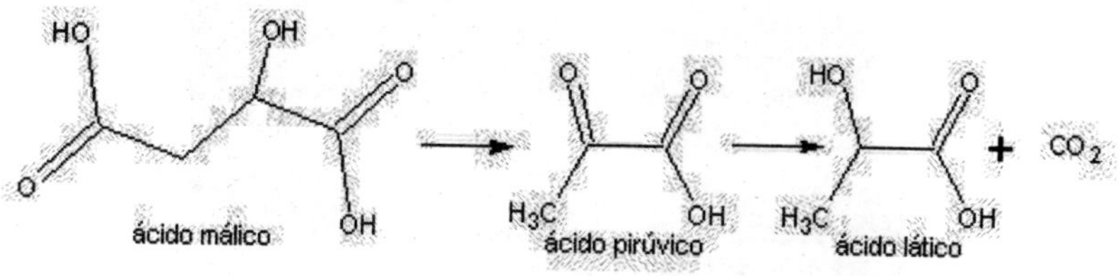

ácido málico → ácido pirúvico → ácido lático + CO_2

Para induzir a fermentação malolática é necessário colocar o vinho em um ambiente de temperatura amena, realizar trasfega, adicionar SO_2(g) e elevar o pH pela adição de carbonato de cálcio, $CaCO_3$(s), ou adicionar borra de vinho que tenha concluído recentemente a fermentação malolática. A inoculação de bactérias láticas apropriadas pode influir favoravelmente no fenômeno, embora não garanta o resultado.

A fermentação malolática apresenta três vantagens: reduz a acidez fixa; estabiliza o vinho, assegurando que a fermentação malolática não ocorra no produto já engarrafado; aumenta o aroma do produto.

O vinho tinto é considerado biologicamente estável quando termina a fermentação malolática. Assim que isso ocorre, é feita nova adição de SO_2(g) para assegurar a proteção do vinho contra os microrganismos que lhe são prejudiciais, como as bactérias acéticas, que transformam o álcool etílico em ácido acético (vinho em vinagre). Nesse estágio, o vinho deve ser mantido em recipiente completamente cheio e hermeticamente fechado, geralmente em tonéis de carvalho (de três a quatro meses) – figura 10.4e – ou em recipientes de concreto revestidos de epóxi. O vinho é então transferido para pipas de madeira (em geral de carvalho) – figura 10.f –, onde fica envelhecendo por um período de 6 meses a 5 anos. Após esse período, é clarificado e filtrado.

Figura 10.4e – Tonéis de carvalho

Figura 10.4f – Envelhecimento de vinho em pipas de madeira

10.4.6 Clarificação

A clarificação do vinho remove as impurezas que ficaram suspensas no líquido – pode ser feita pela adição de claras de ovo batidas e adicionadas diretamente nas pipas, na proporção de seis a sete claras para cada 225 litros de vinho. No lugar das claras pode ser usada caseína (proteína do leite), cola (de peixe ou de osso), bentonita, gelatina etc. Em seguida, é feita a filtração, com filtros de diatomácea ou de milipore (acetato de celulose) ou, como alternativa, uma centrifugação.

O líquido clarificado e filtrado é então envasado (engarrafado) e deixado em repouso para envelhecer na garrafa por um período que varia de um mês a vários anos, conforme o tipo do vinho.

Um resumo das etapas de produção do vinho pode ser observado na figura 10.4g.

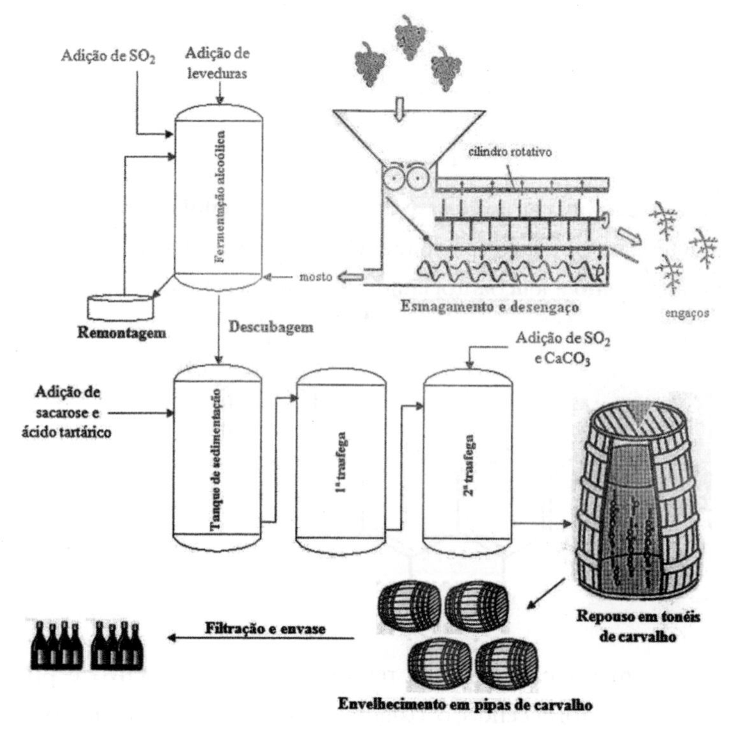

Figura 10.4g – Fluxograma da produção de vinho tinto

Algumas observações finais:

*Tonel e pipa são antigas unidades de medida de capacidade para líquidos.

Um tonel equivale a 958.300 litros (9.583 hectolitros). Uma pipa equivale a 497.200 litros (4.972 hectolitros). Um tonel equivale a aproximadamente duas pipas. Hoje essas medidas não são mais utilizadas e é comum encontrar pipas de 225 litros, por exemplo.

*Alguns vinhos recebem ainda a adição de sorbato de potássio (fórmula abaixo), que aparece no rótulo com o código INS 202. Essa substância tem ação conservante e, segundo os fabricantes, causa menos prejuízo à qualidade do vinho que a pasteurização.

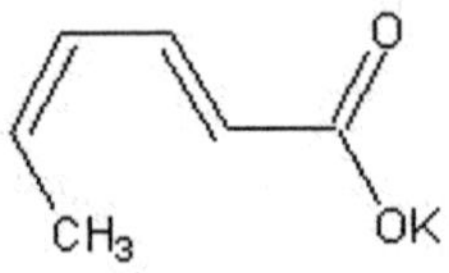

*Os taninos são uma ampla classe de compostos fenólicos obtidos de plantas que se caracterizam por sua capacidade de precipitar proteínas. A casca da uva é rica em taninos como a leucoantocianidina (fórmula acima).

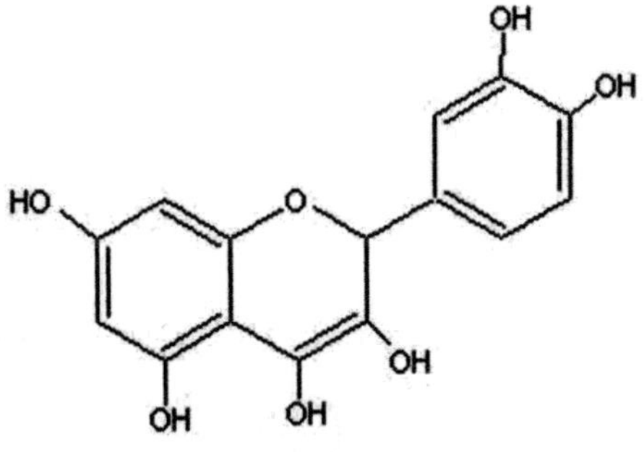

*Durante a maceração é feita a remontagem, cujo objetivo é provocar a aeração do mosto, fornecendo o oxigênio necessário para a multiplicação de leveduras. A remontagem é feita escorrendo-se o mosto em fermentação através de uma torneira, situada na parte inferior da cuba, para dentro de uma tina ou um recipiente semelhante, deixando o líquido cair de certa altura. A pressão da queda produz uma emulsão que ajuda a dissolver o oxigênio do ar; outra forma é escorrer o mosto ao longo de uma prancha, para aumentar a superfície de contato com o ar. O mosto arejado é então bombeado para a parte superior da cuba ou aspergido sobre o chapéu de bagaço, estabelecendo, assim, um circuito contínuo. A remontagem deve ser feita no início da fermentação, quando a multiplicação das leveduras está na fase exponencial (o que ocorre geralmente no segundo dia de fermentação). A duração desse processo depende do volume do mosto.

Além de fornecer oxigênio à levedura, a remontagem também:

- torna uniforme o teor de açúcar e a temperatura nas diferentes zonas da cuba, homogeneizando a fermentação (que costuma ocorrer de forma bastante irregular, principalmente no início do processo);
- distribui as leveduras em todo o mosto e intensifica a maceração.

Tópico especial 10 - Operações unitárias: Fermentação industrial

Na obtenção de cerveja e vinho, descritos nos capítulos 9 e 10, vimos que a fermentação é uma etapa fundamental na obtenção do produto final desejado. Ainda assim, os processos fermentativos vão muito além da produção de bebidas fermentadas, e fazem-se presentes na produção de vacinas, antibióticos, alimentos e combustíveis renováveis, para ilustrar algumas das aplicações. Neste último tópico especial sobre operações unitárias, vamos aprender um pouco mais sobre os fermentadores industriais e suas peculiaridades, como a Engenharia Bioquímica surgiu como ciência e quais as exigências da indústria de fermentação.

Introdução

O uso da biotecnologia teve o seu início com os processos fermentativos, cuja utilização transcende, de muito, o início da Era Cristã, confundindo-se com a própria história da humanidade. A produção de bebidas alcoólicas pela fermentação de grãos de cereais já era conhecida pelos sumérios e babilônios antes do ano 6.000 a.C. Mais tarde, por volta do ano 2.000 a.C., os egípcios, que já utilizavam o fermento para fabricar cerveja, passaram a empregá-lo também na fabricação de pão.

Outras aplicações, como a produção de vinagre, iogurte e queijos, são, há muito, utilizadas pelo ser humano. Entretanto, não eram conhecidos os agentes causadores das fermentações que ficaram ocultos por seis milênios. Somente no século 17, o pesquisador *Antom Van Leeuwenhock*, pela visualização em microscópio, descreveu a existência de seres tão minúsculos que eram invisíveis a olho nu.

Foi somente 200 anos depois que *Louis Pasteur*, em 1876, provou que a causa das fermentações era a ação desses seres minúsculos, os microrganismos, caindo por terra a teoria, até então vigente, de que a fermentação era um processo puramente químico. Foi ainda *Pasteur* quem provou que cada tipo de fermentação era realizado por um microrganismo específico e que estes podiam viver e se reproduzir na ausência de ar.

Ironicamente, foram as grandes guerras mundiais que motivaram a produção em escala industrial de produtos advindos de processos fermentativos. A partir da Primeira Guerra Mundial, a Alemanha, que necessitava de grandes quantidades de glicerol para a fabricação de explosivo, desenvolveu um processo microbiológico de obtenção desse álcool. Por outro lado, a Inglaterra produziu em grande quantidade a acetona para o fabrico de munições, tendo essa fermentação contribuído para o desenvolvimento dos fermentadores industriais e técnicas de controle de infecções nos reatores. Todavia, a produção de antibióticos foi o grande marco de referência na fermentação industrial. A partir de 1928, com a descoberta da penicilina por *Alexander Fleming*, muitos tipos de antibióticos foram desenvolvidos no mundo.

Na década de 40, durante a Segunda Guerra Mundial, os antibióticos passaram a integrar os processos industriais fermentativos, principalmente nos Estados Unidos, baseados inicialmente na síntese da penicilina e, posteriormente , da estreptomicina. Porém, até este momento, os conhecimentos em Engenharia Bioquímica eram limitados, havia muito empirismo, pouca competição pelos produtos obtidos e, de modo geral, pouco rigor com a pureza dos meios e equipamentos. Na obtenção de penicilina houve grande impacto industrial em decorrência dos problemas envolvidos, que implicavam:

a) necessidade de rigorosa pureza do meio e equipamentos, para não obter penicilina misturada com muitos contaminantes;

b) necessidade de trabalhar com meios de cultura em tanques profundos e com necessidade de aeração e agitação;

c) exigências especiais para a manutenção da pureza do ambiente e do meio de cultura durante todo o processo;

d) necessidade de trabalhar em condições de lento crescimento das células filamentosas do agente da fermentação;

e) existência de grandes volumes de ar para esterilizar, de maneira a não contaminar os processos aeróbios;

f) necessidade de efetuar controles rigorosos e frequentes de temperatura, pH, pressão de oxigênio, concentração do substrato e da concentração de células do agente durante o transcorrer do processo;

g) necessidade de efetuar adições periódicas de soluções de nutrientes, de antiespumantes ou produtos precursores;

h) necessidade de trabalhar, em determinadas ocasiões, com caldos miceliais, provenientes do crescimento de fungos filamentosos e cujo comportamento é não newtoniano.

As soluções encontradas para estes problemas foram obtidas por meio do exame da fermentação como processo unitário da Engenharia Química, estudando as etapas comuns entre ambas. Dessa forma, pelos principais conhecimentos adquiridos houve possibilidade de racionalização dos equipamentos e operações. Assim, iniciava-se o desenvolvimento científico da fermentação em escala industrial.

10.5 O Processo Fermentativo

Os processos fermentativos são compostos das seguintes etapas sequenciais:

1. **Preparo do meio de cultura**: com a finalidade de preparar o substrato para duas finalidades – a multiplicação do agente e a fermentação, propriamente dita, na obtenção do produto desejado;

2. **Esterilização do meio de cultura e equipamentos**: no sentido de evitar a proliferação de contaminantes e perda de rendimento do processo;

3. **Preparo do inóculo**: multiplicação do agente até uma concentração adequada para obter o produto em condições econômicas e competitivas;

4. **Fermentação**: obtenção ou transformação de produtos orgânicos (substratos) pela ação microbiana;

5. **Separação dos produtos e subprodutos**: em que são adotadas as operações unitárias da Engenharia Química;

6. **Tratamento de resíduos**: para evitar agressão ao meio ambiente ou proteção do agente da fermentação, que às vezes é caro.

Pode-se estabelecer, para melhor entendimento, o esquema geral de um processo fermentativo, como mostra a figura 10.5a.

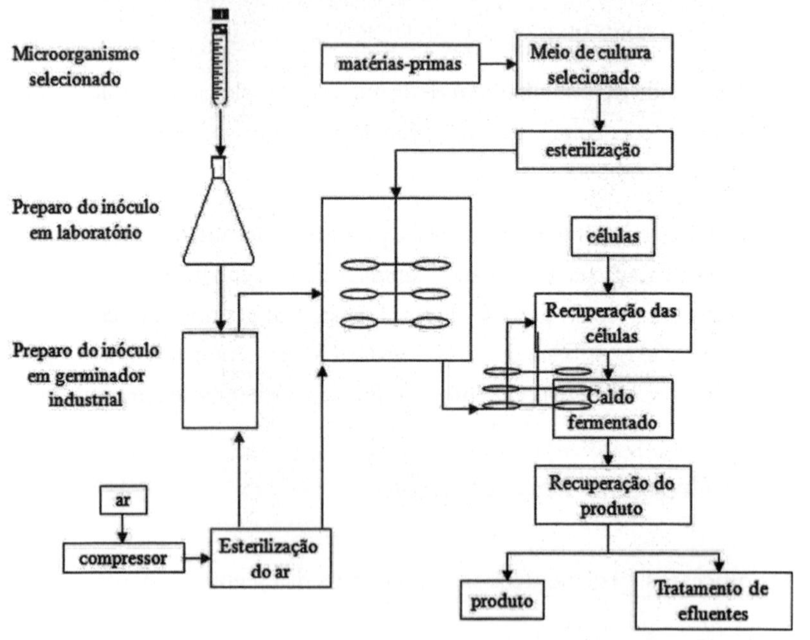

Figura 10.5 a – Esquema geral de um processo fermentativo

10.6 Exigências de uma Indústria de Fermentação

As necessidades para o funcionamento eficiente e rentável de uma indústria de fermentação podem ser sintetizadas em três pilares fundamentais, que são os seguintes:

A utilização de um agente microbiano de excelente qualidade no processo ⇨ o que garantirá apresentar elevada eficiência na conversão do substrato em produto, aumentando o rendimento do processo como um todo;

A composição do meio de cultura deverá ser adequada ⇨ deverá ser composto de substratos de baixo custo, que atendam às necessidades nutricionais do agente e que permitam fácil operação, tanto durante o processo como na separação e purificação das substâncias obtidas, não provocando dificuldades na recuperação do produto;

Ser um processo industrial competitivo com os processos industriais de síntese orgânica, obtendo de forma econômica produtos industriais pela via fermentativa.

10.6.1 Equipamentos Utilizados

Com relação aos equipamentos necessários para o funcionamento de uma indústria de fermentação, em função do grau de assepsia exigida no processo, foram estudados os seguintes aspectos referentes aos parâmetros de operação dos equipamentos:

1- Estabelecimento da probabilidade de infecção por agentes contaminantes aceitável no processo, ou seja, sem o risco de perder toda a partida;

2- As implicações decorrentes das exigências de operação asséptica nos equipamentos principais (fermentador e pré-fermentador), nas tubulações de transferência, nas instalações auxiliares e na instrumentação de controle;

3- Controle na elaboração das soldas nos tanques e tubulações, evitando a existência de falhas e pontos mortos, que podem se tornar focos de contaminação;

4- Equipamentos principais, tubulações e equipamentos auxiliares devem ter qualidade sanitária;

5- Criação de novos dispositivos para as instalações, tais como:

- Gachetas: dotadas de vedação por vapor;

- Eixo do agitador, que penetra no fermentador: dotado de selo de vapor ou ajuste extremo, para evitar entrada de material estranho;

- Válvulas com camisa de vapor para manter a assepsia;

- Dispositivos assépticos para amostragem do meio de cultura, para controle do andamento do processo.

- Instrumentação de controle com operação asséptica.

6- Controle de espumas por meio de sensor interno e dispositivo de liberação de antiespumante, para evitar contaminações do meio de cultura;

7- Regulação constante do pH, por meio de dispositivo sensor e liberação de ácido ou base;

8- Controle das vedações de tubulações, inclinações, drenos e sangria de vapor;

9- Sistema de transferência asséptica do inóculo do agente do pré-fermentador ao fermentador principal;

10- Manutenção da sobrepressão dentro do fermentador, durante a operação e ao esfriar o meio de cultura, no sentido de evitar sucção do ar contaminado para o interior do mesmo;

11- Sistema de adição programada de ácidos ou bases, precursores, antiespumantes e nutrientes com efeito no rendimento;

12- A regulação da temperatura do meio de cultura situa-se entre limites estreitos em decorrência do agente e varia de acordo com a fase da fermentação.

O equipamento básico necessário para levar a cabo um processo fermentativo industrial é o fermentador, também conhecido como dorna ou biorreator. A figura 10.6a abaixo, apresenta um fermentador industrial com todos os seus componentes auxiliares e periféricos.

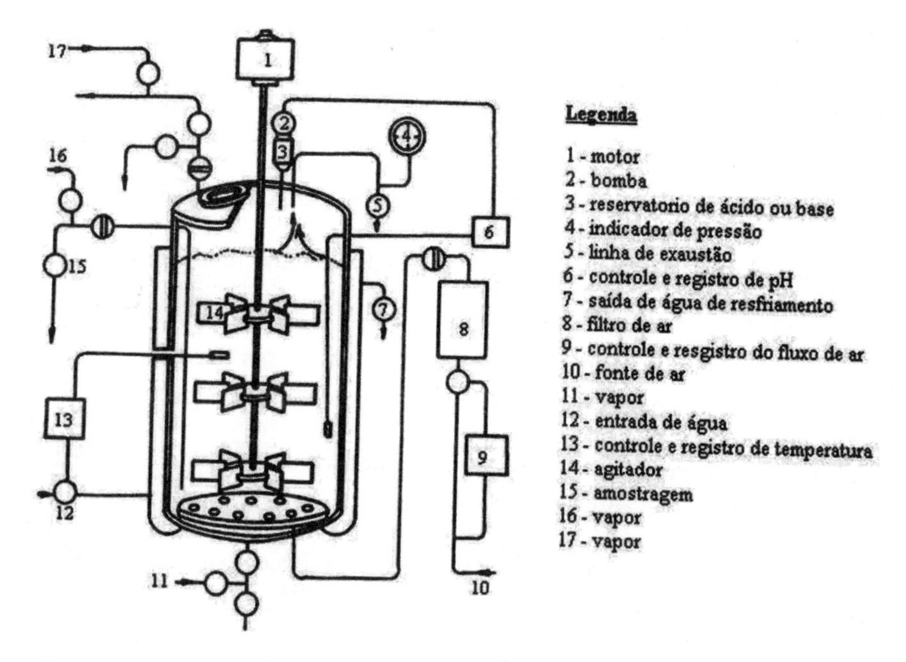

Figura 10.6a – Esquema de um fermentador industrial

10.6.2 Algumas aplicações industriais das Fermentações

Os processos fermentativos são atualmente utilizados industrialmente na produção de:

- Bebidas alcoólicas, como cervejas, vinhos e aguardentes em geral;
- Álcool carburante para uso como combustível de motores de explosão interna;
- Ácidos orgânicos, como cítrico, itacônico, lático, fumárico, giberélico, glicônico e oxogluconatos;
- Solventes industriais, como butanol, acetona e isopropanol;
- Vitaminas, como riboflavina, ácido ascórbico e cobalaminas;
- Antibióticos, como penicilina, cefalosporina, estreptomicina e tetraciclina;
- Polissacarídeos, como dextrana, goma xantana, goma gelana, curdlana, alginato bacteriano e pululana, entre outros;

- Aminoácidos, como L-arginina, L-lisina, L-fenilalanina, ácido glutâmico, L-metionina, L-triptofano;

- Leites fermentados, como iogurtes, quefir, leites acidófilos, leitelho e coalhada;

- Manteigas, queijos, picles, chucrute, azeitonas, pão, cacau, ensilagem;

- Processos de tratamento biológico de resíduos (águas residuárias e lixo).

Além dos citados acima, destacam-se os processos fermentativos para produção industrial de microrganismos, que podem ser utilizados:

1- como agentes de outros processos fermentativos, tais como as leveduras para panificação e produção de álcool;

2- na produção de concentrados protéico-vitamínicos para alimentação do homem e dos animais, como algas, leveduras e mofos;

3- como fixadores de nitrogênio do ar na agricultura, tais como as bactérias do gênero *Rhizobium*, utilizadas na inoculação de leguminosas como a soja;

4- no controle biológico de pragas, bactérias do gênero *Bacillus*;

5- na produção de vacinas (bactérias dos gêneros *Corynebacterium*, *Neisseria*, *Mycobacterium*).

Quanto à utilização de enzimas como agentes de transformações em escala industrial, as seguintes indústrias utilizam preparados enzimáticos microbianos para fins específicos, como:

a) Cervejarias (amilases, amiloglicosidase, papaína);

b) Panificação (amilases, pepsina, lípases);

c) Produção de edulcorantes (alfa-amilase, invertase, glicose-isomerase);

d) Indústria têxtil (alfa-amilase, celulases);

e) Produção de vinhos e sucos (pectinases);

f) Indústria de laticínios (lactase, catalase, lípases)

g) Indústria farmacêutica (celulases, bromelina, penicilina-acilase, pancreatina);

h) Indústria de carnes (papaína);

i) Fabricação de queijos (reninas);

j) Detergentes (proteases).

Referências bibliográficas

Capítulo 1 - Tratamento de Água

Abnt, Associação Brasileira de Normas Técnicas, Nº 9897/87, **Planejamento de Amostragem de Efluentes Líquidos e Corpos Receptores.**

Abnt, Associação Brasileira de Normas Técnicas, Nº 9898/87, **Preservação e Técnicas de Amostragem de Efluentes Líquidos e Corpos Receptores.**

Aquatech. **Aerador Mecânico Superficial**. Disponível em <http://www.aquatech.ind.br> Acesso em maio de 2009.

Aquatech. **Aerador *Injet Air* Inclinado**. Disponível em <http://www.aquatech.ind.br> Acesso em maio de 2009.

Barlow, Maude; Clarke, Tony. **Ouro Azul**. São Paulo: M. Books do Brasil, 2003, 330 p.

Cetesb, **Técnica de Abastecimento e Tratamento de Água – Vol. I** - 2ª ed. Autores: Benedito E. Barbosa Pereira, Eduardo R. Yassuda, José Augusto Martins, Paulo S. Nogami, Sebastião Gaglione, Walter Engrácia de Oliveira.

Copasa. **Tratamento de Água Potável**. Disponível em <http://www.copasa.com.br> Acesso em dezembro de 2009.

Fast Indústria. **Flotador**. Disponível em <http://www.fastindustria.com.br> Acesso em maio de 2009.

Fonseca, Martha Reis Marques da. **Completamente Química: Físico-química.** São Paulo: FTD, 2001 – Coleção Completamente Química, Ciências, Tecnologia e Sociedade, págs. 48-51.

Giordano, G. **Avaliação Ambiental de um Balneário e Estudo de Alternativa para Controle da Poluição utilizando o Processo Eletrolítico para o Tratamento de Esgotos**. Niterói – RJ, 1999. 137 p. Dissertação de Mestrado (Ciência Ambiental). Universidade Federal Fluminense, 1999.

Henry, J. G.; Heinke, G. W. ***Environmental Science and Engineering***. Prentice Hall, Inc., New Jersey, 1989.

Imhoff, K. R.; Imhoff, Karl. **Manual de Tratamento de Águas Residuárias**. São Paulo: Edgard Blücher, 1986, 301 p.

Jordão, E. P.; Pessoa, C. A. **Tratamento de Esgotos Domésticos**. 3ª ed., Rio de Janeiro: Associação Brasileira de Engenharia Sanitária – ABES, 1995, 681 p.

Martins, Gisele; Almeida, Adeilson Francisco. **Reúso e Reciclo de Águas em Indústria Química de Processamento de Dióxido de Titânio**. Salvador: UFBA, 1999.

Renics. **Osmose-reversa**. Disponível em <http://www.renics.com.br> Acesso em maio de 2009.

Richter, Carlos A.; Netto, José M. de Azevedo. **Tratamento de Água – Tecnologia Atualizada**. São Paulo: Edgard Blücher, 2002, 332 p.

Sabesp. **Tratamento de esgotos**. Disponível em: <http://www.sabesp.com.br> Acesso em dezembro de 2009.

Totagua. **Biodiscos**. Disponível em: <http://www.totagua.com> Acesso em maio de 2009.

Von Sperling, M. **Princípios do Tratamento Biológico de Águas Residuárias Vol. 2 - Princípios Básicos do Tratamento de Esgotos**. Belo Horizonte: DESA/UFMG, 1996, 211 p.

Waterworks. **Osmose-reversa**. Disponível em: <http://www.waterworks.com.br> Acesso em dezembro de 2009.

Tópico especial 1 – Decantação e Filtração

Foust, Alan S.; Wenzel, Leonard A.; Clump, Curtis W.; Maus, Louis; Andersen, L. Bryce. **Princípios das Operações Unitárias**. 2ª ed., Rio de Janeiro: LTC, 1982.

Gomide, Reynaldo, **Operações Unitárias, Vol. 1**. São Paulo: FCA, 1980.

Perry, Robert H.; Green, Don W.; Maloney, James O. ***Chemical Engineer's Handbook.*** 7ª ed., USA: McGraw Hill, 1997.

Capítulo 2 - Petróleo

Campos, Antônio Claret; Leontsinis, Epaminondas. **Petróleo e Derivados**. Rio de Janeiro: JR Editora Técnica, 1988.

Correa, Oton Luiz Silva; **Petróleo: Noções sobre Exploração, Perfuração, Produção e Microbiologia**. Rio de Janeiro: Interciência, 2003.

Eia. U.S. Energy Information Administration – Independent Statistics and Analysis. Disponível em: <http://tonto.eia.doe.gov/country/index.cfm> Acesso em março de 2009.

Eia. Country Energy Profiles – World Oil Production. Disponível em <http://tonto.eia.doe.gov/country/index.cfm> Acesso em março de 2009.

Jones, David S. J.; Pujadó, Peter R. Handbook of Petroleum Processing. Holanda: Springer, 2006.

Meyers, Robert A. Handbook of Petroleum Refining Processes. 3ªed., Nova York: Mc Graw-Hill Handbooks 2003.

Petrobras. **Origem do Petróleo.** Espaço Conhecer Petrobrás. Disponível em <http://www.petrobras.com.br> Acesso em abril de 2005.

IstoÉ, Edição Especial, **A História da Petrobras em 10 Fascículos**. 2007.

Shreve, Norris R.; BRINK JR., Joseph A. **Indústrias de Processos Químicos.** 4ª ed., Rio de Janeiro: Guanabara Dois, 1980.

Tópico especial 2 – Trocadores de calor e destilação

Anéis de Recheio. Disponível em <http://www.porcelanarex.com.br> Acesso em abril de 2009.

Cia das Válvulas. **Caldeira flamotubular**. Disponível em: <http://www.chdvalvulas.com.br/artigos_tecnicos/caldeiras/flamotubulares.html> Acesso em outubro de 2008.

Destilação. Disponível em <http:// www.ufrnet.ufrn.br> Acesso em fevereiro de 2005.

Foust, Alan S.; Wenzel, Leonard A.; Clump, Curtis W.; Maus, Louis; Andersen, L. Bryce. **Princípios das Operações Unitárias**. 2ª ed., Rio de Janeiro: LTC, 1982.

Geankoplis, Christi J. Transport Process and Unit Operations. 3ª ed., New Jersey: Prentice Hall International Editions, 1993.

Incal. **Serpentina para Cozinhadores**. Disponível em <http://www. incalmaquinas.com.br> Acesso em outubro de 2009.

Incropera, Frank P.; Dewitt, David P. **Fundamentos de Transferência de Calor e Massa**. 4ª ed., Rio de Janeiro: LTC, 1998.

Perry, Robert H.; Green, Don W.; Maloney, James O. Chemical Engineer's Handbook. 7ª ed., USA: McGraw Hill, 1997.

Capítulo 3 – Polímeros

Blass, A. **Processamento de Polímeros**. 2ª ed., Florianópolis: UFSC, 1988.

Canevarolo, S. V. **Ciência dos Polímeros**. 2ª ed., São Paulo: Artliber , 2006.

Carvalho, G. C. **Química Moderna 3**. 2ª ed. São Paulo: Scipione, 1995. 3 vols.

Fonseca, Martha Reis da; **Completamente Química**. Química Orgânica, Vol. 3, , São Paulo: FTD, 2001, págs. 126-169.

Mano, E. B. & Mendes, L. C. **Introdução a Polímeros**, 2ª ed., São Paul: Edgard Blücher, 1999.

Mano, E. B. **Polímeros como Materiais de Engenharia**, 2° reimpressão, São Paulo: Edgard Blücher, 2000.

Odian, G. ***Principles of Polimerization.*** Nova York: McGraw-Hill, 1970.

Peruzzo, F. M. & Canto, E. L. **Química na Abordagem do Cotidiano**. 2ª ed., São Paulo: Moderna, 1998. 3 vols.

Plastivida. **Volume de Plásticos no Lixo**. Disponível em <http://www.plastivida.org.br/publicacoes_e_videos/cem_perguntas.htm> Acesso em maio de 2009.

Shreve, Norris R.; Brink Jr., Joseph A. **Indústrias de Processos Químicos**. 4ª ed., Rio de Janeiro: Guanabara Dois, 1980.

Usberco, J.; Salvador, E. **Química**. São Paulo: Saraiva, 1995. 3 vols.

Sites indicados para consulta:

http://www.braskem.com.br

http://www.falecomopolo.com.br

http://www.poloabc.com.br

http://www.plastico.com.br

http://www.plastivida.org.br

http://www.abiplast.org.br

Tópico especial 3 – Tubulações e Válvulas

Senai E Cst. Mecânica – **Acessórios de Tubulação Industrial**. Programa de Certificação de Pessoal de Manutenção. Espírito Santo, 1996.

Silgon Válvulas. **Válvulas industriais**. Disponível em <http://www.silgonvalvulas.com.br> Acessado em 30 de outubro de 2009.

Skousen, Philip L. ***Valve Handbook***. 2ª ed., McGraw-Hill, USA, 2004.

Telles, Pedro C. S. **Tubulações Industriais – Materiais, Projeto, Montagem**. 10ª ed., São Paulo: LTC, 2001.

Capítulo 4 – Tintas industriais

Barbosa, Valéria F. F.; Miranda, L. R. **Emprego de Sistemas de Ferrugens Protetoras sobre Superfícies de Aço Enferrujadas**, Anais do 3° Seminário de Pintura Industrial, Naval e Civil (Tratamento e Pintura Anticorrosiva), dezembro de 1944, págs. 28-34.

Barbosa, Valéria F. F. **Aspectos Eletroquímicos de Sistemas de Pinturas Formulados à Base de Ferrugens Protetoras**. Tese de Mestrado, COPPE, UFRJ (março de 1993).

Carvalho, Gláucio de Almeida. **Apostila de Tintas e Vernizes**. Universidade de Caxias do Sul, 2006.

Cetesb. **Guia Técnico Ambiental - Tintas e Vernizes – Série P+L**, São Paulo, 2006.

Fazenda, Jorge M.R. (org.). **Tintas e Vernizes** - Ciências e Tecnologia; Abrafati, 2ª ed., São Paulo, 1995.

Gentil, Vicente. **Corrosão**. 4ª ed., Rio de Janeiro: LTC, 2003.

Nunes, L. P.; Lobo, A. C. O. **Pintura Industrial na Proteção Anticorrosiva**, Rio de Janeiro: LTC, 1990.

Nunes, V. N. **Pintura Industrial Aplicada.** Boletim Técnico da Petrobras, Vol. 10, n° 3/4, jul-dez. 1967, pág. 507.

Shreve, Norris R.; Brink Jr., Joseph A. **Indústrias de Processos Químicos**. 4ª ed., Rio de Janeiro: Guanabara Dois, 1980.

Tintas e Vernizes *on-line*.

Disponível em: <br.geocities.com/tintasevernizes/principal.htm> Acesso em setembro de 2009.

<u>Sites indicados para consulta:</u>

http:// www.tintasevernizes.com.br

http://www.abrafati.com.br

Referências bibliográficas do tópico especial 4 - Misturadores

Gomide, Reynaldo, **Operações Unitárias**, Vol. 3. São Paulo: FCA, 1980.

Mccabe, Warren L.; Smith, Julian, C.; Harriott, Peter. ***Operaciones Unitárias em Ingenieria Química.*** 4ª ed., Espanha, McGrawHill, 1991.

Micro Giant. **Agitadores de turbina e palhetas**. Disponível em <http://www.micro-giant.com.tw>. Acesso em 20 de outubro de 2009.

Perry, Robert H.; Green, Don W.; Maloney, James O. ***Chemical Engineer's Handbook.*** 7ª ed., USA: McGraw Hill, 1997.

Capítulo 5 – Siderurgia

Canto, E. **Minerais, Minérios e Metais**. São Paulo: Moderna, 1996.

Chiaverini. V. **Tecnologia Mecânica**. São Paulo: MCGraw-Hill, 1986.

Gerdau. **Processo Siderúrgico**. Disponível em: <http://www.gerdau.com.br> Acesso em março de 2005.

Lee, J. D. **Química Inorgânica não tão Concisa**. São Paulo: Edgard Blücher, 1999.

Malichev, A. **Tecnologia dos Metais**. São Paulo: Mestre Jou, 1967.

Romeiro, S. B. B. **Química na Siderurgia – Série Química e Tecnologia**. Rio Grande do Sul: UFRGS, 1997.

Van Vlack, L. H. **Princípios de Ciências dos Materiais**. Trad. FERRÃO, L. P. C. São Paulo: Edgard Blücher, 1970.

Sites indicados para consulta:

<http://www.gerdau.com.br>

<http://www.csn.com.br>

<http://www.cst.com.br>

<http://www.arcelormittal.com.br>

Tópico especial 5 – Britadores e moinhos

Gomide, Reynaldo. **Operações Unitárias**, Vol. 1. São Paulo: FCA, 1980.

Mccabe, Warren L.; Smith, Julian, C.; Harriott, Peter. ***Operaciones Unitárias em Ingenieria Química.*** 4ª ed., Espanha: McGrawHill, 1991.

Metso Minerals. **Manual de Britagem**. Disponível em <http://www.metsominerals.com.br> Acesso em setembro de 2009.

Perry, Robert H.; Green, Don W.; Maloney, James O. ***Chemical Engineer's Handbook.*** 7ª ed., USA: McGraw Hill, 1997.

Referências bibliográficas do 2º tópico especial 5 - Peneiramento

Bertel Indústria Metalúrgica. **Peneiras Série Tyler**. Disponível em < http://www.bertel.com.br/mostruario.html> Acesso em setembro de 2009.

Braskem. **Tabela de Peneiras Padrão**. Boletim informativo nº 06 PVC – Revisão 01. Julho de 2002.

Gomide, Reynaldo. **Operações Unitárias**. Vol. 1. São Paulo: FCA, 1980.

Metso Minerals. **Manual de Britagem**. Disponível em <http://www.metsominerals.com.br> Acesso em setembro de 2009.

Perry, Robert H.; Green, Don W.; Maloney, James O. ***Chemical Engineer's Handbook.*** 7ª ed., USA: McGraw Hill, 1997.

Ufsc. **Peneiramento**. Disponível em <http://www.enq.ufsc.br/disci/eqa5313/Peneiramento.html> Acesso em outubro de 2009.

Capítulo 6 - Cimento

Associação Brasileira de Cimento Portland. **Guia Básico de Utilização do Cimento Portland**. São Paulo: ABCP, 1999.

Basilio, F. A. **Cimento Portland. Estudo Técnico**. 5ª ed., São Paulo: ABCP, 1983.

Bauer, L. A. Falcão. **Materiais de Construção**. Vol. 1. Rio de Janeiro: LTC, 1987.

Companhia de Cimento Itambé. **Cimento: Fabricação e Características**. Curitiba: Itambé, 2002.

Companhia de Cimento Itambé. **Noções de Fabricação do Cimento**. Curitiba: Itambé, 2000.

Shreve, R. N.; Brink, J. A. *In:* **Indústrias de Processos Químicos**. Rio de Janeiro: Guanabara Koogan, 1997, págs. 138-143.

Sindicato da Indústria de Calcário do Rio Grande do Sul. **Mineração do Calcário**. Disponível em <http://www.calcario-rs.com.br> Acesso em outubro de 2009.

Sites indicados para consulta

Sindicato Nacional das Indústrias do Cimento. Disponível em: <http://www.snic.org.br>

Associação Brasileira do Cimento Portland. Disponível em: <http://www.abcp.org.br>

Referências bibliográficas do tópico especial 6 – Operações de transporte de sólidos

Cema (*Conveyor Equipment Manufacturers Associaton*). ***Cema Application Guide for Unit Handling Conveyors***. Florida-USA: First Edition, 2009.

Gomide, Reynaldo, **Operações Unitárias**, Vol. 3. São Paulo: FCA, 1980.

Site indicado para consulta

Conveyor Equipment Manufacturers Associaton. Disponível em: <http://www.cemanet.org>

Capítulo 7 – Celulose e Papel

Biermann, C. J. ***Handbook of Pulping and Papermaking***, 2ª ed., San Diego: Academic Press, 1996.

Brito, J. O.; Barrichelo, L. E. G. **Química da Madeira.** Piracicaba: ESALQ/USP, 1985, 125 p.

Almeida, M. L. O. **Papel e Celulose I: Tecnologia de Fabricação de Pastas Celulósicas**. São Paulo: Instituto de Pesquisas Tecnológicas do Estado de São Paulo, 1988, págs. 169-312,.

Fengel, D.; Wegener, G. ***Wood Chemistry, Ultrastruture, Reactions***. Berlin: Walter de Gruyter, 1989, 613 p.

Koga, M. E. T. **Celulose e Papel: Tecnologia de Fabricação da Pasta Celulósica**. Vol. 1. 2ªed., São Paulo: IPT/SENAI, 1988, 559 p.

Kokta, B. V.; Ahmed, A. ***Feasibility of Explosion Pulping of Bagasse. Cellulose Chemistry and Technology***. Vol. 26, 1992, págs. 107-123.

Minor, J. L. ***Production of Unbleached Pulp***. *In:* DENCE, C. W.; REEVE, D. W. (eds.) ***Pulp Bleaching: Principles and Pratice***. Atlanta: Tappi Press., 1996, págs. 363-377.

Saliba, Eloísa O. S.; Rodriguez, Norberto M.; MORAIS, Sérgio A. L.; VELOSO, Dorila P. **Ligninas – Métodos de Obtenção e Caracterização.** Ciência Rural, vol. 31, n. 5, Santa Maria-RS, 2001.

Shreve, R. N.; Brink, J.A. **Indústrias de Processos Químicos**. Rio de Janeiro: Guanabara Koogan, 1997, págs. 496-509.

Wang, S. H.; Ferguson, J. F.; Mccarthy, J. L. *The Decolorization and Dechlorination of Kraft Bleach Plant Effluent Solutes by Use of Three Fungi:* **Ganoderma lacidum, Coriolus versicolor** *and* **Hericuim erinaceum.** *Holzforschung*, vol. 46, n. 3, 1992, págs. 219-223.

Sites indicados para consulta

Associação Brasileira de Celulose e Papel. Disponível em: <http://www.bracelpa.org.br>

<http://www.tappi.org>

<http://www.celuloseonline.com.br>

<http://www.fsc.org.br>

Tópico especial 7 – Secadores industriais

Costa, Ennio C. da. **Secagem Industrial**. São Paulo: Edgard Blücher, 2007.

Mccabe, Warren L.; Smith, Julian C.; Harriott, Peter. *Operaciones Unitarias em Ingenieria Quimica.* 4ª ed., Espanha: McGrawHill, 1991.

Perry, Robert H.; Green, Don W.; Maloney, James O. *Chemical Engineer's Handbook.* 7ª ed., USA: McGraw Hill, 1997.

Capítulo 8 – Óleos e Gorduras

Armazenagem de grãos. Disponível em: <http://www.pragranja.com.br/armazenagem_4.htm> Acesso em setembro de 2009.

Camargo, R. de. **Tecnologia dos Produtos Agropecuários**. São Paulo: Nobel, 1984, 298 p.

Carvalho, R. O. Extração por solventes. **Óleos & Grãos**, 10, Out/Nov, 1992, págs. 55-60.

Germano, P. M. L.; Germano, M. I. S. **Higiene e Vigilância Sanitária de Alimentos**. São Paulo: Livraria Varela, 2001, 629 p.

Gervajio, Gregorio C. ***Fatty Acids and Derivatives from Coconut Oil***. IN: Bailey's Industrial Oil and Fat Products, 6ª ed. John Wiley & Sons, Inc. 2005, págs. 32-36.

Lehninger, A. L.; Nelson, D. L.; Cox, M. M. **Princípios da Bioquímica**. São Paulo: Sarvier, 1995 págs. 194-195.

Manual Econômico da Indústria Química, Vol. 2. Editado pelo CEPEDF/SPCT/Governo do Estado da Bahia, 1975.

Moretto, E.; Fett, R. **Tecnologia de Óleos e Gorduras Vegetais na Indústria de Alimentos**. São Paulo: Livraria Varela, 1998, 150 p.

Park, Y. K; Pastore, G. M. **Biotecnologia na Produção de Derivados de Óleos e Gorduras**. Boletim SBCTA, 23 (3/4), 1989, págs. 161-168.

Rittner, H. Lecitina de soja dá boa receita. **Química e Derivados**, novembro, 1990, págs. 20-29.

Shreve, R. N; Brink, J. A. *In:* **Indústrias de Processos Químicos.**Rio de Janeiro: Guanabara Koogan, 1997, págs. 414-425.

Ufsc. **Vitaminas.** Disponível em: <http://www.qmc.ufsc.br/qmcweb/artigos/vitaminas/vitaminas_frame.html> Acesso em setembro de 2009.

Uieara, M. **Lipídeos**. Departamento de Química, UFSC, 2003. Disponível em: <http://qmc.ufsc.br/qmcweb/artigos/colaboracoes/marina_fat_free.html> Acesso em setembro de 2009.

Tópico especial 8 – Extração por solventes

Christian, G. ***Analytical Chemistry.*** **5th ed.,** Nova York: John Wiley & Sons, 1994.

Harwood, L. M.; Moody, C. J. ***Experimental Organic Chemistry.*** Oxford: Blackwell Scientific Publications, 1989.

Mano, E. B.; Seabra, A. F. **Práticas de Química Orgânica. 2ª ed.**, São Paulo: Edart, 1977.

Perry, Robert H.; Green, Don W.; Maloney, James O. ***Chemical Engineer's Handbook.*** 7ª ed., USA: McGraw Hill, 1997.

Referências bibliográficas do artigo especial – Biodiesel no Brasil

A Biodiesel Primer: Market & Policy Developments, Quality, Standards & Handings. Methanol Institute and International Fuel Quality Center, 2006.

Biodiesel no Brasil: Resultados Socioeconômicos e Expectativa Futura. SAF, MDA, 2006.

Mello, Fabiana Ortiz Tanoue; Paulillo, Luiz Fernando; Vian, Carlos Eduardo de Freitas. **O Biodiesel no Brasil: Panorama, Perspectivas e Desafios, Informações Econômicas**, vol. 37, n. 1, São Paulo, 2007.

Van Gerpen, Jon; Krahl, Jurgel; Ramos, Luís Pereira. **Manual do Biodiesel**. Tradução de Luiz Pereira Ramos, São Paulo: Edgard Blücher, 2006.

Legislação e Decretos sobre o Biodiesel. Resolução ANP n° 42, de 24 de novembro de 2004. Disponível em: <http://www.biodieselbr.com/biodiesel/legislacao/legislacaobiodiesel.htm> Acesso em abril de 2007.

Plano Nacional de Agroenergia 2006 – 2011. Ministério da Agricultura, Pecuária e Abastecimento, 2006.

Capítulo 9 - Cerveja

Aquarone, Eugenio / Lima, Urgel De Almeida / Berzani, Walter. **Biotecnologia Alimentos e Bebidas por Fermentação**. Vol. 5. São Paulo: Edgard Blücher, 2001.

Carvalho, G. B. M.; Rossi, A. A.; Silva, J. B. A. **Elementos Biotecnológicos Fundamentais no Processo Cervejeiro: 2ª parte – A Fermentação**. Revista Analytica, São Paulo, n. 26, dez 2006/jan 2007, págs. 46-54.

Cervesia. **Filtração da cerveja**. Disponível em <http://www.cervesia.com.br> Acesso em março de 2005.

Mello, P. **O Lúpulo**, Senai-Dr/Rj. Cetec de Produtos Alimentares, Vassouras, RJ, 2000, 45 p.

Müller, Arno. **Cerveja**. Canoas-RS: Ulbra, 2002.

Sindcerv. **Produção de Cerveja**. Disponível em <http://www.sindcerv.com.br> Acesso em maio de 2009.

Venturini Filho, W. G. **Matérias-Primas**. *In:* Venturini Filho, W. G. (Ed.) **Tecnologia de Cerveja**. Jaboticabal: Funep, 2000, págs. 8-22.

Capítulo 10 - Vinho

Aquarone, Eugenio; Lima, Urgel De Almeida; Berzani, Walter. **Biotecnologia de Alimentos e Bebidas por Fermentação**. Vol. 5. São Paulo: Edgard Blücher, 2001.

Fonseca, Martha Reis da; Completamente Química, **Química Orgânica**, Vol. 3, São Paulo: FTD, 2001, págs. 187-190.

Lazarini, Frederico Carro; Falcão, Thays. **Fluxograma da Vinificação em Tinto.** Disponível em: <http://www.ufrgs.br/Alimentus/feira/prfruta/vinhotin/flux.htm> Acesso em março de 2005.

Manfroi, V. **Introdução ao Estudo de Vinhos e Espumantes**. Porto Alegre, ICTA/UFRGS. (Apostila da disciplina de Enologia), 1996, 110 p.

Moretto, E.; Alves, R. P.; De Campos, C. M. T.; Archer, R. M. B.; Prudêncio, A. J. **Vinhos e Vinagres (Processamento e Análises).** Florianópolis: Editora da UFSC, 1988.

Sites indicados para consulta:

<http://www.ibravin.org.br>

<http://www.academiadovinho.com.br>

<http://www.enologia.org.br>

<http://www.uvibra.com.br>

Tópico especial 10 – Fermentação industrial

Scientific American. ***Industrial Microbiology.*** vol. 245, n. 3, September 1981.

Atkinson, B.; Mavituna, F. ***Biochemical Engineering and Biotechnology Handbook,*** New York: Macmillan Publishers, 1983.

Scriban, R. (editor). **Biotecnología**, Carapicuíba: Manole, 1984.

Prentiss, S. ***Biotechnology – a New Industrial Revolution***, London: Orbis Puplishing, 1985.

Noble, W.C.; Nadoo, J. **Os Microrganismos e o Homem.** São Paulo: Edusp, 1981.

asablanca, G.; López Santin, F. ***Ingenieria Bioquímica.*** Madrid: Síntesis, 1998.

Borzani, W.; Almeida Lima, U.; Aquarone, E. **Engenharia Bioquímica,** coleção Biotecnologia, São Paulo: Edgar Blücher, 1975.

Schmidell, W.; Almeida Lima, U.; Aquarone, E.; Borzani, W. **Biotecnologia Industrial,** 4 volumes, São Paulo: Edgar Blücher, 2001.

Sites indicados para consulta

[illegible]

[illegible]

[illegible]

[illegible]

[illegible]

[illegible]

[illegible]

[illegible]

[illegible]

[illegible]

[illegible]

[illegible]

Impressão e Acabamento
Gráfica Editora Ciência Moderna Ltda.
Tel.: (21) 2201-6662